W0256656

Das Leistungsvermögen der Wälzlager

Das Leistungsvermögen der Wälzlager

Eine Beurteilung nach neuen Gesichtspunkten

Von

Dr.-Ing. Paul Eschmann

Direktor der Firma Kugelfischer Georg Schäfer & Co.

unter Mitarbeit von

Dipl.-Ing. H. Korrenn   Dr.-Ing. K. Kunert

Dr. rer. nat. H.-H. Schreiber

Mit 190 Abbildungen

Springer-Verlag

Berlin / Göttingen / Heidelberg

1964

ISBN-13: 978-3-642-92883-3   e-ISBN-13: 978-3-642-92882-6
DOI: 10.1007/978-3-642-92882-6

Vorwort

Kugellager und Rollenlager werden heute in mannigfaltigen Bauformen gefertigt. Sie haben alle die kennzeichnenden Vorteile des Wälzlagers, zunächst einmal eine geringe Reibung und eine hohe Tragfähigkeit. Wälzlager benötigen auch keinen großen Aufwand für die Schmierung. Weiterhin haben sie genormte Einbaumaße und Einbautoleranzen, die den Austausch erleichtern. Durch diese charakteristischen Vorzüge haben die Wälzlager ihre große Bedeutung für die Technik bekommen. Dabei spielten Unterschiede in der Bauform der Lager zunächst keine entscheidende Rolle.

Soll aber die Leistungsfähigkeit der Wälzlager mit den ständig steigenden Forderungen Schritt halten, dann müssen die Unterschiede in der Bauform stärker als bisher beachtet werden; denn jede Bauform hat ihre typischen Kraftübertragungs- und Bewegungsverhältnisse zwischen Wälzkörpern und Laufringen. Daraus ergeben sich Unterschiede in der Werkstoffbeanspruchung und dem Reibverhalten. Deshalb muß bei einer Leistungssteigerung in der einen oder anderen Richtung genauer untersucht werden, bei welcher Lagerbauform hierfür die günstigsten Voraussetzungen gegeben sind. Es handelt sich also nicht mehr darum, für irgendeine Stelle überhaupt ein funktionstüchtiges Lager zu finden. Die Aufgabe besteht vielmehr darin, von allen in Betracht kommenden Lagern das am besten geeignete Lager zu bestimmen. Diese Aufgabe läßt sich umso sicherer lösen, je gründlicher die Kenntnisse von den wesentlichen Eigenschaften der verschiedenen Wälzlager sind. Andererseits müssen aber auch die Betriebs- und Umweltbedingungen, unter denen das Wälzlager in der Praxis arbeiten wird, immer genauer erfaßt werden. Dann läßt sich auch das Betriebsverhalten der Lager besser im voraus beurteilen.

Das vorliegende Buch soll zu dieser genaueren Beurteilung von Wälzlagern beitragen. Es vermittelt neue, durch Prüfstandsversuche gewonnene Erkenntnisse von dem Zusammenhang zwischen Bauform und Laufeigenschaften und bringt Maßstäbe, mit denen die verschiedenen Lagertypen verglichen werden können. Andererseits wurden Erfahrungen verwertet, die über das Betriebsverhalten großer Wälzlagerkollektive im praktischen Einsatz Aufschluß geben. Das Buch hat seine Grundlage in den Forschungsmöglichkeiten und dem Erfahrungsschatz eines großen Wälzlagerwerkes, dessen Fertigungsprogramm alle gebräuchlichen Lagertypen umfaßt.

Herrn Dr.-Ing. E.h. GEORG SCHÄFER, dem Seniorchef der Firma Kugelfischer Georg Schäfer & Co., Schweinfurt, danke ich dafür, daß er meinen Mitarbeitern und mir die Möglichkeit gegeben hat, das Buch zu schreiben.

Schweinfurt, im März 1964

P. Eschmann

Inhaltsverzeichnis

INHALTSVERZEICHNIS

Einleitung

Die Weiterentwicklung von Maschinen, Fahrzeugen und Geräten führt auch zu höheren Anforderungen an die Wälzlager. So müssen sie z.B. tragfähiger werden oder eine höhere Laufgenauigkeit oder Laufruhe haben. Auch müssen sie sich mitunter für höhere Temperaturen eignen; manchmal sollen sie überhaupt nicht mehr nachgeschmiert werden. Die neu aufkommenden Lagerungsprobleme werden aber nicht allein mit leistungsfähigeren Wälzlagern gelöst. Sie zwingen auch zu einer genaueren Untersuchung, was ein Wälzlager an einer bestimmten Einbaustelle leisten kann und was es leisten soll. Eine Lagerung läßt sich also um so zweckmäßiger gestalten, je besser die Kenntnisse von den Eigenschaften des Wälzlagers sind und je genauer die Betriebsbedingungen, unter denen es laufen soll, erfaßt werden; denn aus den Betriebsbedingungen ergeben sich Art und Höhe der Forderungen, die an das Wälzlager gestellt werden.

Die folgenden Kapitel bringen eine Erweiterung und Ergänzung der Methoden, nach denen die Wälzlager und die Betriebsbedingungen bisher beurteilt wurden. Sie behandeln:

die Werkstoffermüdung: Grenzen der Gültigkeit der z. Z. benutzten Berechnungsverfahren — die Aufgabe, typische Belastungskollektive wirklichkeitsnahe zu erfassen — die bewährte Konstruktion als Grundlage für die Lagerdimensionierung in der Neukonstruktion;

die Federung: Ermittlung der elastischen Formänderung von Kugellagern unter Last — neue Untersuchungen zur Federung von Rollenlagern — neue Meßverfahren zur Bestimmung der Federung von Rollen;

die Reibung: Kraft- und Bewegungsverhältnisse in den Kontaktstellen — Vergleich der unterschiedlichen Wälzlagerbauformen auf empfindlichen Reibungswaagen — der Einfluß des Lastwinkels — Beurteilung praktisch ausgeführter Lagerungen nach ihrem Reibungsverhalten;

den Verschleiß: der Einfluß des Verschleißes auf die Gebrauchsdauer der Wälzlager — Verschleißmessungen an Wälzlagerkollektiven im praktischen Einsatz — die Bedeutung der Umweltbedingungen und Richtlinien für ihre Bewertung;

das Laufgeräusch: die Ursache des Laufgeräusches der Wälzlager — Richtwerte für die Formgüte aus Untersuchungen größerer Kollektive sogenannter geräuscharmer Lager — Richtwerte für die Genauigkeit der Umbauteile;

die Wirtschaftlichkeit: Grundregeln für die wirtschaftliche Gestaltung und Unterhaltung einer Lagerung — Möglichkeiten einer Typenverringerung als Voraussetzung für eine wirtschaftliche Großserienfertigung — Vergleich unterschiedlicher konstruktiver Lösungen für eine bestimmte Aufgabe — Beeinflussung der Konstruktion durch unterschiedliche Fertigungseinrichtungen, Tradition und unterschiedliche Gepflogenheiten des Verbrauchers in bezug auf Einsatz und Unterhaltung.

1   Eschmann, Wälzlager

Die Untersuchungen, von denen im folgenden berichtet wird, gehen davon aus, daß das Betriebsverhalten eines Wälzlagers nicht berechnet werden kann. Denn das Betriebsverhalten ergibt sich aus einer großen Anzahl von Einflußfaktoren, die in der Praxis in so unterschiedlicher Art, Größe und Dauer zusammenwirken, daß sie sich in einem exakten Rechenansatz nicht erfassen lassen.

Dies steht scheinbar im Widerspruch zu der Tatsache, daß die Kataloge der Wälzlagerhersteller schon seit langem Anleitungen für die Berechnung der Lebensdauer eines Lagers geben. Wenn dann in der Praxis mitunter der errechnete Laufzeitwert nicht erreicht wird, werden Zweifel geäußert an der Richtigkeit des Berechnungsverfahrens oder an der Qualität der Lager. Es wird dabei übersehen, daß das Betriebsverhalten nicht allein vom Lager selbst bestimmt wird. Auch wenn Wälzlager einer bestimmten Serie in bezug auf Werkstoff und Maße nicht verschieden wären, würden sie sich unterschiedlich verhalten, weil sie selbst in serienmäßig gebauten Maschinen unterschiedlich beansprucht werden. Nun sind natürlich auch die Wälzlager einer Serie im Rahmen der Toleranzen untereinander verschieden, weshalb ihre Eigenschaften in gewissen Grenzen schwanken. Allerdings lassen sich die Eigenschaften des Lagers sicherer beurteilen als die Betriebsbedingungen, und zwar aus folgendem Grunde:

Mit dem Fortschritt in der Fertigungstechnik wird das Wälzlager nicht nur verbessert, sondern auch die Ausführungsunterschiede in der Serie werden immer kleiner. Selbstverständlich läßt sich die letzte Einheitlichkeit weder beim Werkstoff noch bei der Form der Lager erreichen. Aufgabe der Fertigung bleibt es aber immer, eine möglichst große Gleichmäßigkeit zu erzielen. Diese weitgehende Gleichmäßigkeit erleichtert die Beurteilung des Wälzlagers auf dem Prüfstand. Außerdem ist es typisch für Prüfstandsversuche, daß die Lager ganz bestimmten Betriebsbedingungen, wie Drehzahl, Belastung und Schmierung, ausgesetzt werden, und daß die Abweichungen von diesem Versuchsprogramm so gering wie irgend möglich gehalten werden.

Im Gegensatz dazu gibt es bei den in der Praxis herrschenden Einbau-, Betriebs- und Umweltbedingungen diese Einheitlichkeit nicht. Sie läßt sich in der Regel auch nicht erzwingen. Die Belastungen und Drehzahlen schwanken meistens unregelmäßig nach Größe und Wirkungsdauer. Die Temperatur-, Schmier- und Abdichtverhältnisse haben einen weiten Spielraum. Längere Stillstandszeiten mit ihrem schädlichen Einfluß sind nicht vorauszusehen. Man erkennt leicht, wie schwierig es ist, bei den vielen Maschinen, Fahrzeugen und Geräten, in die Wälzlager eingebaut werden, diese wichtigen Einflußfaktoren in ihrer Auswirkung auf das Lager zahlenmäßig zu erfassen. Die Individualität ist für die Umweltbedingungen kennzeichnend und nicht die Gleichmäßigkeit wie beim Lager. Verkehrsfahrzeuge werden von Menschen individuell bedient und gepflegt, ihre Lagerstellen werden also unterschiedlich beansprucht und unterhalten. Werkzeugmaschinen des gleichen Baumusters sind für die unterschiedlichsten Fertigungsprogramme eingesetzt, wobei Schnittkräfte, Schnittgeschwindigkeiten und Stillstandszeiten in weiten Grenzen schwanken. Kennzeichnend für den großen Einfluß unterschiedlicher Umweltbedingungen ist auch der große Streubereich des Verschleißes. Bei den günstigsten Verhältnissen erreicht das Wälzlager einen bestimmten Verschleiß erst nach einer Laufzeit, die u. U. tausendmal so groß ist wie die Laufzeit bei den schlechtesten, in der Praxis noch vorkommenden Umweltbedingungen.

Wenn also dieser große Einfluß der Betriebs- und Umweltbedingungen auf das Betriebsverhalten der Wälzlager erkannt ist, ergibt sich die Aufgabe, einen Beurteilungsmaßstab für diese Einflüsse zu schaffen. Wie beim Wälzlager selbst kann der Einzelfall im voraus nicht beurteilt werden. Es ist auch wichtiger, zu einer Aussage zu kommen, die für das Kollektiv gilt, weil danach die Wirtschaftlichkeit einer Lagerung im Großeinsatz beurteilt werden muß. Es wurde schon gesagt, daß der Prüfstandsversuch eine weitgehende Gleichmäßigkeit der Versuchslager und der Prüfbedingungen zur Voraussetzung hat. Er ist also in der Regel kein geeignetes Mittel, um den Einfluß der unterschiedlichsten Betriebs- und Umweltbedingungen zu untersuchen. Viel aussichtsreicher ist es, die Betriebsergebnisse von Wälzlagerkollektiven, die im praktischen Einsatz waren, mit Prüfstandsergebnissen zu vergleichen, um aus dem Unterschied der Ergebnisse Kennwerte abzuleiten, nach denen sich der Einfluß typischer Betriebsbedingungen quantitativ beurteilen läßt. Diesen Weg hat man beschritten, um zu erkennen, mit welchem Verschleiß man an bestimmten Lagerstellen rechnen muß. Bei größeren Lagerkollektiven, die im Betrieb waren, wurde die für die Gebrauchsdauer der Lager entscheidende Vergrößerung des Radialspiels gemessen, wobei sich ein Zusammenhang finden ließ zwischen der Verschleißgeschwindigkeit und typischen Betriebs- und Umweltbedingungen. In ähnlicher Weise ließ sich der Einfluß der Formgenauigkeit von Umbauteilen auf das Laufgeräusch der Lager dadurch ermitteln, daß bei Elektromotoren mit unterschiedlichem Laufgeräusch die Umbauteile vermessen wurden. Bei genügend breiter Versuchsbasis lassen sich auf diese Weise Toleranzen festlegen, die bei den Umbauteilen geräuscharmer Elektromotoren eingehalten werden müssen.

Es soll dabei nicht verkannt werden, daß derartige Untersuchungen mit einem erheblichen Aufwand verbunden sind, weil sie nur dann zu hinreichend genauen Erkenntnissen und Aussagen führen, wenn sie auf breiter Basis durchgeführt werden und die unterschiedlichsten Einbaustellen erfassen. Dies scheint nach dem heutigen Stand der Erkenntnisse die geeignetste Methode zu sein, mit der der entscheidende Einfluß der Einbau-, Betriebs- und Umweltbedingungen auf das Betriebsverhalten der Wälzlager sicherer als bisher beurteilt werden kann.

Die Ermüdung von Wälzlagern

Grenzen der Ermüdungsberechnung

Bei Wälzlagern treten erfahrungsgemäß nach längeren Laufzeiten Ermüdungserscheinungen an den Rollflächen der Laufringe und Wälzkörper auf. Die ersten sichtbaren Anzeichen einer beginnenden Ermüdung sind feine Anrisse (Abb. 1), aus denen nach weiteren Überrollungen sogenannte Pittings oder Grübchen (Abb. 2a u. b) entstehen. Haben sich diese ersten Pittings einmal gebildet, dann schreitet die Zerstörung sehr schnell fort, und es kommt zu Schälungen größerer Teile der Rollflächen (Abb. 3a u. b). Durch Überrollung der ausgebrochenen Werkstoffteilchen kann es dabei schließlich zu Gewaltbrüchen kommen (Abb. 4). Da diese Pittingbildung also zum Ausfall des Lagers führt, hat man sich schon früher bemüht, herauszufinden, nach welcher Laufzeit man bei einem Wälzlager mit solchen Ermüdungsschäden rechnen muß.

Will man versuchen, von theoretischer Seite her Aussagen über die Ermüdungslaufzeit zu machen, dann ist dazu die Kenntnis des Ermüdungsvorganges notwendig. Da in jedem Fall die Belastung die für die Ermüdungslaufzeit entscheidende Größe ist, lag es nahe, ein Beanspruchungsmaß zu suchen, mit dem der Ermüdungsvorgang erfaßt werden konnte. LUNDBERG und PALMGREN [50][1] fanden bei der Untersuchung des Werkstoffes in der Nähe von Pittings parallel zur Oberfläche verlaufende Anrisse im Inneren des Körpers. Deshalb setzten sie in ihrer Ermüdungstheorie die zur Oberfläche parallelen Schubspannungen als entscheidendes Beanspruchungsmaß an. JONES [34] dagegen fand, daß unter der überrollten Fläche ein plastisches Fließen in Richtung der Hauptschubspannung, d.h. unter 45° zur Oberfläche, auftrat. Deswegen lag es nahe, die Hauptschubspannung als entscheidendes Beanspruchungsmaß anzusehen. Einleuchtend erscheint aber auch die von KARAS [36] und FÖPPL [18] aufgestellte Hypothese, daß für eine Ermüdung nicht der Spannungszustand in einem einzelnen Punkt maßgebend sein kann, sondern daß vielmehr der Spannungszustand in einem größeren Gebiet betrachtet werden muß.

Neben diesen Versuchen, den Ermüdungsvorgang mit Hilfe der Elastizitätstheorie zu erklären, stehen jedoch noch andere Hypothesen. WAY [75] hat erstmals den Einfluß des Schmiermittels auf das Ermüdungsverhalten erkannt. Er kommt dabei zu der Hypothese, daß das Schmiermittel unter Druck in feine Risse der Rollfläche eindringt und dabei die Risse aufsprengt. Er zeigt in diesem Zusammenhang auch, daß die Viskosität des Schmiermittels und die Oberflächengüte einen wesentlichen Einfluß haben.

Verschiedene Untersuchungen befassen sich mit dem Einfluß des Reinheitsgrades des Werkstoffes auf das Ermüdungsverhalten. Es zeigte sich dabei, daß

---

[1] Siehe Literaturverzeichnis.

Abb. 1. Ermüdungsriß bei einem Kugellager-Innenring.

a

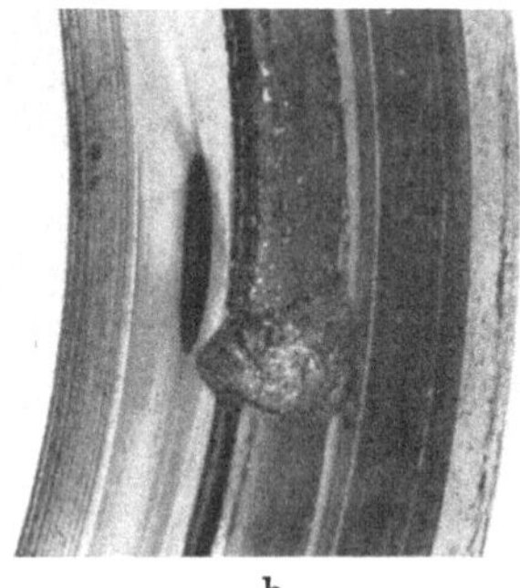

b

Abb. 2a u. b. Grübchen in der Rollbahn eines Kugellager-Innenringes.

a

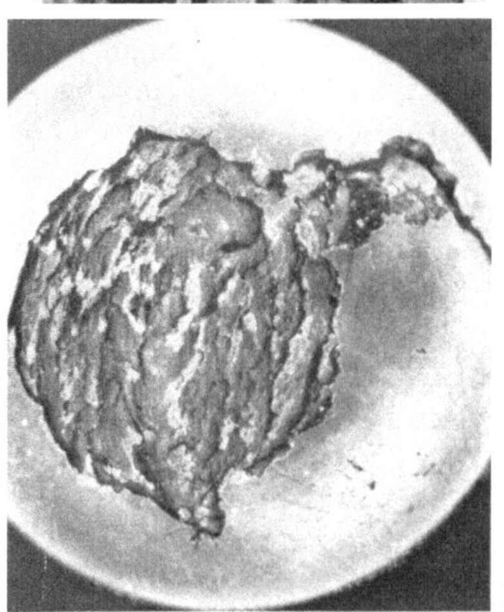

b

Abb. 3a u. b. Fortgeschrittene Ermüdungsschäden;
an einem Kugellager-Innenring (a) und einer Kugel (b).

Abb. 4. Ringbruch als Folge von
Ermüdungsschäden.

1a Eschmann, Wälzlager

Ermüdungsrisse unter der Oberfläche teilweise von Fremdkörpereinschlüssen ausgehen, die eine örtliche Erhöhung der Beanspruchung bewirken. Andererseits fand man aber auch Ermüdungsrisse, die offensichtlich von benachbart liegenden Fremdkörpereinschlüssen nicht beeinflußt waren (Abb. 5). Untersuchungen von

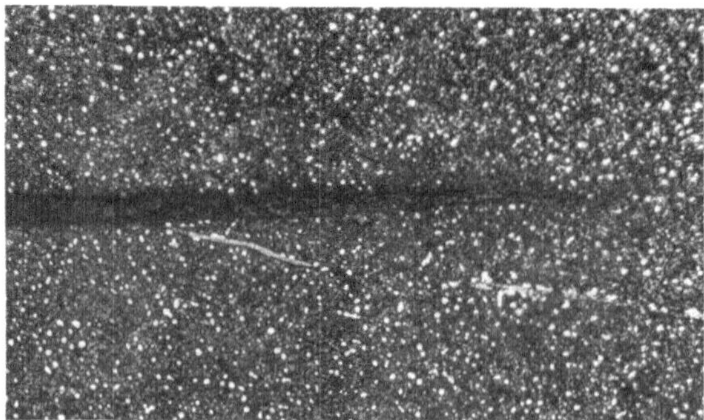

Abb. 5. Ermüdungsriß neben einer Schlackenzeile.

CARTER u. a. [7, 8] zeigen außerdem den Einfluß der Faserrichtung des Werkstoffes auf das Ermüdungsverhalten.

Bei der Aufzählung von Hypothesen über die Ermüdung von Wälzlagern und einzelner Einflußgrößen [69] wird deutlich, daß alle Bemühungen, das Ermüdungsverhalten von rein theoretischer Seite her zu beschreiben, scheitern müssen, da die Vielzahl der Einflüsse in ihrem zufälligen Zusammentreffen und in ihrem gegenseitigen Zusammenwirken durch einen rechnerischen Ansatz nicht erfaßt werden kann. So können z. B. Theorien, die nur von der nach HERTZ [28, 29] berechenbaren Spannungsverteilung in der Nähe der Berührungsstelle von Wälzkörpern und Laufringen ausgehen, nur in beschränktem Umfange gültig sein. Alle Einflüsse, die in der zugrunde liegenden Hypothese nicht erfaßt sind (Schmiermittel, Oberflächengüte und Reinheitsgrad des Werkstoffes) werden die Ergebnisse der Theorie in Frage stellen.

Um überhaupt zu einem rechnerischen Ansatz zu kommen, geht man notgedrungen von gewissen idealisierten Voraussetzungen aus und läßt dabei unter Umständen bereits hier wesentliche Einflußfaktoren außer Betracht. Bei der Ermittlung des Spannungszustandes ist z. B. als stillschweigende Voraussetzung die Homogenität und Isotropie des Werkstoffes angesetzt, die ja praktisch nicht gegeben ist. Weiterhin wird der Spannungszustand unter statischer Belastung zugrunde gelegt, ohne Berücksichtigung der zusätzlichen Spannungen, die aus dem Abrollen der Wälzkörper auf den Laufbahnen entstehen.

Es kommt aber noch ein anderer Gesichtspunkt hinzu. Die Lager einer bestimmten Serie sind untereinander individuell verschieden. Es werden immer Unterschiede im Werkstoff, im Gefügeaufbau, in der Härte, in den Formabweichungen innerhalb der Fertigungstoleranzen usw. auftreten, so daß eine größere Anzahl von äußerlich gleichen Lagern immer betrachtet werden muß als Kollektiv mit einer gewissen Streuung einzelner Eigenschaften. Auf Grund dessen wird eine Aussage über das Ermüdungsverhalten auch nur als Aussage über ein Kollektiv, nicht aber über ein einzelnes Lager, sinnvoll sein. Über diese statistischen Zusammenhänge läßt sich aber von einer Theorie her nur wenig sagen.

Bei allen diesen Überlegungen und Untersuchungen ist es immer offensichtlicher geworden, daß die Ermüdung eines Wälzlagers ein sehr komplexer Vorgang ist. Gewisse Zusammenhänge und Tendenzen sind erkennbar und können mit unterschiedlichen Hypothesen erklärt werden. Nach den heutigen Erkenntnissen ist es jedoch nicht möglich, allein von der Theorie her ein Verfahren zur Errechnung der Ermüdungslaufzeit von Wälzlagern anzugeben.

Trotzdem sind die vorliegenden theoretischen Erkenntnisse für die Praxis von Bedeutung. Hat man z. B. aus Prüfstandsversuchen oder aus der Praxis eine Beziehung zwischen der Belastung, der Drehzahl und der Ermüdungslaufzeit bei einigen Lagern gefunden, dann können diese Ergebnisse in einem vernünftigen Umfang mit Hilfe theoretischer Überlegungen interpoliert und extrapoliert werden. Eine Übertragung auf Nachbargebiete ist damit möglich. Bei weiterreichenden Extrapolationen besteht natürlich die Gefahr, daß die Grenzen der Gültigkeit überschritten und falsche Ergebnisse erhalten werden. Alle über die bestätigten Grenzen hinausgehenden Schlüsse müssen daher in Versuch oder Praxis bestätigt werden.

Unter diesen Verhältnissen sind weiterreichende Daten über die Ermüdungslaufzeit also nur aus dem Versuch zu erhalten. Bei derartigen Versuchen läßt man größere Stückzahlen gleicher Lager auf geeigneten Prüfständen laufen und stellt die Ermüdungslaufzeit jedes einzelnen Lagers fest. Die Betriebsbedingungen, vor allen Dingen Belastung, Drehzahl, Lagerluft, Genauigkeit, Schmierung und Einbauverhältnisse, können genau definiert und hinreichend konstant gehalten werden. Die unterschiedlichen Ermüdungslaufzeiten der geprüften Lager zeigen dann deutlich, daß über ein einzelnes Lager im voraus keine Aussage gemacht werden kann, sondern nur über eine größere Gesamtheit, d. h. über ein Kollektiv.

Wie oben erwähnt, ist die Ermüdung eines Wälzlagers von vielen Faktoren abhängig. Es leuchtet ein, daß es praktisch nicht möglich ist, die Vielzahl der Kombinationen dieser Einflüsse auf Prüfständen zu untersuchen. Man muß sich also auf die Untersuchung von wesentlichen Faktoren beschränken. Hierzu zählt in erster Linie die Abhängigkeit der Ermüdungslaufzeit von der Belastung, weiterhin der Einfluß der Anzahl und Größe der Rollkörper sowie der Form der sich berührenden Körper. Die Untersuchungen lassen sich aus wirtschaftlichen Gründen nicht auf alle Lagertypen ausdehnen; man ist auch hier gezwungen, eine enge Auswahl zu treffen.

Den Ermüdungsversuchen sind durch den Zeit- und Materialaufwand gewisse Grenzen gezogen. Will man z. B. ein Lagerkollektiv unter Belastungen prüfen, die denen der Praxis entsprechen, so sind dazu viele Jahre notwendig. Auch dann erhält man nur eine Aussage über den einen speziellen Belastungsfall. Soll außerdem die Abhängigkeit der Ermüdungslaufzeit von der Belastung ermittelt werden, so wären dazu auch Versuchsläufe mit kleineren Belastungen notwendig, bei denen der Zeitaufwand aber noch größer wird. Man hilft sich bei derartigen Versuchsreihen dann damit, daß man vorwiegend höhere Belastungen vorsieht und damit die Laufzeit abkürzt.

Es ist verständlich, daß man bei derartig langen Versuchszeiten nach Prüfverfahren gesucht hat, die in kürzerer Zeit Ergebnisse bringen. Erst mit solchen

Verfahren wird es möglich, das Versuchsprogramm auszudehnen und weitere Einflüsse, deren Bedeutung allmählich erkannt wurde, näher zu untersuchen. Hierzu gehören der Einfluß der Krümmungsverhältnisse an den Berührungsstellen zwischen Wälzkörpern und Laufringen, die Auswirkungen unterschiedlicher Warmbehandlungsverfahren und der Einfluß des Schmiermittels auf die Ermüdungslaufzeit. Bei dem Wunsch, einen einzelnen Einfluß möglichst isoliert zu betrachten, lag es nahe, Lagereinzelteile im Überrollungsversuch zu prüfen. Derartige Prüfstände für Einzelteile — Elementenprüfstände genannt — sind an verschiedenen Stellen entwickelt worden [3, 48, 51, 57]. Der wesentliche Vorteil dieser Prüfmethode liegt darin, daß die Anzahl der Überrollungen pro Zeiteinheit gesteigert und damit die Versuchszeit wesentlich abgekürzt werden kann. Aus diesen Versuchen sind allerdings keine unmittelbaren Angaben über die Ermüdungszeiten vollständiger Lager zu erwarten; man kann aber die Ergebnisse verschiedener Varianten miteinander vergleichen und so zu relativen Aussagen kommen.

Während bei Prüfstandsversuchen die Betriebsbedingungen, d. h. vor allem die Belastung und die Drehzahl, in der Regel konstant gehalten werden, liegen so einfache und definierte Verhältnisse in der Praxis kaum vor. Nur selten wird man Betriebsfälle finden, bei denen eine konstante Belastung auf das Lager wirkt. Meistens ist sogar die Änderung der Belastung, über die ganze Betriebszeit gesehen, nicht bekannt. Dazu kommt noch, daß selbst bei gleichen Maschinen die Belastung nicht in der gleichen Weise schwankt. Typisch dafür sind z. B. die Schaltgetriebe in Kraftfahrzeugen. Hier hängen Größe und zeitlicher Verlauf der Belastung weitgehend von der individuellen Fahrweise ab.

Aus den im Einzelfall auftretenden Belastungen kann man keinen Schluß auf die Belastungen in anderen Fällen ziehen, d. h. der Einzelfall läßt sich nicht verallgemeinern. Betrachtet man jedoch die große Serie von Kraftfahrzeugen einer bestimmten Type, dann können alle auftretenden Belastungsfälle als Kollektiv betrachtet werden, über das dann allgemeine Aussagen möglich sind.

Die Ermüdungslaufzeit wird also nach zwei Kollektivaussagen ermittelt: Die Aussage über die Lager als Kollektiv und die Aussage über die Belastung oder — allgemeiner — die Betriebsbedingungen als Kollektiv. Die erste Aussage kann der Versuch bringen, die zweite nur die praktische Erfahrung, verbunden mit Messungen an laufenden Maschinen.

Das Ergebnis solcher Messungen ist in seiner Aussagekraft um so repräsentativer, je mehr Maschinen gleicher Bauart und Betriebsweise bei den Messungen erfaßt werden. Diese Möglichkeit besteht u. a. bei Kraftfahrzeugen, Getrieben, Schienenfahrzeugen, Elektromotoren. Um zahlenmäßige Angaben über die Ermüdungslaufzeit machen zu können, müssen zahlenmäßige Aussagen über die jeweiligen Kollektive der Betriebsbedingungen verfügbar sein. Anfänge dazu sind von GASSNER u. a. [20, 21] gemacht worden, die Belastungskollektive an Kraftwagen gemessen haben. Ähnliche Untersuchungen sind auch an Walzwerken und Rollenachslagern angestellt worden [24, 30, 46].

Leider fehlen auf den meisten Gebieten solche Unterlagen. Es ist sicher sehr schwierig und wäre wegen der Vielfalt der Betriebsbedingungen, unter denen die verschiedenen Maschinen und Geräte laufen, zu zeitraubend und mit einem erheblichen materiellen Aufwand verbunden, von der Belastungsseite her exaktere Daten für die Ermüdungsrechnung zu beschaffen. Man muß sich aber im klaren darüber sein, daß die oft beanstandete Unsicherheit in der Lebensdauerrechnung, d. h. der Unterschied zwischen der berechneten und der praktischen Laufzeit, zum großen Teil ihre Ursachen hat in den nicht genügend genau bekannten Belastungen, denen die Maschine in Wirklichkeit ausgesetzt ist.

Ein anderer Weg, die kollektiven Eigenschaften der Betriebsverhältnisse zu berücksichtigen, besteht darin, daß man bei Neuentwürfen bewährte ähnliche Konstruktionen zum Vergleich heranzieht. Bei Maschinen und Geräten, die in großen Serien in Betrieb sind, weiß man ziemlich gut, ob die Lager ausreichend tragfähig sind oder ob sie unwirtschaftlich überdimensioniert sind, was darin zum Ausdruck kommt, daß sie die Maschine überleben. Mit dieser empirisch gewonnenen Erkenntnis tastet man sich an die optimale Lagerung heran, die ausreichend betriebssicher, aber nicht teurer als notwendig ist. Bei einer Steigerung der Leistung der Maschine oder bei einem neuen Modell sind die Erfahrungen mit ausgeführten Serien die zuverlässigste Hilfe, um wieder zu einer guten und wirtschaftlichen Lagerung zu kommen. Interessant ist dabei die immer wieder gemachte Feststellung, daß der Konstrukteur bei diesem Vergleich oft gar keine Angaben darüber machen kann, welche Laufzeiten bei einer bewährten Konstruktion in der Praxis tatsächlich erreicht worden sind. Es genügt ihm zu wissen, daß die Serie in ihrer Gesamtheit die Erwartungen eines großen Kundenkreises in technischer Hinsicht erfüllt hat und daß das Gerät mit wirtschaftlichem Nutzen verkauft werden konnte.

Natürlich wurden bei der ersten Konstruktion, die als Vorbild für die zweite diente, die Wälzlager berechnet und das Ergebnis z. B. in Laufstunden ausgedrückt. Wenn die Berechnung für die zweite Konstruktion nach derselben Methode ausgeführt wird, dann kann man aus dem Vergleich der Laufstunden ersehen, ob die zweite Konstruktion sicherer oder unsicherer als die erste ausgelegt ist. Die dabei erhaltenen Zahlenwerte können sich allerdings nur dann mit den praktisch erreichten Laufzeiten decken, wenn der rechnerische Ansatz qualitativ und quantitiv richtig ist. Da aber in den meisten Fällen das Belastungskollektiv nicht bekannt ist und nur mit vereinfachten Annahmen näherungsweise angesetzt werden kann, kann man nicht erwarten, daß die rechnerisch ermittelten Laufstunden mit den in der Praxis erreichten übereinstimmen. Das Ergebnis der Lebensdauerrechnung macht lediglich eine Aussage darüber, ob die eine Lagerung mit größerer oder mit geringerer Sicherheit ausgelegt ist als die andere, deren Bewährung man bereits kennt.

Damit werden die Grenzen deutlich, die heute einer rechnerischen Ermittlung eines geeigneten Lagers für einen bestimmten Einbaufall gezogen sind, wobei es völlig gleichgültig ist, welches der heute gebräuchlichen Berechnungsverfahren benutzt wird. Solange hinreichend umfassende Erfahrungswerte vorliegen, ist eine wirtschaftliche Lagerwahl durchaus möglich. Fehlen diese Erfahrungen, dann wird die Festlegung der wirtschaftlichen Lagergröße unsicher. In dieser unübersichtlichen Situation versucht der Konstrukteur in der Regel durch mehr oder weniger willkürlich gewählte Zuschlagfaktoren zu der Belastung eine größere Betriebssicherheit zu erreichen, die dann aber unter Umständen zu Lasten der Wirtschaftlichkeit geht.

Mit diesen grundsätzlichen Feststellungen sind die Grenzen aufgezeichnet, in denen eine rechnerische Erfassung des Ermüdungsvorganges bei dem heutigen Stand der technischen Erkenntnisse möglich ist. In den folgenden Abschnitten soll behandelt werden, was im Rahmen dieser Grenzen getan werden kann, um die Erkenntnisse verschiedener Einflüsse auf die Ermüdungslaufzeit zahlenmäßig immer besser zu erfassen. Da dabei immer Aussagen über Kollektive gemacht werden müssen, werden zunächst die statistischen Grundlagen zur Erfassung derartiger Kollektive behandelt, und daraus wird die Folgerung für die Planung von Versuchsreihen gezogen. Anschließend werden dann die heute zur Verfügung stehenden Prüfeinrichtungen besprochen. Im letzten Abschnitt wird untersucht, unter welchen Voraussetzungen die heute angewendeten Berechnungsverfahren für die Praxis brauchbar sind, wobei ein vernünftiger Ansatz für die Betriebsbedingungen, unter denen ein Lager läuft, die entscheidende Rolle spielt.

Statistik der Ermüdungserscheinungen

Läßt man eine große Anzahl von Lagern gleicher Type und Ausführung auf gleichartigen Prüfständen unter gleichen, konstanten Betriebsbedingungen laufen, dann zeigt es sich, daß die Laufzeiten der einzelnen Lager bis zum Auftreten der ersten Ermüdungserscheinungen beträchtlich streuen (Abb. 6). Bei einem üblichen Versuchsumfang von 30 Lagern kann dabei das zuletzt ausfallende Lager die 30- bis 40-fache Laufzeit des zuerst ausgefallenen Lagers erreichen.

Es lag zunächst nahe, diese Streuung den Toleranzen der Laufbahnen, den Durchmesserunterschieden der Wälzkörper im Lager und ähnlichen fertigungsbedingten Unregelmäßigkeiten zuzuschreiben. Die Gleichartigkeit des Streuungsverhaltens vieler Versuche über 40 Jahre hinweg, innerhalb derer sich die Fertigungsgenauigkeit erheblich gesteigert hat, läßt jedoch den Schluß zu, daß die Streuung der Ermüdungslaufzeiten einen anderen Grund haben muß.

Soweit heute bekannt ist, gehen Ermüdungsschäden von kleinen Anrissen aus. Man geht sicher nicht fehl, wenn man annimmt, daß diese Anrisse

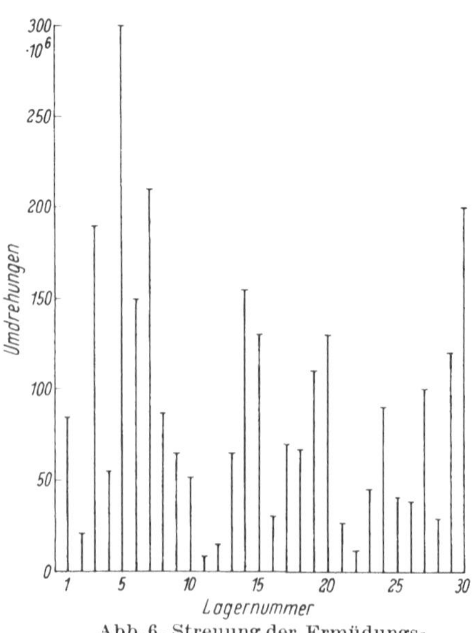

Abb. 6. Streuung der Ermüdungslaufzeiten von 30 Rillenkugellagern *6309*.

ihren Ursprung in irgendwelchen schwachen Stellen des Werkstoffes haben. Da jeder Werkstoff kein im Sinne der mathematischen Elastizitätstheorie homogener Stoff ist, muß mit unvermeidbaren Schwachstellen innerhalb der Ringe oder Wälzkörper gerechnet werden. An einer derartigen Stelle kann sich dann ein Anriß ausbilden, wenn sie stärker beansprucht wird. Je nach der Häufigkeit und der Intensität, mit der eine solche schwache Stelle beansprucht wird, kann die Pittingbildung früher oder später eintreten. So wird es verständlich, daß das eine Lager eine kurze, das andere eine lange Laufzeit hat. Darin liegt die Erklärung dafür, daß auch die auf dem Prüfstand erreichten Laufzeiten so große Streuungen zeigen.

In diesem Zusammenhang soll eine Hypothese erwähnt werden, die von PALM-GREN [61] aufgestellt wurde. Und zwar geht es dabei um die Frage, wie die Streuung der Ermüdungslaufzeiten von der Qualität des Werkstoffes, d. h. von der Anzahl der schwachen Stellen abhängt. Dazu wird behauptet, daß die Streuung um so größer sein muß, je homogener der Werkstoff ist, d. h. je weniger Schwachstellen er hat. Diese Behauptung wird verständlich, wenn man in einem Gedankenexperiment zwei Grenzfälle betrachtet. Nimmt man an, daß im Lager nur eine Schwachstelle vorhanden ist, dann kann es natürlich sein, daß gerade diese Stelle in der am meisten beanspruchten Zone liegt und es schon bei den ersten Umdrehungen des Lagers zu einem Ausfall kommt; es kann aber auch sein, daß diese Schwachstelle in einer kaum beanspruchten Zone liegt und erst nach sehr vielen Umdrehungen zu einem Ausfall führt. Im ersten Fall wird die Laufzeit sehr kurz, im zweiten Fall sehr lang sein. Die Streuung ist also groß. Im anderen Grenzfall kann man sich vorstellen, daß die Schwachstellen sehr dicht liegen. Dann wird sicherlich bei fast jeder Umdrehung eine Schwachstelle überbeansprucht und die Laufzeit also in jedem Fall kurz sein; die Streuung ist hierbei klein. Diese Hypothese, die durchaus einleuchtet, ist allerdings im Versuch noch nicht bestätigt worden.

Wegen der Streuung können alle Aussagen über das Ermüdungsverhalten von Wälzlagern nur statistischen Charakter haben, d.h. Wahrscheinlichkeitsaussagen sein. Die erste Angabe dieser Art war die Definition der nominellen Lebensdauer, wie sie heute in ISO R 15 und in DIN 622 genormt ist:

„Die nominelle Lebensdauer einer hinreichend großen Menge gleicher Lager ist die Anzahl der Umdrehungen (oder die Anzahl Stunden bei unveränderlicher Drehzahl), die 90% dieser Lagermenge erreichen oder überschreiten, bevor die ersten Anzeichen einer Werkstoffermüdung auftreten."

Die Bestimmung desjenigen Zeitpunktes, an dem 10% einer Prüfserie von normalerweise 30 Lagern, d. h. 3 Lager, ausgefallen sind, ist naturgemäß schwierig, da dieser Ausfallzeitpunkt ebenfalls sehr streut. Eine genauere Bestimmung ist nur dann möglich, wenn man aus den Ausfallzeiten eines großen Prozentsatzes Rückschlüsse auf den 10%-Punkt zieht. Dazu ist es notwendig, die statistische Gesetzmäßigkeit der Ermüdungszeiten zu kennen. Diese Gesetzmäßigkeit wird durch eine Verteilungsfunktion, die sog. Ausfallverteilung, beschrieben. Sie gibt die Wahrscheinlichkeit an, mit der ein Lager nach einer bestimmten Laufzeit ausfällt, oder anders ausgedrückt, sie gibt den Anteil einer sehr großen (strenggenommen unendlichen) Menge von Prüflagern an, der bis zur Zeit t ausgefallen sein wird.

Als Ausfallverteilung wird bei Ermüdungsprüfungen an Wälzlagern allgemein [9, 19, 31, 47, 48, 50, 77] die sog. Weibull-Funktion verwendet, die folgende Form hat:

$$F(t) = 1 - e^{-(t/T)^k}$$

Hierin ist $F(t)$ die Wahrscheinlichkeit dafür, daß ein Lager bis zum Zeitpunkt t ausgefallen ist; T und k sind Parameter; k ist, wie sich später zeigen wird, ein Maß für die Streuung; T ist derjenige Zeitpunkt, bis zu dem 63,2% der Lager einer größeren Versuchsserie ausgefallen sind, wie sich sofort zeigt, wenn man in der Ausfallverteilung $t = T$ setzt. T ist also ein Maß für die absolute Lage der Ausfallverteilung. Da bis zum Erreichen der nominellen Lebensdauer L 10% der Lager einer größeren Menge ausgefallen sein werden (nach Definition von L), erhält man eine Beziehung zwischen T und L, wenn man in der Ausfallverteilung $t = L$ und $F(L) = 0,1$ setzt. Dann wird

$$L = 0{,}10536^{\,1/k} \cdot T$$

Wenn man also aus einer Versuchsreihe Werte für T und k ermittelt, dann läßt sich nach dieser Formel die 10%-Lebensdauer errechnen.

Teilweise, vor allem in Amerika, wird an Stelle der nominellen Lebensdauer L die mittlere Lebensdauer L_m angegeben; L_m ist dann der Zeitpunkt, bis zu dem 50% der Lager einer größeren Serie ausgefallen sind. Analog zur obigen Rechnung erhält man L_m aus der Ausfallverteilung, wenn man $t = L_m$ und $F(L_m) = 0,5$ setzt. Dann wird

$$L_m = 0{,}69314^{\,1/k} \cdot T$$

Die empirisch ermittelten Ausfallkurven sind früher in der Weise dargestellt worden, daß man die jeweils erreichte Laufzeit über dem Ausfallprozentsatz linear aufgetragen hat (Abb. 7). Aus dieser Darstellungsform lassen sich praktisch keine

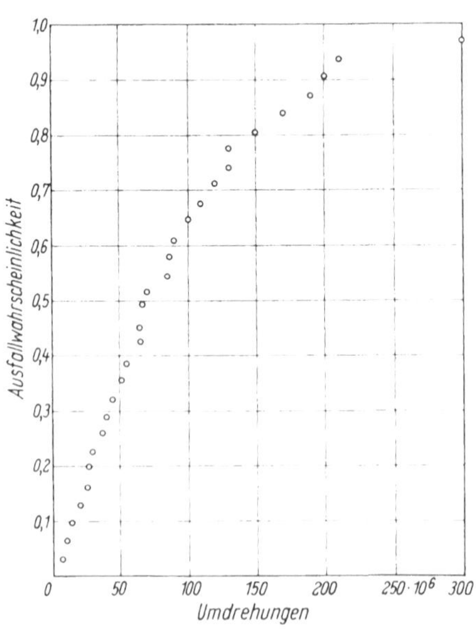

Abb. 7. Streuung der Ausfallzeiten in linearer Darstellung.

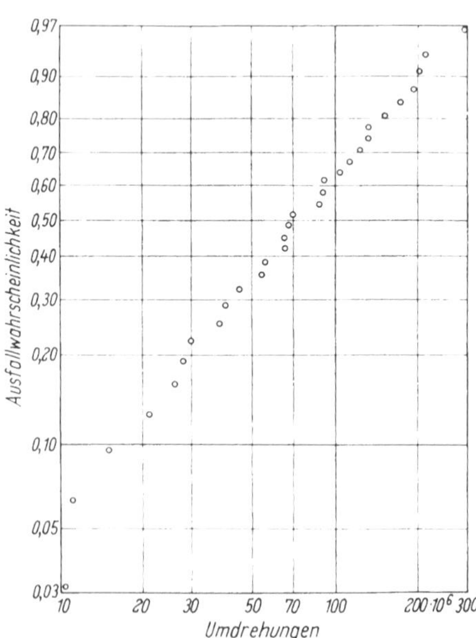

Abb. 8. Streuung der Ausfallzeiten im Weibull-Netz.

wesentlichen Schlüsse ziehen. Mit Hilfe der Ausfallverteilung $F(t)$ wird nun eine andere Darstellung möglich. Durch zweifaches Logarithmieren erhält man nämlich

$$\lg \ln \frac{1}{1 - F(t)} = k\,(\lg t - \lg T)$$

Wählt man also als Maßstab für den Ausfallprozentsatz, oder besser gesagt für die Ausfallwahrscheinlichkeit, den Wert

$$y = \lg \ln \frac{1}{1 - F(t)}$$

und für die Laufzeit t den Wert

$$x = \lg t$$

dann erkennt man — wenn man noch $x_0 = \lg T$ setzt — daß die Ausfallverteilung in einem Koordinatennetz (xy) durch die Gerade

$$y = k(x - x_0)$$

dargestellt wird. Trägt man also die in einer Versuchsreihe gefundenen Ausfallzeiten t in dieser Weise auf, dann kann man in einfacher Weise diese Punktfolge durch eine Gerade annähern und somit k als Anstieg der Geraden bestimmen (Abb. 8). Neben dem rein graphischen Annähern gibt es rechnerische Verfahren, die unbekannten Parameter k und T zu bestimmen [47, 68, 78].

Bei wiederholt unter gleichen Bedingungen durchgeführten Versuchsreihen zeigt es sich, daß die für die einzelnen Versuchsreihen ermittelten Werte für k und T und damit für L nicht über alle Versuchsreihen hinweg die gleichen sind. Das bedeutet also, daß die in verschiedenen Versuchsreihen ermittelten 10%-Lebensdauerwerte ebenfalls eine gewisse Streuung haben. Daraus folgt, daß der aus einer Versuchsreihe gefundene L-Wert eine gewisse Unsicherheit enthält. Diese Unsicherheit läßt sich mit Hilfe der Ausfallverteilung abschätzen [68]. Es zeigt sich dabei, daß man die 10%-Lebensdauer um so genauer bestimmen kann, je größer der Umfang der Prüfreihe ist. Auf diese Weise ist es möglich, Versuchsreihen so zu planen, daß man Ergebnisse mit einer bestimmten Aussagegenauigkeit erwarten kann. Davon wird im nächsten Abschnitt noch die Rede sein.

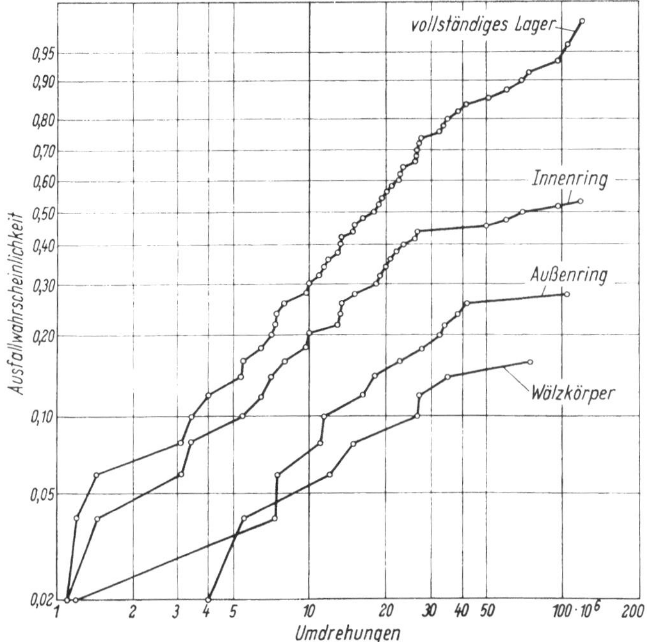

Abb. 9. Ausfallkurven der einzelnen Lagerteile.

Mit Hilfe statistischer Verfahren können auch noch weitere Erkenntnisse aus Versuchsreihen erzielt werden. Bei der Prüfung vollständiger Lager erhält man eine empirische Ausfallverteilung der Lager. Zusätzlich weiß man aber, welches Lagerteil (Innenring, Außenring oder Wälzkörpersatz) zuerst Ermüdungsschäden gehabt hat und damit für den Ausfall des ganzen Lagers verantwortlich war. Bei der Festlegung der nominellen Lebensdauer ist diese Kenntnis nicht notwendig, wohl aber dann, wenn man Aussagen über die unterschiedliche Ermüdungslaufzeit der einzelnen Lagerteile machen will. Trägt man die in einer Versuchsreihe ermittelten Ausfallzeiten der einzelnen Lagerteile in einem Wahrscheinlichkeitsnetz auf (Abb. 9), dann erkennt man, daß diese Kurven wesentlich von der Ausfallverteilung der Lager abweichen. Das liegt daran, daß aus den Versuchswerten keine vollständigen Ausfallverteilungen der einzelnen Lagerteile direkt zu erhalten sind. Wenn nämlich ein Lager an einem Teil, z. B. dem Innenring, ausfällt, werden die beiden anderen Teile, also der Außenring und der Wälzkörpersatz, auch aus dem Versuch gezogen, da ja im ausgefallenen Lager nicht das ermüdete Teil ersetzt wird sondern das ganze Lager ausscheidet. Man erhält also aus einer Versuchsreihe nicht die Ausfallzeiten sämtlicher einzelner Lagerteile. Mit Hilfe rechnerischer Verfahren lassen [68] sich jedoch Näherungskurven für die Ausfallverteilungen bestimmen (Abb. 10). Man erkennt daraus, daß die einzelnen Lagerteile ähnliche Ausfallver-

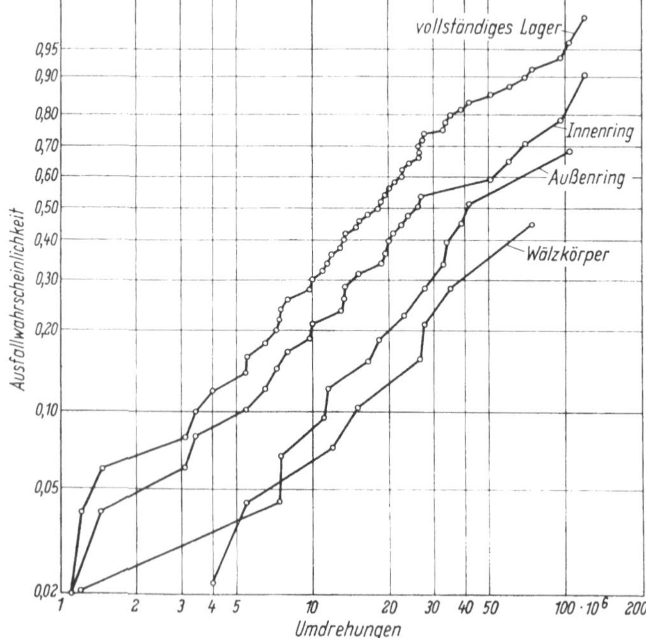

Abb. 10. Korrigierte Ausfallverteilungen der einzelnen Lagerteile.

teilungen wie die ganzen Lager haben. Damit ist es möglich, das Ermüdungsverhalten der einzelnen Lagerteile abzuschätzen und zu untersuchen, wie weit sich eine Verstärkung eines Lagerteiles auf die Ermüdungslaufzeit des ganzen Lagers auswirkt.

Bei der Auswertung von Versuchsreihen tritt weiterhin oft der Fall auf, daß sich die Verteilungskurve im Wahrscheinlichkeitsnetz nur schlecht durch eine Gerade, wie es der Weibull-Verteilung entspricht, annähern läßt. Dabei sieht es oft so aus, als ob sich die Ausfallverteilung durch zwei Geraden annähern ließe

(Abb. 11). Daraus könnte der Schluß gezogen werden, daß die Weibull-Verteilung für derartige Ausfallkurven nicht geeignet sei. Dieser Schluß ist nicht von der Hand zu weisen, solange nicht geklärt werden kann, ob die Weibull-Verteilung

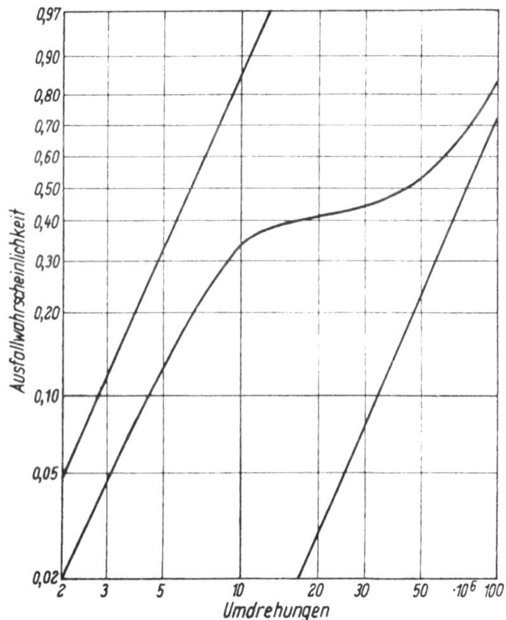

Abb. 11. Ausfallkurve eines Kollektives mit zwei Komponenten.

die theoretisch richtige Verteilung ist. Es läßt sich jedoch zeigen, daß auch mit dem Ansatz der Weibull-Verteilung diese Abweichungen erklärt werden können. Wenn man nämlich annimmt, daß die Versuchslager nicht aus einem einheitlichen Kollektiv stammen, sondern hinsichtlich ihres Ermüdungsverhaltens in verschiedene Gruppen eingeteilt werden müssen, dann lassen sich von der Geraden abweichende Ausfallkurven durch Überlagerung von mehreren parallelen Geraden mit verschiedenen Anteilen an der Gesamtmenge darstellen. Die einzelnen Teilkollektive hätten dann den gleichen Parameter k, d.h. das gleiche Streuungsverhalten und unterscheiden sich nur durch die absolute Größe der Ermüdungslaufzeit, d.h. durch den Parameter T. Damit hat man die Möglichkeit, Chargeneinflüsse zu beurteilen sowie die Gleichmäßigung der Fertigung zu kontrollieren.

Diese kurze Zusammenstellung statistischer Methoden zeigt, welche Aussagen man über Kollektive gleicher Lager machen kann. Bei der Auswertung von Versuchsergebnissen hat man damit ein Mittel, die große Streuung der Ermüdungslaufzeiten rechnerisch zu erfassen und zu beurteilen.

Ermüdungsversuche

Der Prüfstand gibt die Möglichkeit, folgende Einflüsse auf die Ermüdungslaufzeit zu untersuchen:

Anzahl, Größe und Form der Wälzkörper, Krümmungsverhältnisse an den Berührungsstellen,
Werkstoff, Warmbehandlung,

äußere Belastung,
Drehzahl,
Betriebstemperatur,
Schmiermittel.

Zuerst wurden Versuche mit vollständigen Lagern durchgeführt, und zwar auf Prüfständen, bei denen die Prüflager auf einer Welle sitzen, die in zwei Hilfslagern abgestützt ist. Die Belastung wird durch Federn, hydraulisch oder durch Gewichte aufgebracht. Dabei ist es wichtig, die auf die Prüflager wirkende Belastung genau kontrollieren und konstant halten zu können. Gewichte haben dabei den Vorteil, daß man die Belastung ohne besonderen Aufwand auch über lange Zeiten hin konstant halten kann. Demgegenüber ist bei der Verwendung von Federn oder von hydraulischen Belastungsvorrichtungen der Platzbedarf geringer. Allerdings ist ein zusätzlicher Aufwand an Regel- und Eichvorrichtungen notwendig. Es ist sehr wichtig, daß der Zeitpunkt genau erfaßt wird, an dem die ersten Ermüdungsschäden an irgendeinem Wälzlagerteil auftreten. Man benutzt deshalb Abschaltgeräte, die den Prüfstand dann stillsetzen, wenn durch das Überrollen der ersten Pittings zusätzliche Erschütterungen erzeugt werden. Die Empfindlichkeit derartiger Vorrichtungen ist regulierbar und kann so eingestellt werden, daß das Abschaltrelais schon bei den kleinsten Grübchen anspricht.

Natürlich möchte man Ermüdungsversuche unter möglichst wirklichkeitsnahen Betriebsbedingungen durchführen. Man stößt dann aber auf die Schwierigkeit, daß derartige Versuche sehr lange dauern. Würde man die Betriebsbedingungen so wählen, wie sie in der Praxis auftreten, dann müßte die Belastung etwa bei 10% der Tragzahl des verwendeten Lagers liegen. Legt man z. B. für Lager mit 50 mm Bohrung eine Drehzahl von 2 500 U/min zugrunde, dann ergibt sich rechnerisch eine 10%-Lebensdauer von 6600 Stunden. Das heißt also, daß bei durchlaufendem

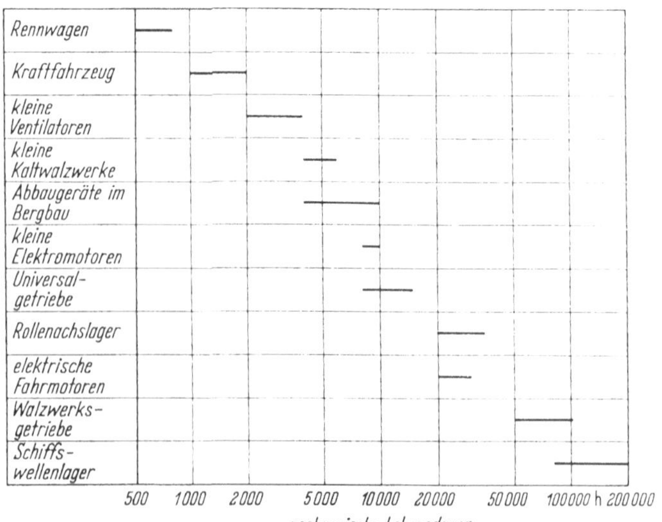

Abb. 12. Richtwerte für die Ermüdungslaufzeit.

Betrieb nach einem ¾ Jahr erst 10% der Lager der Versuchsreihe ausgefallen sein werden. Das letzte von den 30 Lagern einer Versuchsreihe wird erst nach mehr als 100000 Stunden ausfallen. Es bedarf keiner Erklärung, daß derartige Laufzeiten für Prüfstandsversuche indiskutabel sind. Es erhebt sich also die Frage, wie weit man die Betriebsbedingungen forcieren kann, ohne sich zu weit von den praktischen Verhältnissen zu entfernen. Die Abb. 12 gibt einen Anhalt, für welche

Ermüdungslaufzeiten die Wälzlager an bestimmten Einbaustellen ausgelegt werden. Hochbeanspruchte Lager im Kraftfahrzeugbau laufen unter Belastungen, denen Lebensdauerwerte von nur einigen hundert Stunden entsprechen. Unter solchen Bedingungen lassen sich Versuche in ein bis zwei Jahren abschließen.

Bei anderen Lagerungsfällen, z.B. bei Rollenachslagern, liegen die Beanspruchungen unter 10% der Tragzahl, so daß mit rechnerischen Lebensdauerwerten von 20000 Stunden und mehr gerechnet werden muß. In diesem Belastungsbereich sind Ermüdungsversuche mit vollständigen Lagern sinnlos, da die Versuchszeiten dann zwischen 10 und 20 Jahren liegen würden, wenn man abwarten will, bis hinreichend viele Lager ausgefallen sind.

So wird man bei allen Ermüdungsversuchen einen Kompromiß finden müssen zwischen der Forderung nach wirklichkeitsnahen Versuchsbedingungen und einem erträglichen Zeitaufwand. Bei der Planung von Ermüdungsversuchen wird man also im voraus abschätzen müssen, wie lange ein Versuch bei vorgegebenen Betriebsverhältnissen dauern wird.

Nach den Überlegungen im letzten Abschnitt läßt sich angeben, wann mit dem Ausfall eines bestimmten Anteils der Lager einer Versuchsreihe zu rechnen ist. In

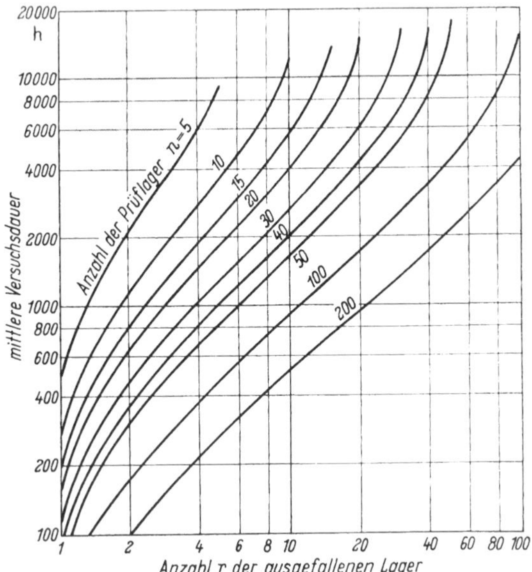

Abb. 13. Mittlere Versuchsdauer bei einer rechnerischen Lebensdauer von 1000 Stunden.

Abb. 13 sind die Ausfallzeiten angegeben, und zwar für den Wert $1/k = 0{,}8$. Für andere Werte des Parameters k lassen sich diese Zeiten errechnen als Lösung der Gleichung

$$e^{-x} = 1 - \frac{r-1}{n - \frac{k-1}{k}\frac{1}{x}}$$

wobei gesetzt wurde

$$x = \left(\frac{t_r}{T}\right)^k$$

Hierin bedeuten

t_r den wahrscheinlichsten Ausfallzeitpunkt des r-ten Lagers von insgesamt n Lagern,

k, T die Parameter der Ausfallverteilung.

Führt man mehrere Versuchsreihen mit gleichen Lagern unter gleichen Betriebsbedingungen durch und bestimmt bei jeder Reihe die 10%-Lebensdauer, dann zeigt sich, daß diese 10%-Werte auch eine gewisse Streuung haben. Wenn man voraussetzt, daß der Parameter k für alle Versuchsreihen gleich ist, läßt sich die Verteilungsfunktion der 10%-Lebensdauerwerte rechnerisch ermitteln [68]. Die Streuung dieser Werte wird dabei umso geringer, je größer die Anzahl der Lager pro Versuchsreihe ist. Zur Abschätzung der Sicherheit eines Versuchsergebnisses werden die Vertrauensbereiche verwendet. Der Vertrauensbereich ist dabei dasjenige Intervall, in dem bei vielfacher Wiederholung einer Versuchsreihe ein bestimmter Prozentsatz der nominellen Lebensdauer der einzelnen Reihen liegt. Üblich sind Prozentsätze von 90% und darüber. Man kann dann also mit 90%iger Sicherheit sagen, daß ein 10%-Wert einer Versuchsreihe innerhalb des entsprechenden Vertrauensbereiches liegen wird. In Abb. 14 sind Vertrauensbereiche für

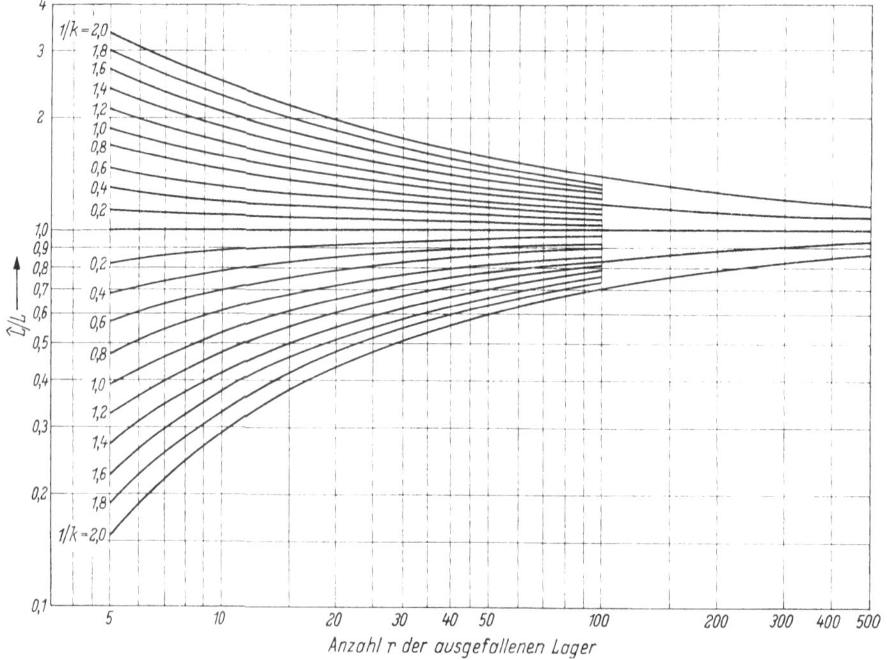

Abb. 14. Vertrauensbereiche für eine Aussagesicherheit von 90 %.

verschiedene Werte von k in Abhängigkeit von der Anzahl r der ausgefallenen Lager zusammengestellt. Die wahre nominelle Lebensdauer läßt sich danach also mit einer vorgegebenen Genauigkeit bestimmen, wenn man nur den Umfang der Versuchsreihe hinreichend groß wählt.

Wie sich zeigen läßt [68], hängt die Aussagegenauigkeit nur ab von der Anzahl der ausgefallenen Lager, nicht aber von der Anzahl der insgesamt auf Prüfständen gleichzeitig gefahrenen Lager. Damit wird es möglich, einen optimalen Prüfplan aufzustellen. Hierbei sind drei Punkte zu beachten und gegeneinander abzuwägen: Zeitbedarf, Anzahl der Prüfstände und Aussagegenauigkeit.

An einem Beispiel soll gezeigt werden, wie ein Prüfplan aufgestellt werden kann. Belastung und Drehzahl sollen so gewählt sein, daß man eine nominelle Lebensdauer von 1000 Stunden erhält. Setzt man einmal an, daß 100 Prüfstände zur Verfügung stehen, dann beträgt die Aussagegenauigkeit, wenn auf jedem Prüfstand ein Lager gefahren und der Versuch bis zum Ausfall des letzten Lagers durchgeführt wird, nach Abb. 14 für $1/k = 0,8$ etwa $\pm 15\%$; man kann also die 10%-Lebensdauer auf $\pm 15\%$ genau bestimmen. Diese Aussagegenauigkeit soll für die folgende Betrachtung beibehalten werden. Der Zeitbedarf für einen derartigen voll ausgefahrenen Versuch liegt dann etwa bei 20 500 Stunden (Abb. 13). Die gleiche Aussagegenauigkeit könnte man auch erreichen, wenn man statt der vorgesehenen 100 Prüfstände 200 Stände zur Verfügung hätte, auf jedem Prüfstand wieder ein Lager untersuchen und die Versuchsreihe so lange durchführen würde, bis wieder insgesamt 100 Lager ausgefallen sind. Dazu wäre eine Zeit von nur 4500 Stunden notwendig. Man sieht also, daß man den Zeitbedarf wesentlich einschränken kann, wenn man den materiellen Aufwand, d. h. die Anzahl der Prüfstände, vergrößert. Umgekehrt würde es bei einer Verringerung der Anzahl der Stände auf 50 zur Erzielung der gleichen Aussagegenauigkeit notwendig werden, nach einem voll ausgefahrenen Versuch mit 50 Lagern noch einen zweiten Versuch voll auszufahren, bis man auf diese Weise auch wieder 100 ausgefallene Lager erhält. Dazu wären allerdings 35 800 Stunden notwendig. Man kann sich durch die Variation des zeitlichen und materiellen Aufwandes also auf diese Weise den wirtschaftlichen Gegebenheiten anpassen.

Nun gibt es aber noch eine andere Möglichkeit, eine vorhandene Anzahl von Prüfständen optimal auszunutzen. Es soll wieder angesetzt werden, daß 100 Prüfstände zur Verfügung stehen und eine Aussagegenauigkeit von $\pm 15\%$ gefordert wird. Da es nur auf die Anzahl der ausgefallenen Lager ankommt, kann man nun auch folgendermaßen vorgehen: Fährt man den Versuch mit 100 Lagern, bis das letzte Lager ausgefallen ist, dann benötigt man dazu 20 500 Stunden. Bricht man aber den Versuch ab, wenn 50 Lager ausgefallen sind, und wiederholt den Versuch auf allen 100 Ständen mit 100 neuen Lagern und fährt wieder bis zum Ausfall der ersten 50 Lager, dann erhält man insgesamt wieder 100 ausgefallene Lager. Der Zeitbedarf für diese beiden nacheinander gefahrenen Versuche reduziert sich auf etwa 8 800 Stunden, wenn man die verhältnismäßig kurzen Montagezeiten vernachlässigt. Die gleiche Anzahl ausgefallener Lager würde man auch erhalten, wenn man den Versuch auf allen 100 Prüfständen viermal hintereinander bis zum Ausfall jeweils der ersten 25 Lager fährt. In der Abb. 15 sind verschiedene Kombinationen der Anzahl der Versuche und der Anzahl der jeweils ausfallenden

Anzahl r d. ausgef. Lager	Anzahl i der Versuche	Dauer $t_r{}^*$ des einzelnen Versuches [Std.]	Gesamtdauer [Std.]
Anzahl der Prüflager $n = 100$			
100	1	20 500	20 500
50	2	4 410	8 820
25	4	2 160	8 640
20	5	1 740	8 700
10	10	920	9 200

Abb. 15 Gesamte Versuchsdauer bei wiederholtem Versuch (für $L = 1000$ Std.).

Anzahl r d. ausgef. Lager	Anzahl i der Versuche	Dauer $t_r{}^*$ des einzelnen Versuches [Std.]	Gesamtdauer [Std.]
Anzahl der Prüflager $n = 50$			
50	1	17 900	17 900
25	2	4 300	8 600
10	5	1 660	8 300
5	10	850	8 500
Anzahl der Prüflager $n = 30$			
30	1	16 200	16 200
15	2	4 180	8 360
10	3	2 650	7 950
6	5	1 550	7 750
3	10	775	7 750

Abb. 15. Gesamte Versuchsdauer bei wiederholtem Versuch (für $L = 1000$ Std.).

Lager zusammengestellt. Man erkennt daraus, daß man auf diese Weise zu einem optimalen Versuchsplan kommen kann, bei dem der Zeitaufwand auf etwa 40% der für einen voll ausgefahrenen Versuch notwendigen Zeit reduziert ist.

Die Laufzeiten bei Versuchen mit kompletten Lagern sind also in jedem Falle sehr lang. Man könnte nun daran denken, durch eine weitere Forcierung der Betriebsbedingungen die Laufzeit weiter abzukürzen. Dadurch würden jedoch in immer stärkerem Maße Schmier- und Wärmeabführungsprobleme auftreten, so daß einer weiteren Verkürzung der Versuchszeiten sehr bald eine Grenze gesetzt ist.

Es erhebt sich nun die Frage, ob man auf irgendeinem anderen Wege in kürzerer Zeit Aussagen über das Ermüdungsverhalten machen kann. Betrachtet man die Beanspruchung der Wälzkörper in einem belasteten, umlaufenden Lager, dann zeigt sich, daß eine Stelle eines Wälzkörpers bzw. des Innenringes sehr unterschiedlichen Beanspruchungen ausgesetzt ist (Abb. 16 u. 17), je nach Stellung des

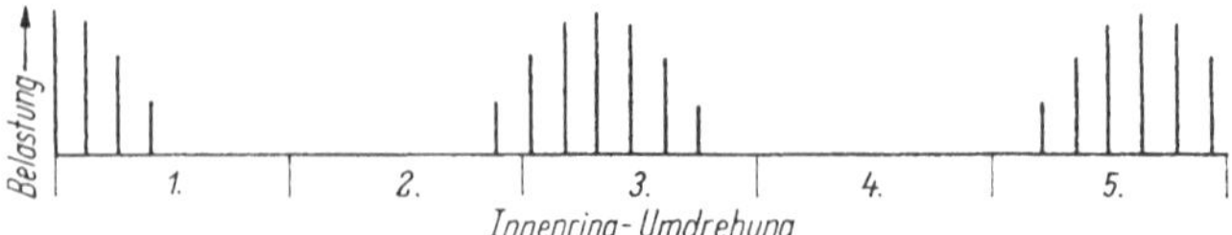

Abb. 16. Belastung eines Punktes auf der Rolle bei umlaufendem Innenring.

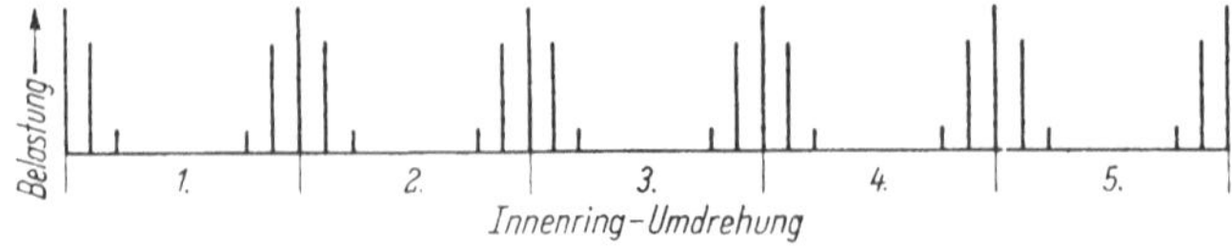

Abb. 17. Belastung eines Punktes am Innenring bei umlaufendem Innenring.

Wälzkörpers zur Lastrichtung. In diesem Belastungsdiagramm wird die äußere Radialbelastung mit $F_r = 1$ angesetzt. In dem vorliegenden Fall ergibt sich dabei eine maximale Wälzkörperbelastung von $F_0 = 0{,}25$. Man erkennt daraus nun, daß einmal nur ein Bruchteil der äußeren Belastung als Wälzkörperbelastung auftritt und zum anderen, daß die „Leerlaufzeiten" einen großen Teil der Betriebszeit ausmachen. Wenn es also gelingt, eine Versuchseinrichtung so zu bauen, daß die von außen aufgebrachte Belastung besser ausgenutzt wird und die „Leerlaufzeiten" geriger werden, dann wird damit eine zeitraffende Wirkung erzielt. In Abb. 18 ist das Belastungsdiagramm für den später zu beschreibenden Dreiwellenstand dargestellt; die für die Versuchsdauer günstigeren Belastungsverhältnisse des Prüflings sind beim Vergleich mit Abb. 16 und 17 deutlich erkennbar.

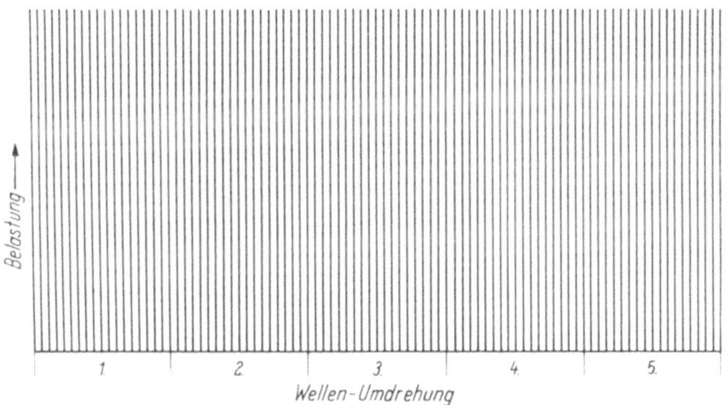

Abb. 18. Belastung eines Punktes der Prüfrolle im Dreiwellenstand.

Dieses Prinzip ist bereits auf Prüfständen verwirklicht worden. Dabei werden nun nicht mehr vollständige Lager geprüft, sondern nur noch Lagereinzelteile. Um die gleiche Beanspruchungsart wie im Wälzlager zu erhalten, läßt man z. B. einen einzelnen Wälzkörper auf Ringen abrollen. Im Gegensatz zum vollständigen Lager sind bei derartigen Prüfständen viel weniger Berührungsstellen vorhanden, so daß die entstehende Reibungswärme und damit die Lauftemperatur geringer wird. In gleicher Richtung wirkt sich auch das Fehlen eines Käfigs aus. Im Vergleich zu Versuchen mit vollständigen Lagern ergeben sich bei gleichen äußeren Belastungen höhere Rollkörperkräfte und höhere Überrollungszahlen in der Zeiteinheit, ohne daß man zusätzliche Schwierigkeiten mit der Schmierung und der Wärmeabführung bekommt.

Der erste Elementenprüfstand dieser Art war der Walzenprüfstand von NIE-MANN [57]. Auf einer Welle rollen paarweise mehrere Scheiben ab (Abb. 19). Es werden hier also die Abwälzverhältnisse nachgeahmt, wie sie in einem Zylinderrollenlager zwischen Wälzkörper und Innenring vorliegen. Der Prüfling (a) ist eine Welle mit 40 mm Durchmesser. Er wird mit einer Drehzahl von 1400 U/min direkt

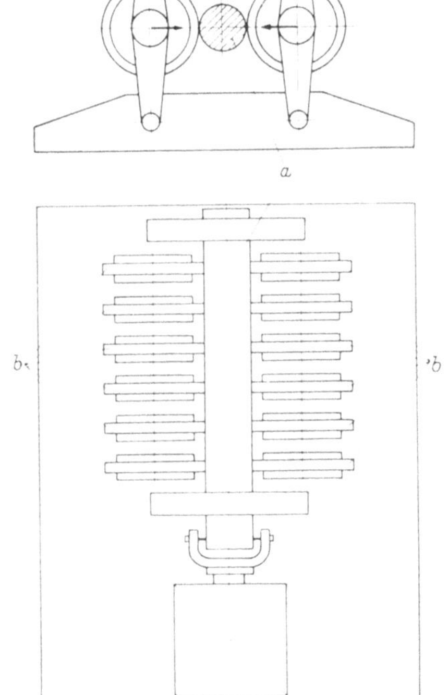

Abb. 19. Walzenprüfstand nach NIEMANN.

angetrieben. An den Prüfling werden sechs nebeneinanderliegende Druckrollenpaare (*b*) mit einer Kraft *P* angepreßt, so daß sie von dem umlaufenden Prüfling
durch Reibung mitgenommen werden. Die Druckrollen bestehen aus Tonnenrollenlagern *20308* mit einem Außendurchmesser von 90 mm. Die Mantelfläche dieser
Lager ist so nachgeschliffen, daß eine Laufbahn mit 5 mm Breite stehen bleibt. Die
Anpreßkraft der Druckfedern (*c*) kann an jedem Druckrollenpaar unterschiedlich hoch
eingestellt werden. Bei der Konstruktion dieses Prüfstandes lag der Wunsch zugrunde, möglichst viele Überrollstellen in einem Prüfstand zusammenzufassen und
gleichzeitig die einzelnen Überrollstellen verschieden belasten zu können. Gleichzeitig mußten aber auch gewisse Nachteile in Kauf genommen werden. Ein an einer
Überrollstelle auftretender Ausfall verursachte einen unruhigen Lauf der ganzen
Prüfwelle, so daß die anderen Überrollstellen mehr oder weniger, vor allem aber in
unkontrollierbarer Weise, beeinflußt wurden. Aus diesem Grunde verzichtete man
später auf die Anordnung mehrerer Scheibenpaare und ließ die Prüfwelle nur von
einem einzigen Scheibenpaar überrollen.

In Anlehnung an diese Prüfstände von NIEMANN wurde ein Ringprüfstand [*48*]
entwickelt, wie ihn die Abb. 20 und 21 zeigen. Als Prüfling wird hier der Innenring *a* eines Zylinderrollenlagers gewählt, also ein Original-Wälzlagerteil. Damit

Abb. 20. Ringprüfstand.

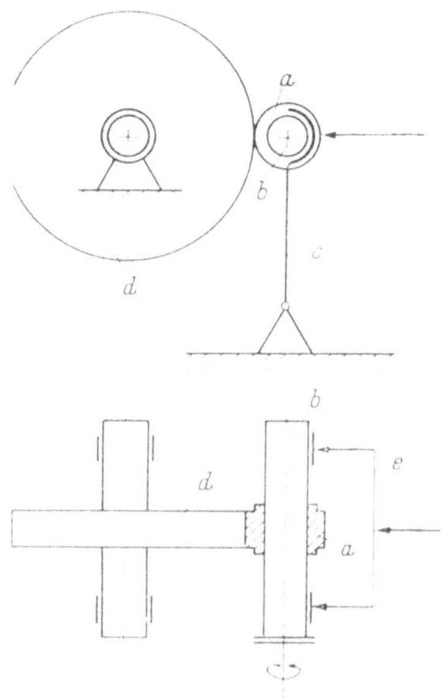

Abb. 21. Schemaskizze des Ringprüfstandes nach Abb. 20.

werden alle Unterschiede, die zwischen einer Vollwelle und einem aufgezogenen
Ring vorhanden sind, ausgeschieden. Der Ring mit 42 mm Rollbahndurchmesser
sitzt fest auf einer Welle *b*, die an ihren Enden in zwei Schwingen *c* gelagert ist.
Die Welle wird unmittelbar von einem Elektromotor mit 3000 U/min angetrieben.
Die Rollbahn des Ringes berührt eine Gegenscheibe *d* mit 250 mm Außendurchmesser. Durch eine verstellbare Lastbrücke *e* wird die Kraft geeichter Tellerfedern
so auf die einstellbaren Schwingen verteilt, daß die Berührung auf der Mantellinie

von 7 mm Länge ohne Verkantungen erfolgt. Auf die Überrollstelle ist ein Ölstrahl gerichtet. Die Ölmenge ist so bemessen, daß die Ölablauftemperatur ungefähr bei 75 °C liegt. Durch Reibungsschluß wird die Gegenscheibe praktisch schlupffrei mitgenommen, wie es auch in einem einwandfrei laufenden Wälzlager der Fall ist. Die Versuchsstände können mit einer Belastung bis zu 3000 kp gefahren werden. Da der Ring rund sechsmal so oft überrollt wird wie die Scheibe, tritt eine Grübchenbildung zuerst an dem Ring auf und erst nach mehreren Versuchen an der Gegenscheibe.

Bei beiden bisher beschriebenen Prüfständen — dem Walzenprüfstand und dem Ringprüfstand — werden als Andruckrollen Scheiben verwendet, die in ihrer Form von Wälzlagerteilen abweichen. Es wurde daher noch ein anderer Prüfstand entwickelt, der nur mit Original-Wälzlagerteilen arbeitet. Bei diesem Prüfstand (Abb. 22 u. 23), der als Dreiwellen-Stand bezeichnet wird, läuft eine Kugel oder eine

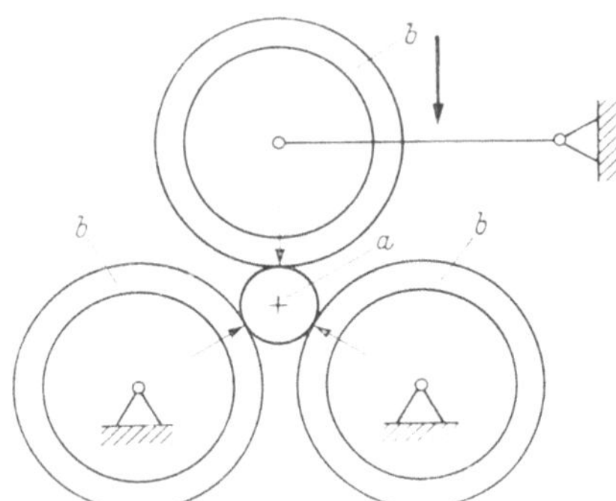

Abb. 23. Schemaskizze des Dreiwellenprüfstandes nach Abb. 22.

Abb. 22. Dreiwellenprüfstand.

Rolle a zwischen drei Kugellager- bzw. Rollenlager-Innenringen b. Auf drei Wellen mit 45 mm Durchmesser, deren Mittelpunkte ein gleichseitiges Dreieck bilden, werden die Innenringe aufgezogen. Eine dieser Wellen wird direkt von einem Elektromotor mit 3000 U/min angetrieben. Auf eine der beiden anderen Wellen wird die Belastung mit Tellerfedern aufgebracht. Eine gewisse Schwierigkeit besteht bei diesem Stand darin, die drei Wellen genau zueinander auszurichten. Mit geeigneten Meßmitteln ist es jedoch möglich, eine bei Zylinderrollen schädliche einseitige Belastung zu vermeiden. Bei diesem Prüfstand lassen sich die Versuchszeiten noch weiter abkürzen. Während beim Ringprüfstand die Lastwechselzahl pro Minute gleich der Antriebsdrehzahl ist, erreicht man beim Dreiwellen-Stand für den Prüfling eine Lastwechselzahl, die etwa beim Zehnfachen der Eingangsdrehzahl liegt. Einmal erhält der Wälzkörper bei einer Wälzkörperumdrehung drei Lastwechsel (von den drei Innenringen), zum anderen ist die Wälzkörperdrehzahl größer als die Antriebsdrehzahl, und zwar entsprechend dem Verhältnis des Laufbahndurchmessers des Innenringes zum Durchmesser des Wälzkörpers. Ein weiterer Vorteil dieses Prüfstandes liegt darin, daß er sowohl für Punktberührung in der Überrollstelle (Kugellager-Innenring und Kugel) als auch für Linienberührung (Zylinderrollenlager-Innenring und Zylinderrolle) verwendet werden kann. Da ausschließlich Wälzlagerteile verwendet werden, kann dieser Stand vorzugsweise zur Untersuchung von Fertigungs- und Materialvarianten herangezogen werden, ohne daß durch besonders hergestellte Prüfkörper zusätzliche — in der Wälzlagerfertigung nicht vorhandene — Einflüsse hinzutreten.

Ein weiterer Elementenprüfstand ist von BARWELL [3] entwickelt worden (Abb. 24 u. 25). Der zur Prüfung von Schmiermitteln bekannte Vierkugelapparat von BOERLAGE wurde entsprechend umgebaut. In einem zylindrischen Topf a laufen drei Kugeln, die durch eine an der Stirnfläche einer Welle fest eingespannte Kugel belastet werden. Diese Welle wird direkt von einem Elektromotor mit

Abb. 24. Kugelprüfstand nach BARWELL.

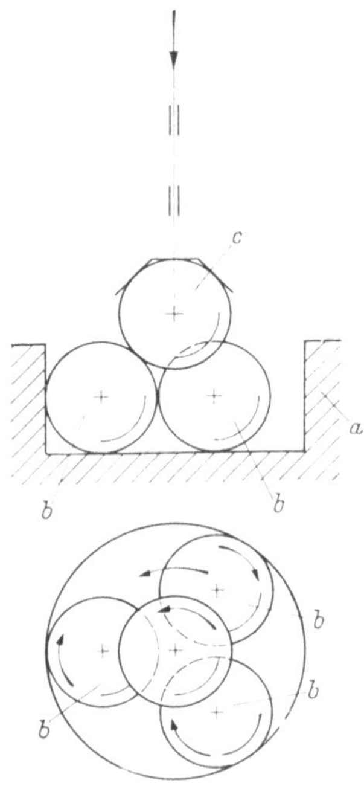

Abb. 25. Schemaskizze des Kugelprüfstandes nach Abb. 24.

1500 U/min angetrieben. Betrachtet man die eingespannte Kugel als Innenring, dann werden bei diesem Prüfstand die Verhältnisse in axial belasteten Kugellagern nachgeahmt. Der Topf entspricht dem Außenring; an seine Stelle kann auch der Außenring eines Schrägkugellagers treten, womit man den Verhältnissen in einem Wälzlager noch näher kommt. Durch die relativ schlechte Schmiegung zwischen den Kugeln erhält man hohe Flächenpressungen und damit kurze Laufzeiten. Da die eingespannte Kugel die höchste spezifische Belastung und auch die größte Anzahl der Lastwechsel hat, tritt ein Ermüdungsausfall meistens zuerst an dieser Kugel auf.

Ein anderer Elementenprüfstand ist von MACKS [51] entwickelt worden (Abb. 26 u. 27). Bei diesem Prüfstand laufen Kugeln in einer hohlzylindrischen Laufbahn. Die Kugeln a werden von einem Preßluftstrom angetrieben, der in der Mitte des Hohlzylinders durch ein Düsensystem b austritt.

Durch Steuerung des Druckes der Preßluft kann die Umlaufgeschwindigkeit der Kugeln variiert werden. Man erreicht auf diese Weise sehr hohe Umlaufgeschwindigkeiten entsprechend ei-

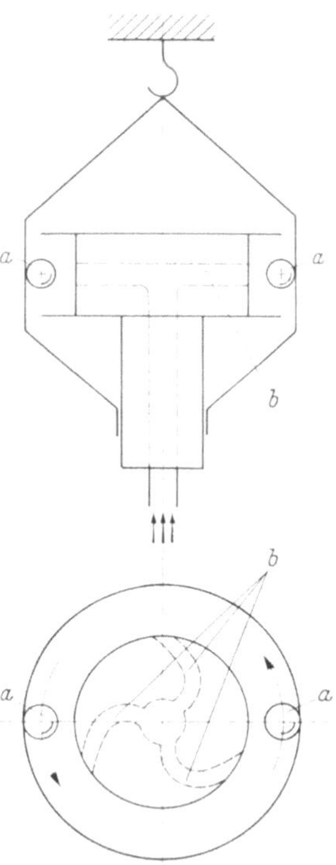

Abb. 26. Kugelprüfstand nach MACKS.

Abb. 27. Schemaskizze des Kugelprüfstandes nach Abb. 26.

ner Drehzahl von 20 000 bis 40 000 U/min. Die Belastung der Berührungsstelle ist durch die Zentrifugalkraft der Kugel gegeben. Mit ½″-Kugeln und einer Laufbahn von etwa 90 mm Durchmesser lassen sich so bis zu 200 000 Lastwechsel pro Minute bei einer HERTZschen Pressung von etwa 500 kp/mm² erreichen. Damit werden die Versuchszeiten extrem kurz. Dieser Kugelprüfstand zeichnet sich dadurch aus, daß er außer den Kugeln keine bewegten Teile enthält, die zu Störungen Anlaß geben können. Eine Schwierigkeit liegt darin, den Preßluftstrom konstant zu halten. Ein gewisser Aufwand an geeigneten Regelvorrichtungen ist deshalb nicht zu umgehen. Um einen ruhigen Lauf zu erzielen, muß der Hohlzylinder so abgestützt sein, daß die Eigenfrequenz des Systems möglichst weit unter der Umlauffrequenz der Kugeln liegt. Das kann entweder durch eine Aufhängung des Hohlzylinders erreicht werden oder durch eine Abstützung auf weichen Federn. Die Kugeln werden durch den Preßluftstrom auf einer konstanten Bahn gehalten, die in der Ebene der Düsen liegt. Damit ist es möglich, in einem Hohlzylinder mehrere Kugelsätze auf jeweils neuen Bahnen zu fahren, die sich durch eine Höhenverstellung des Düsensystems einstellen lassen. Um mit Sicherheit zu erreichen, daß die Kugeln nur auf einem

Großkreis ablaufen, genügt es, die Kugeln zu durchbohren bzw. an zwei gegenüberliegenden Punkten abzuflachen, wodurch eine Hauptträgheitsachse festgelegt wird. Damit hat man die Möglichkeit, einen Versuchslauf für Zwischenuntersuchungen an den Prüfkörpern beliebig oft zu unterbrechen. Beim Wiederanlauf des Versuches ergeben sich wieder die gleichen Rollkreise.

Bei der Durchführung von Ermüdungsversuchen auf derartigen Elementenprüfständen entsteht die Frage, wie weit ihre Ergebnisse praktisch verwertbar sind, d.h. welche Rückschlüsse sie auf das Ermüdungsverhalten der Wälzlager erlauben. Der Beanspruchungsvorgang, das Abrollen zweier gekrümmter Körper aufeinander unter Last, ist offensichtlich bei Elementenversuchen und Lagerversuchen derselbe. Eine Bestätigung dafür findet man in den Ausfallerscheinungen der Prüfelemente. In beiden Fällen treten die typischen Pittingerscheinungen auf. Ebenso ist die Ausfallverteilung einer Versuchsreihe in beiden Fällen gleichartig. Diese Erfahrungen bestätigen sich sowohl auf den verschiedenartigen Elementen-Prüfständen als auch an den zu verschiedenen Zeiten und an verschiedenen Orten durchgeführten Versuchen. Bei der Entwicklung und beim Einsatz derartiger Prüfstände hat sich gezeigt, daß sie ein wertvolles Hilfsmittel zur Untersuchung von Umständen darstellen, die auf die Lebensdauer von Wälzlagern Einfluß haben. Selbstverständlich liefern die Versuche auf Elementenprüfständen keine Ergebnisse, die sich ohne weiteres auf Ermüdungslaufzeiten von Wälzlagern umrechnen lassen, da durch die Verteilung der äußeren Belastung auf die einzelnen Wälzkörper im Lager und durch die Bewegungsverhältnisse die Belastung einer Überrollstelle nicht gleichbleibt. Die absolute Größe der dynamischen Tragzahl kann daher höchstens mit Hilfe zusätzlicher theoretischer Betrachtungen bestimmt werden, nicht aber allein aus den Ergebnissen von Elementenversuchen. Es lassen sich jedoch Aussagen über alle Größen, die das Ermüdungsverhalten bestimmen, machen, wenn man sich auf relative Aussagen, also Vergleiche zwischen einzelnen Versuchsvarianten, beschränkt. Dazu gehören: Krümmungsverhältnisse an den Berührungsstellen, Werkstoffvarianten, Fertigungsvarianten, Schmiermitteleinfluß, Temperatureinflüsse usw. Weiterhin sind auch Aussagen über das Lebensdauergesetz, d.h. die Abhängigkeit der Ermüdungslaufzeit von der Belastung, möglich, die zu einer Bestimmung des Lebensdauerexponenten führen.

Die Ermüdungsrechnung in der Praxis

Die verschiedenen Verfahren, die heute in der Welt benutzt werden, um die Leistungsfähigkeit eines Wälzlagers bei bestimmten Betriebsbedingungen zu bestimmen, stützen sich auf Erfahrungen, die man mit Lagern auf dem Prüfstand oder im Betrieb gemacht hat. Dabei wurde versucht, die einzelnen, Punkt für Punkt gewonnenen Kenntnisse, die durch die Praxis gesichert sind, durch theoretische Überlegungen in Zusammenhang zu bringen und diesen Zusammenhang durch Formeln auszudrücken.

In den vorhergehenden Abschnitten wurde gezeigt, mit welchen Verfahren man zu derartigen Kenntnissen kommen kann. Aus der Eigenart dieser Verfahren ergeben sich naturgemäß Grenzen für die Gültigkeit der Formeln, die man so gewinnt. Der Konstrukteur, der diese Formeln benutzt, um ein Wälzlager betriebssicher, aber auch wirtschaftlich zu dimensionieren, muß sich immer vor Augen halten, daß

1. alle errechneten Werte nur für das Kollektiv gelten, nicht aber für das einzelne Lager,

2. die in der Praxis tatsächlich auftretenden Betriebsbedingungen meistens nicht genau bekannt sind,

3. die Ermüdung nicht der einzige Beurteilungsmaßstab zu sein braucht.

Es wurde schon dargelegt, daß die starke Streuung der Ermüdungslaufzeiten der einzelnen Lager größerer Serien naturbedingt ist. Diese Streuung des Kollektives läßt sich statistisch erfassen, womit dann statistische Aussagen über das Verhalten des Kollektivs möglich werden. Man kennt damit das durchschnittliche Verhalten der Lager eines Kollektivs, man kennt auch die möglichen Abweichungen von diesem Durchschnittswert. Für die Serien sind damit Zahlenangaben möglich, nicht aber für ein einzelnes Lager. Das einzelne Lager hat nämlich keine durchschnittliche Ermüdungslaufzeit, sondern eine individuelle Laufzeit, die irgendwo in den für das Kollektiv gültigen Grenzen liegt. Die wirkliche Laufzeit eines einzelnen Lagers läßt sich also im voraus nicht bestimmen. Gemäß der für das Kollektiv geltenden Definition (S. 11) der „nominellen" Lebensdauer kann für das einzelne Lager deshalb nur gesagt werden, daß es mit 90%iger Sicherheit die errechnete nominelle Lebensdauer erreichen wird. Da diese Sicherheit nur 90%ig ist, besteht selbstverständlich die Möglichkeit, daß das Lager früher ausfällt. Mit großer Wahrscheinlichkeit wird es aber länger halten. Genügt dem Konstrukteur diese 90%ige Sicherheit nicht, so wird er mit einem tragfähigeren Lager eine größere nominelle Lebensdauer anstreben, weil damit die Wahrscheinlichkeit eines zu frühen Ausfalles geringer wird. Solche Sicherheitsbedürfnisse werden also damit berücksichtigt, daß man höhere nominelle Lebensdauerwerte fordert. Über die notwendige Höhe liegen Erfahrungswerte für die verschiedenen Anwendungsgebiete vor.

Die Zuverlässigkeit, mit der sich das Ergebnis der Lebensdauerrechnung später in der Praxis bestätigt, hängt natürlich davon ab, wie genau die in der Rechnung eingesetzten Werte für Belastung und Drehzahl den tatsächlichen Betriebsbedingungen entsprechen. Der Prüfstand, der dazu dient, z. B. die Abhängigkeit der Laufzeit von der Belastung zu ermitteln, hat ausreichend genau definierte Betriebsbedingungen. In fast allen praktischen Einbaufällen sind die Betriebsverhältnisse aber nicht so genau bekannt. Die Arbeitsweise der verschiedenen Maschinen und Geräte führt zu Schwankungen der Lagerbelastung, oft in weitem Bereich. Dasselbe gilt für die Drehzahl. Selbst wenn man die Grenzen des Belastungsbereiches und darüber hinaus die einzelnen Belastungsstufen kennt, ist eine Aussage über die Zeitanteile, mit der die verschiedenen Belastungsstufen wirksam sind, meistens unsicher. Dies wird sofort klar, wenn man daran denkt, daß die einzelnen Maschinen einer Serie später sehr unterschiedlich eingesetzt und beansprucht werden. Vor allem bei langlebigen Maschinen ist gar nicht vorauszusehen, wie weit sich das Arbeitsprogramm, für das sie angeschafft wurden, im Laufe der Zeit ändert.

So betrachtet sind die Beanspruchungen, denen die Lager einer Maschine ausgesetzt sind, individueller Natur. Man könnte zwar bei einer vorhandenen Maschine die Beanspruchungen der Lager über ihre gesamte Laufzeit messen. Bei einer anderen Maschine des gleichen Baumusters würde man jedoch andere Meßwerte erhalten. Es wird daraus klar, daß man nicht von der einen Maschine auf die andere schließen kann. Deshalb kann man auch bei der Berechnung eines Lagers nicht genau diejenigen Kräfte einsetzen, denen es später tatsächlich ausgesetzt sein wird. Darin liegt die Problematik bei der Berechnung der Lager für eine Neukonstruktion.

Die Ermüdungsrechnung müßte also von den Beanspruchungen ausgehen, wie sie bei einem repräsentativen Kollektiv gleicher Maschinen auftreten. Damit sind solche Untersuchungen im Prinzip nur an Maschinen möglich, die serienmäßig gebaut werden. Die Beanspruchungen müßten dann nicht nur an *einer* Maschine über einen hinreichend großen Zeitraum gemessen werden, sondern diese Messungen müßten an einer genügend großen Anzahl gleicher Maschinen wiederholt werden, um für den betreffenden Einbaufall ein repräsentatives Kollektiv der einzelnen Beanspruchungskollektive zu erhalten. Abgesehen davon, daß solche Untersuchungen schon aus betrieblichen Gründen oft gar nicht durchführbar sind, bleiben sie wegen des Aufwandes sowieso auf Einzelfälle beschränkt.

Man sieht daraus, daß es in der Regel unmöglich sein wird, die Lebensdauerrechnung mit exakten Werten für die Beanspruchungen durchzuführen. Wenn man trotzdem mit den heute gebräuchlichen Berechnungsmethoden eine Lagerstelle betriebssicher und wirtschaftlich auslegen kann, dann gibt es hierfür folgende Erklärung:

Zwar sind die Betriebsbedingungen meistens zu wenig bekannt, um sie in der Ermüdungsrechnung exakt erfassen zu können. Man kann deshalb einen Ansatz meistens nur mit mehr oder minder groben Annäherungen an die Wirklichkeit machen. Wenn man jedoch das Ergebnis dieser Näherungsrechnung nach bereits vorhandenen praktischen Erfahrungen bewertet, kommt man zu einer genügend sicheren Aussage. In vielen Anwendungsgebieten des Wälzlagers kennt man nämlich Lagerungen, die sich im praktischen Betrieb als sicher und auch als wirtschaftlich erwiesen haben. Auch diese Lager wurden berechnet. Wenn dabei die gleiche Methode mit dem gleichen vereinfachten Ansatz der Betriebsbedingungen angewendet wurde, so lassen sich auch die Ergebnisse miteinander vergleichen. Man kann dadurch beurteilen, ob die Lagerung des Neuentwurfes mit größerer oder geringerer Sicherheit gegenüber dem bewährten Fall ausgeführt wird. Entscheidend bei dieser Beurteilung ist also das Verhältnis der f_L-Werte oder der Lebensdauerstunden, die für die beiden miteinander zu vergleichenden Lagerungen errechnet wurden. Die Aussagekraft dieser Beurteilung wird durch eventuelle Fehler oder Unkorrektheiten im Ansatz der Betriebsbedingungen nicht beeinträchtigt, weil sie auf beiden Seiten in gleicher Art auftreten und sich dadurch gegenseitig aufheben. Damit ist klargestellt, daß eine Lebensdauerrechnung nach den heute gebräuchlichen Formeln nur dann sinnvoll und vernünftig ist, wenn man sie zum Vergleich von Neukonstruktionen mit bewährten Lagerungen benutzt.

Das Ergebnis der Ermüdungsrechnung wird noch oft in Laufstunden ausgedrückt. Mitunter wird auch heute noch erwartet, daß sich die errechneten Laufstunden im praktischen Betrieb auch wirklich bestätigen. Dies kann man aber nur dort erwarten, wo die Betriebsverhältnisse in der Rechnung richtig erfaßt wurden. Da dies fast immer unmöglich ist, sollte man besser auf die Angabe von Laufstunden überhaupt verzichten und zur Beurteilung den f_L-Wert heranziehen.

Bei den Formeln, die von den verschiedenen Wälzlagerherstellern in der Welt angewendet und empfohlen werden, bestehen gewisse Unterschiede. Unterschiedlich ermittelt werden einerseits die Tragzahl aus den inneren Abmessungen des Lagers und die Abhängigkeit der Laufzeit von der Belastung. Andererseits werden aber auch die Betriebsbedingungen nicht in der gleichen Weise vereinfacht angesetzt. Von Land zu Land sind die Auffassungen darüber, ob eine Maschine betriebssicher und wirtschaftlich ausgelegt ist, unterschiedlich. Daraus ergeben sich auch für die Wälzlager unterschiedliche Beurteilungsmethoden, die zu voneinander abweichenden Berechnungsverfahren geführt haben. Jedes Verfahren ist dabei in sich abgeschlossen und ermöglicht eine brauchbare Beurteilung der Lager. Es wäre aber unsinnig, wollte man Einzelergebnisse von zwei verschiedenen Rechnungsgängen miteinander vergleichen, um danach z. B. zu entscheiden, welches von zwei Lagern tragfähiger ist. In Unkenntnis dieser Zusammenhänge werden solche Vergleiche heute aber noch sehr oft angestellt, und aus dem Ergebnis wird vielfach sogar auf Qualitätsunterschiede geschlossen, die in Wirklichkeit gar nicht vorhanden sind.

Der Konstrukteur wird bei seinen Entwürfen in der Regel Lager verschiedener Herkunft in Betracht ziehen und hat seine Wahl zu treffen zwischen verschiedenen Vorschlägen, die sich hinsichtlich der Bauform, der Größe und Anordnung der Lager unterscheiden. Ein sinnvoller Vergleich der Leistungsfähigkeit der verschiedenen Konstruktionen setzt ein einheitliches Berechnungsverfahren voraus. Welche Möglichkeiten bestehen nun, zu einer einheitlichen Ermüdungsrechnung zu kommen? Von der ISO (International Organization for Standardization) wurden die Verfahren zur Berechnung der Tragfähigkeit aus den inneren Abmessungen und der Abhängigkeit der Laufzeit von der Belastung untersucht und in einer Empfehlung zusammengefaßt. Selbst unter der Voraussetzung, daß die Wälzlagerhersteller in der ganzen Welt in ihren Druckschriften und Berechnungsunterlagen diesen Teil des Berechnungsganges der Empfehlung entsprechend einheitlich handhaben, ist damit nur dieser *eine* Teil der gesamten Rechnung vereinheitlicht. Über den nicht minder wichtigen *anderen* Teil der Rechnung, in dem die Betriebsbedingungen erfaßt werden, sagt die Empfehlung nichts aus. Das praktisch verwertbare Ergebnis der Rechnung wird also noch so lange unterschiedlich ausfallen, so lange der Ansatz der Betriebsbedingungen von den einzelnen Stellen unterschiedlich gehandhabt wird. Nach dem derzeitigen Stand bestehen aber wenig Aussichten, auch hier eine einheitliche Basis zu finden. Deshalb ist es für die jetzigen und zukünftigen Berechnungen charakteristisch, daß sie nur vergleichen können zwischen neuen und bewährten Konstruktionen. Aussagen über die tatsächliche Laufzeit werden nur möglich, wenn genau definierte Betriebsbedingungen über die gesamte Laufzeit gegeben sind, so, wie sie z. B. beim Prüfstand vorliegen.

Wie schwierig es ist, derartige Angaben über die Betriebsbedingungen zu machen, soll an dem Beispiel der *Vorderradlagerung von Kraftfahrzeugen* dargelegt werden. Zur Durchführung einer hinreichend genauen Errechnung der Ermüdungslaufzeit müßten die tatsächlich wirkende Belastung und Drehzahl bestimmt werden. Betrachtet man das Fahrzeug im Stillstand, dann wirkt auf die Vorderlager lediglich die statische Radlast, die sich aus dem Fahrzeuggewicht (einschließlich Zuladung) ergibt. Beim Fahren treten verschiedenartige Zusatzkräfte auf, durch die die Lager stark beansprucht werden.

Es leuchtet ohne weiteres ein, daß eine rechnerische Erfassung aller dieser
Zusatzkräfte nach Richtung, Größe und Wirkungsdauer nicht möglich ist. Man hat
deshalb versucht, Angaben über die tatsächlich auftretenden Kräfte aus dem
Fahrversuch zu erhalten. Umfangreiche Arbeiten dazu sind von dem Laboratorium
für Betriebsfestigkeit, Darmstadt, durchgeführt worden [44]. Offen bleibt trotzdem noch die Frage, wie weit die so gewonnenen Ergebnisse repräsentativ sind für
alle Beanspruchungen, denen ein Kollektiv von Serienfahrzeugen in der Praxis
wirklich ausgesetzt ist.

Um Angaben über die nominelle Lebensdauer zu erhalten, könnte man statistische Untersuchungen über die ausgefallenen Lager von in Betrieb befindlichen
Kraftfahrzeugen anstellen. Dazu sind jedoch bisher noch keinerlei Angaben ver-
öffentlicht worden. Da die Kraftfahrzeuge, wenn sie einmal über die Garantiezeit
hinaus gelaufen sind, kaum noch zentral erfaßt werden können (etwa von seiten
der Automobilhersteller), werden sich derartige Untersuchungen praktisch nur
auf die Garantiezeit erstrecken. In dieser Zeit wird die nominelle Lebensdauer
der Lager aber in keinem Fall erreicht werden, so daß nur eine Aussage über die
ersten Promille ausfallender Lager möglich wird.

Wie kann unter diesen Umständen dann ein Vorderradlager überhaupt richtig dimensioniert werden? Zuerst muß ein Rechenverfahren zur Ermittlung der
auf die Lager wirkenden Belastungen angesetzt werden. Hierbei kommt es weniger
darauf an, daß auch alle Zusatzkräfte richtig erfaßt sind, als vielmehr darauf,
daß bei allen Berechnungen das gleiche Verfahren angewendet wird. Mit diesem
Verfahren müssen nun bewährte Lagerungen durchgerechnet und die Sicher-
heitswerte f_L ermittelt werden. Damit erhält man für die verschiedenen Arten von
Kraftfahrzeugen (Personenwagen, Lastkraftwagen, Omnibus usw.) Sicherheits-
werte, die späteren Lagerungsentwürfen zugrunde gelegt werden können. Derartige
Systeme von Sicherheitswerten liegen heute bei den Wälzlagerherstellern und
auch bei den Kraftfahrzeugherstellern vor.

Es zeigt sich an diesem Beispiel des Kraftfahrzeugvorderrades also deutlich,
daß sowohl mit rein rechnerischen Methoden als auch von der Praxis her kaum
sinnvolle Aussagen über die *Laufzeit* bis zur Ermüdung der Lager gemacht werden
können. Nur mit von der Praxis her bestätigten *Sicherheitswerten* kann eine Lagerung richtig dimensioniert werden.

Federung der Wälzlager

Im Zusammenhang mit allen Fragen nach hoher Führungsgenauigkeit ist
neben der Kenntnis der erreichbaren Formgenauigkeit auch die Kenntnis der
Lagerfederung notwendig. Es handelt sich hier meistens um Probleme bei der Lagerung von Werkzeugmaschinenspindeln, bei denen sowohl die Lagerformgenauigkeit
als auch die Wellen- und Lagerfederung die Qualität des Werkstückes bestimmen.
Eine hohe Führungsgenauigkeit ist auch bei Lagern von Präzisionsinstrumenten
notwendig, allerdings treten hier meist geringe Kräfte auf, so daß in vielen Fällen
nur die Frage nach der notwendigen Formgenauigkeit behandelt zu werden braucht.
Die Kenntnis der Federung ist aber auch notwendig, wenn man den Einfluß der
elastischen Wellenabstützung auf die kritische Drehzahl der Welle abschätzen will.
Die Beantwortung dieses Fragenkomplexes läuft auf die Aufgabe hinaus, eine

nichtlineare Differentialgleichung zu lösen. Die Lösung ist bis heute nicht gelungen. Es sind zwar einige Ansätze bekanntgeworden [4, 26, 32], jedoch kann man diese Themen noch nicht als abgeschlossen bezeichnen, so daß sie hier nicht behandelt werden sollen.

Die Frage nach der Federung der Lager wird auch immer dort gestellt, wo hochbelastete Wellen genaue und empfindliche Verzahnungen tragen. Ein typisches Beispiel für dieses Gebiet ist die Lagerung der Ritzelwelle in Kraftfahrzeugen.

Die bis hierher genannten Beispiele gehören in Anwendungsgebiete, in denen möglichst starre Lagerungen verlangt werden. Es gibt aber auch eine große Zahl von Lagerungen, in denen man Lager mit größeren Federwegen benötigt und bei denen man den Zusammenhang zwischen der aufgebrachten Last und dem Federweg kennen muß. Gemeint sind hier vor allem die angestellten Lagerungen, also Lagerungen, bei denen Radial-Rillenkugellager, Schrägkugellager, Axial-Rillenkugellager oder Kegelrollenlager gegeneinander gerückt werden und in gewissen Stellungen relativ zueinander durch geeignete Mittel axial festgelegt werden. Wird das Lagerpaar bei diesem Festlegen vorgespannt, so entsteht innerhalb der Lagergruppe eine axiale Belastung, deren Größe vom Vorspannweg und von der Federkennlinie des Lagers abhängig ist. Aber auch dann, wenn die Lagergruppe während der Montage nicht vorgespannt wird, kann es vorkommen, daß später im Betrieb die Lagerung in gewissen Betriebszuständen unter Vorspannung gerät, z. B. durch temperaturbedingte Maßänderungen. Die dadurch entstehenden Kräfte sind wiederum von der Federkennlinie der Lager abhängig.

Bei allen Fragen nach der Auslenkung der Wellenachse oder nach der Entstehung einer Vorspannung muß man immer zwei Gebiete unterscheiden, und zwar:

a) die Verformung der Lagerringe in den unter Last verformten Aufnahmestücken und die Verformung der Lagerringe infolge einer mehr oder minder ungleichmäßigen Unterstützung in den Sitzflächen;

b) die Verformung der Wälzkörper und Laufbahnen in ihren Berührungsstellen.

Strenggenommen müßte bei der Frage nach der Auslenkung der Wellenachse auch der Schmierfilm in den Kontaktflächen berücksichtigt werden, dessen Stärke von den Belastungs- und Betriebsverhältnissen abhängig ist.

Die unter a) genannten Verformungen sind einer einfachen und allgemeingültigen Behandlung nicht zugänglich. Hier sind die herstellungstechnisch bedingten Differenzen in den Sitzflächen von Fall zu Fall so verschieden, daß es nicht mehr gelingt, sie übersichtlich und genügend genau zu erfassen. Wenn man auch über den Verlauf der Abweichungen von der Sollform nichts Allgemeingültiges angeben kann, so kann man doch sagen, daß die aus ihnen resultierenden Ringverformungen in der Regel größer sind, als allgemein angenommen wird. Hier liegt ein Gebiet vor, das noch der Untersuchung vieler einzelner Probleme bedarf. Zwar ist allgemein bekannt, daß man durch eine Erhöhung der Formgenauigkeit in den Sitzflächen, durch Wahl strammer Passungen, durch ein Verrippen der Gehäuse, durch zweckmäßige Führung des Kraftflusses usw. diese Verformungen herabsetzen kann, jedoch sind bis heute zahlenmäßige Aussagen nicht möglich. Wegen der Vielfalt der möglichen Gehäuseformen liegt hier ein Aufgabengebiet vor, das nur zu geringen Teilen von der Wälzlagerindustrie behandelt werden kann; der Hauptanteil wird vielmehr den Herstellern der jeweiligen Geräte zufallen müssen.

Die Ermittlung der Federung des Lagers wird aber einer Berechnung sofort wieder zugänglich, wenn man voraussetzt, daß fehlerfreie Ringe genügend stramm gepaßt in fehlerfreie starre Gehäuse eingesetzt sind oder — anders ausgedrückt — wenn man voraussetzt, daß elastische Verformungen nur in den Berührungsstellen zwischen Kugeln und Laufbahnen und in deren nächster Umgebung auftreten. Dann wird die Berechnung einfach überschaubar und man kann auch zeigen, daß die Ergebnisse gut mit der Praxis übereinstimmen, sobald man diese Voraussetzungen so gut wie möglich erfüllt [67]. Die Aufgabe heißt also, unter diesen Voraussetzungen die Starrheit bzw. die Federwege für Wälzlager bei radialer und axialer Belastung zu bestimmen, für die Anwendung in der Praxis leicht überschaubare Diagramme aufzustellen und schließlich zu untersuchen, in welchem Maße man die Starrheit bei einer vorgegebenen Lagerkonstruktion beeinflussen kann.

Zur Beantwortung dieser Fragen erscheint eine Aufteilung des gesamten zu untersuchenden Gebietes in drei Teilgebiete erforderlich, und zwar in:

Federung der Wälzkörper,
Federung der Einzellager,
Federung vorgespannter Lagerpaare.

Federung der Wälzkörper

Als Wälzkörper werden heute Kugeln, Zylinderrollen, Kegelrollen und Tonnenrollen verwendet. Spulenrollen und Federrollen werden zwar von einigen Firmen in englischsprechenden Ländern noch hergestellt, werden in Deutschland aber schon seit Jahrzehnten kaum noch verwendet. Ebenso werden Bundrollen, Kegelrollen mit Führungsnut u. ä. nicht mehr gefertigt.

Abhängig davon, in welcher Weise die Wälzkörper die Laufbahnen berühren, kann man die Wälzlager in zwei große Gruppen einordnen, für die sich in der Wälzlagertechnik die Begriffe „Lager mit Punktberührung" und „Lager mit Linienberührung" eingebürgert haben. Die Unterscheidung wird danach getroffen, ob — bei idealisierten Verhältnissen — der Wälzkörper die Laufbahn bei spannungsfreiem Kontakt in einem Punkt oder in einer Linie berührt. Somit haben alle Kugellager Punktberührung, da die Kugeln auf Laufbahnen abrollen, deren Krümmungsradius stets größer ist als der Radius der Kugel. In die Gruppe der Lager mit Linienberührung fallen alle Zylinderrollenlager und Kegelrollenlager, bei denen sowohl die Rollenmantelflächen als auch die Laufbahnen gerade Erzeugende haben. Man zählt diese Lager aber auch dann noch zu dieser Gruppe, wenn sie mit Zylinder- oder Kegelrollen ausgerüstet sind, bei denen an den Rändern der Mantelflächen durch besondere Schleifverfahren eine stetig zunehmende Radiusverminderung zum Abbau der Kantenspannungen erzeugt wird. Da sich diese Profilgebung nur auf einen geringen Prozentsatz der Rollen-Nennlänge erstreckt und — wie Versuche zeigen — auf die Federung der Rolle keinen großen Einfluß zeigt, ist bei dem hier behandelten Thema diese Zuordnung ohne weiteres vertretbar.

Eine Zwischenstellung nehmen Tonnen- und Pendelrollenlager ein. Bei geringer Schmiegung und niedriger Belastung müßte man mit Verhältnissen rechnen, die denen bei Punktberührung entsprechen. Heute werden allerdings Tonnenlager und Pendelrollenlager in der Regel mit sehr hoher Schmiegung hergestellt, so daß die Druckfläche bei Betriebslast über die ganze Rollenlänge reicht. Man kann daher mit größerer Berechtigung die Gesetze der Linienberührung in Rechnung setzen. Auf eine tiefergehende Besprechung dieser Verhältnisse soll hier jedoch verzichtet werden, da in der Praxis bei Tonnenlagern und Pendelrollenlagern nie die Frage nach ihrer Federung gestellt wird. Im folgenden werden daher — der Fragestellung aus der Praxis entsprechend — nur noch Kugellager, Zylinderrollenlager und Kegelrollenlager behandelt.

Zum Fall der Punktberührung sind zahlreiche Unterlagen vorhanden, und zwar sowohl experimenteller als auch theoretischer Art. Die ersten theoretischen Untersuchungen gehen zurück bis auf WINKLER [79] und GRASHOF [23], doch ist erst HERTZ [27, 28, 29] im Jahre 1881 die allgemeine Lösung des Problems gelungen. Die Lösung von HERTZ ist an gewisse Voraussetzungen gebunden, und zwar wird gefordert, daß

1. der Werkstoff als homogen und isotrop angesehen werden kann;

2. die Druckflächen klein sind im Verhältnis zu den Abmessungen der gegeneinander gepreßten Körper;

3. in der Druckfläche nur Normalspannungen und keine Schubspannungen übertragen werden, eine Forderung, die z. T. schon durch Ziffer 2 ausgedrückt ist;

4. die Elastizitätsgrenze nicht überschritten wird.

Unter diesen Voraussetzungen konnte HERTZ die Annäherung für zwei gegeneinander gepreßte Körper angeben, die sich im spannungsfreien Zustand in einem Punkt berühren. Die von HERTZ angegebenen Gleichungen lassen sich schreiben in einer Form

$$\delta = \text{const} \sqrt[3]{P_0{}^2}. \tag{1}$$

wenn δ die Annäherung beider Körper, P_0 die Kraft, mit der beide Körper zusammengedrückt werden, darstellt und die Konstante die Krümmungsverhältnisse an der Berührungsstelle beschreibt.

Dieses Ergebnis wurde mehrfach experimentell überprüft, unter anderem von AUERBACH [2], BERNDT [5], BOCHMANN [6], FÖPPL [18], GOODMANN [22], KESSLER [37], LAFAY [45], RASCH [65], STRIBECK [71]. Untersucht wurde allerdings meistens der Fall „Kugel gegen Ebene". Die Untersuchungen ergaben eine recht gute Übereinstimmung mit der Theorie, zumindest im unteren Belastungsbereich, so daß im folgenden bei der Ermittlung der Federung von Wälzlagern die Gleichungen von HERTZ ohne Korrektur übernommen werden.

Man kann sich vorstellen, daß man aus den HERTZschen Gleichungen für die Punktberührung auch die Gleichungen für die Linienberührung herleiten kann, wenn man nur die kleine Halbachse der Druckellipse konstant hält, die große Halbachse dagegen über alle Grenzen wachsen läßt und statt der Belastung der Druckfläche die Belastung pro Längeneinheit einführt. Mit dieser Grenzwertbildung kann man die Druckflächenbreite und die Flächenpressungsverteilung für zwei gegeneinander gedrückte, unendlich lange Zylinder bestimmen, nicht aber die Annäherung. Wie sich zeigen läßt, gehen bei der Grenzwertbildung die Federwege wie $\log a/b$ gegen Unendlich, wenn a die lange, b die kurze Halbachse der elliptischen Druckfläche bedeutet. Das liegt daran, daß in dem Ansatz von HERTZ jeder der beiden Körper nur an der Berührungsstelle die vorgegebenen Krümmungsverhältnisse aufweist, sonst aber sich als Halbraum bis ins Unendliche erstreckt. Da bei Punktberührung die Spannungen in großer Entfernung von der Berührungsstelle im wesentlichen mit $1/r^2$ abnehmen — wenn r den Abstand des betrachteten Punktes von der Berührungsstelle bedeutet — und bei Linienberührung mit $1/r$, liefert die Integration über die Dehnungen einmal einen endlichen, das andere Mal einen unendlichen Wert.

Die Zusammendrückung einer unendlich langen Zylinderrolle unter der Wirkung von zwei einander diametral gegenüberliegenden Belastungen kann zwar auf anderem Wege theoretisch bestimmt werden [17, 76], jedoch bleibt die Schwierigkeit bestehen, die Zusammendrückung des gegen die Rolle gepreßten Körpers zu ermitteln.

Es gibt auch nur wenige experimentelle Untersuchungen zur Federung von Zylinderrollen. Die ausführlichste dürfte die von BOCHMANN [6] sein, deren Ergebnisse aber nicht immer ganz auf die Verhältnisse im Wälzlager übertragbar sind. BOCHMANN kommt in seinen experimentellen Untersuchungen zu dem Ergebnis, daß

$$\delta \sim P \tag{2}$$

ist. Ein ähnliches Ergebnis wird in einer älteren englischen Veröffentlichung angegeben [56], wobei noch vermerkt wird, daß eine Gleichung für die Federung bei Linienberührung wegen der Kompliziertheit des Problems nicht angegeben werden kann.

An und für sich wäre ein Zusammenhang von der Form

$$\delta \sim P^\varepsilon$$

mit $\varepsilon < 1$ zu erwarten. Nach den einzelnen Meßergebnissen aus der obengenannten englischen Veröffentlichung könnte man auch statt $\delta \sim P$ besser $\delta \sim P^{0,93}$ schreiben. Ein ähnliches Ergebnis ist inzwischen auch auf theoretischem Wege gefunden worden [42, 49]. Bei diesen Untersuchungen ging man von der Voraussetzung aus, daß bei einer endlich langen Zylinderrolle, die gegen ein beträchtlich größeres Gegenstück mit ebener Oberfläche gedrückt wird, eine rechteckige Druckfläche entsteht, über der sich eine in Längsrichtung unveränderliche, in Querrichtung elliptisch verteilte Druckspannung aufbaut. Es zeigt sich zwar, daß man im Rollendruckversuch beide Voraussetzungen zugleich nicht verwirklichen kann [42], man kann aber annehmen, daß sich die an den Druckflächenenden auftretenden Störungen kaum auf das Ergebnis auswirken, das im wesentlichen

$$\delta = \mathrm{const}\ P^{0,925} \tag{3}$$

heißt. Daß die Voraussetzungen und Annahmen vertretbar sind, findet man in experimentellen Untersuchungen aus der letzten Zeit bestätigt [40]. Es handelt sich um Versuche, bei denen eine Zylinderrolle von hoher Form- und Oberflächengüte gegen eine ebenfalls sehr genaue ebene Oberfläche eines Stahlkörpers gedrückt wird, wobei durch den Stahlkörper hindurch eine sehr enge Bohrung bis zur Druckfläche geführt wird. In dieser nur 0,3 mm weiten Bohrung liegt ein Stift, der mit dem einen Ende die Rollenmantelfläche, mit dem anderen den Fühler eines empfindlichen pneumatischen Meßgerätes berührt (s. Abb. 28). Senkt sich die ursprünglich ebene Oberfläche unter der Wirkung der Belastung P ein, so überträgt der Stift den Verschiebeweg auf den Fühler des Meßgerätes, das den Meßwert in starker Vergrößerung anzeigt.

In älteren Untersuchungen wurde für Lager mit Linienberührung fast ausschließlich Gl. (2) angewendet, vor allem zur Vereinfachung der Berechnung. Wegen der guten Übereinstimmung zwischen Theorie und Versuch soll dagegen hier allen weiteren Untersuchungen Gl. (3) zugrunde gelegt werden.

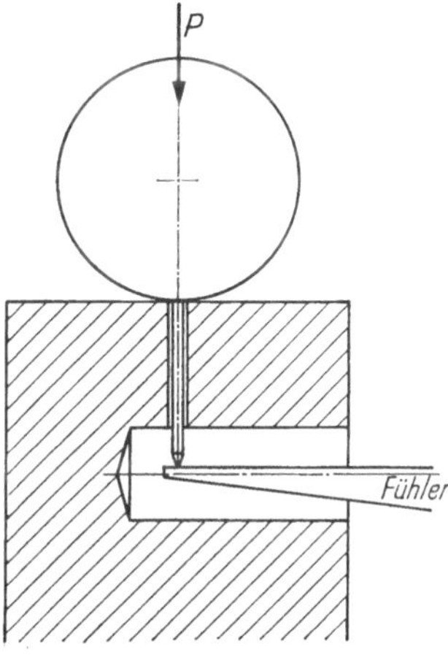

Abb. 28. Rollendruckversuch, Meßinstrument schematisch.

Federung des Einzellagers

Mit den nun bekannten Ergebnissen zur Federung der Wälzkörper kann man daran gehen, die Federung ganzer Lager zu untersuchen. Hierbei soll festgelegt werden, daß unter der Federung eines Lagers die Verschiebung des einen Ringes relativ zum anderen ausschließlich aus der Wirkung der Last verstanden werden soll. Die Verschiebbarkeit innerhalb des Lagerspiels wird hier nicht betrachtet, wohl aber die Abhängigkeit der Federung vom Lagerspiel bzw. von der Lagervorspannung, die beide die Druckverteilung im Lager — und somit die Federung — beeinflussen. Für die Berechnungen muß vorausgesetzt werden, daß

1. Ringe und Wälzkörper die ideale geometrische Sollform aufweisen,
2. die Ringe in sich starr bleiben und elastische Verformungen nur im Bereich der Berührungsstellen zwischen Wälzkörpern und Laufbahnen auftreten,
3. die Elastizitätsgrenze nicht überschritten wird.

Aber auch unter diesen Voraussetzungen kann man nicht unmittelbar von der Größe der Lagerbelastung auf die Federung schließen. Der Grund liegt darin, daß ein Wälzlager mit seinen vielen Wälzkörpern ein statisch mehrfach unbestimmtes System darstellt. Man erhält jedoch die gesuchte Lösung, wenn man entsprechend dem erstmals von STRIBECK [70] angegebenen Verfahren in folgender Weise vorgeht:

Man stellt sich vor, daß der — wie oben vorausgesetzt — starre Innenring relativ zum — ebenfalls in sich starren — Außenring verschoben wird. Sind diese Verschiebungen größer, als der freien Bewegungsmöglichkeit innerhalb des Lagerspieles entspricht, so haben sie elastische Verformungen an den Berührungsstellen zwischen Wälzkörpern und Laufbahnen zur Folge. Diesen Verformungen entsprechen bestimmte Kräfte, die sich in Abhängigkeit von den Krümmungsverhältnissen nach Gl. (1) bei Punktberührung bzw. nach Gl. (3) bei Linienberührung ermitteln lassen. Die geometrische Summe der Rollkörperkräfte ergibt dann die äußere Lagerbelastung. Dieser Rechnungsgang ist für so viele Kombinationen von axialer und radialer Verschiebung zu wiederholen, bis aus den Einzelergebnissen das gesuchte Diagramm gezeichnet werden kann, das den Zusammenhang zwischen äußerer Belastung und Verschiebung angibt.

Im folgenden wird der Fall des Radial-Rillenkugellagers und des Radial-Zylinderrollenlagers untersucht. Die Berechnungen werden durchgeführt unter Berücksichtigung des Einflusses von Spiel und Vorspannung.

Radial-Rillenkugellager bei reiner Radiallast

In Abb. 29 a und b ist schematisch ein Rillenkugellager gezeigt, dessen Ringe konzentrisch zueinander liegen und dessen Kugeln die Außenringlaufbahn berühren. Es ist ein Lager dargestellt, das ein gewisses Radialspiel e aufweist. Bei der in Abb. 29 a und b gezeigten Anordnung der Ringe und Kugeln besteht somit zwischen jeder Kugel und der Innenringlaufbahn der Abstand $e/2$.

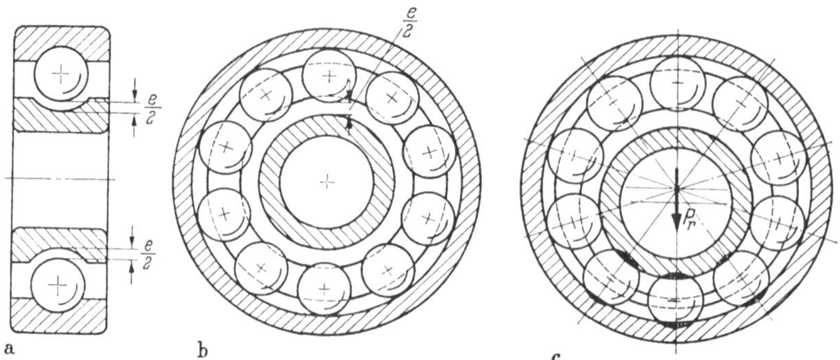

Abb. 29. a — c. Radial-Rillenkugellager mit Spiel, schematisch.   a) Radialschnitt, Symmetrielage; b) Axialschnitt, Symmetrielage;   c) Axialschnitt, Innenring radial verschoben.

In der Darstellung nach Abb. 29 c ist der Innenring unter dem Einfluß einer Radiallast P_r gegen den Außenring verschoben, wobei zunächst vorausgesetzt wird, daß die Wirkungslinie der Last P_r durch den Mittelpunkt einer Kugel geht.

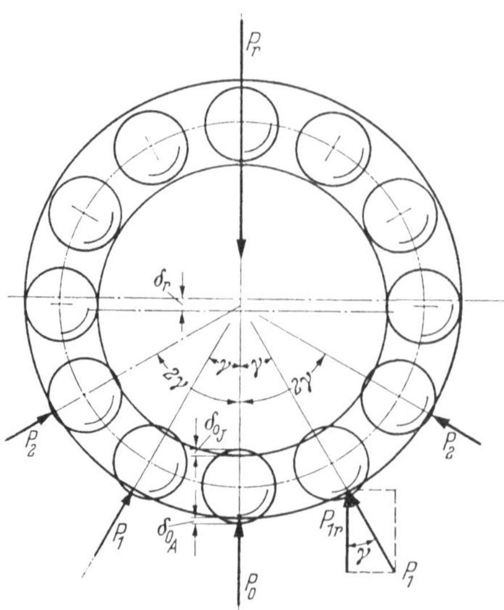

Abb. 30. Elastische Verformungen und Kugelbelastungen an einem radialbelasteten Rillenkugellager.

Unter der Wirkung der Radiallast P_r treten an den Berührungsstellen zwischen Kugeln und Laufbahnen elastische Verformungen auf, deren Größe in Abb. 29 c aus den Durchdringungen der Laufbahn- und Kugelumrisse hervorgeht. Die größten elastischen Verformungen treten an der in Lastrichtung liegenden Kugel auf, die im folgenden auch als Scheitelkugel bezeichnet und in den Berechnungen mit dem Index o gekennzeichnet werden soll. Bezeichnet man mit δ_A die Verformung an der Berührungsstelle der Kugel mit dem Außenring, mit δ_J die Verformung an der Berührungsstelle der Kugel mit dem Innenring, so kann man für die gesamte Verformung an der Scheitelkugel schreiben:

$$\delta_0 = \delta_{0A} + \delta_{0J} \tag{4}$$

(s. Abb. 30) und entsprechend für die beiden benachbarten Kugeln, die mit dem Index 1 gekennzeichnet werden sollen:

$$\delta_1 = \delta_{1A} + \delta_{1J} \tag{5}$$

oder — allgemein — für das i-te Kugelpaar:

$$\delta_i = \delta_{iA} + \delta_{iJ} \tag{6}$$

Die gesamte elastische Verformung δ_0 an der Scheitelkugel [s. Gl. (4)] ist nach der oben getroffenen Vereinbarung der Federweg des Innenringes gegenüber dem Außenring. Dagegen beträgt die gesamte Verschiebung des Innenringes aus der Symmetrielage (s. Abb. 29b):

$$w = \frac{e}{2} + \delta_0 \tag{7}$$

Somit kann man die Verformungen δ_i durch die Gesamtverschiebung w, das Radialspiel e und durch den Winkelabstand zwischen den Kugeln

$$\gamma = \frac{360°}{z} \tag{8}$$

(wenn z die Anzahl der Kugeln bedeutet) ausdrücken und erhält:

$$\begin{aligned}
\delta_0 &= w - \frac{e}{2} \\
\delta_1 &= w \cdot \cos \gamma - \frac{e}{2} \\
\delta_2 &= w \cdot \cos 2\gamma - \frac{e}{2} \\
\delta_i &= w \cdot \cos i\gamma - \frac{e}{2}
\end{aligned} \tag{9}$$

Für den Zusammenhang zwischen den Verformungen δ_i und den dazugehörigen Kugelkräften P_i gilt nach HERTZ:

$$\delta_i = \delta_{iA} + \delta_{iJ} = d_w \left(c_{\delta A} + c_{\delta J}\right) \cdot \sqrt[3]{\left(\frac{P_i}{d_w{}^2}\right)^2} \tag{10}$$

wenn $c_{\delta A}$ und $c_{\delta J}$ zwei Federkonstanten sind, (Abb. 31), die von den Berührungsverhältnissen am Innenring und Außenring, vom Elastizitätsmodul E und der Querkontraktionszahl m abhängen [16]. Löst man Gl. (10) nach P_i auf, so erhält man

$$P_i = \frac{d_w{}^{1/2}}{(c_{\delta A} + c_{\delta J})^{3/2}} \cdot \delta_i{}^{3/2} = C_\delta \, \delta_i{}^{3/2} \tag{11}$$

In dieser Gleichung ist die Abhängigkeit von den Berührungsverhältnissen am Innenring und am Außenring in einer einzigen Konstanten C_δ zusammengefaßt. C_δ ist streng genommen eine Funktion des Kugelmittenkreises T, des Kugeldurchmessers d_w und des relativen Rillenübermaßes

$$\varkappa = \frac{d_{\text{Rille}} - d_{\text{Kugel}}}{d_{\text{Kugel}}} \tag{12}$$

Man kann aber C_δ bei gleichen Rillenradien am Innen- und Außenring mit einer für die Praxis ausreichenden Genauigkeit allein als Funktion von d_w und $\varkappa$ darstellen, s. Abb. 32 [16]. Aus Gl. (9) und Gl. (11) ergibt sich dann die Belastung P_i der i-ten Kugel zu:

$$P_i = C_\delta \left(w \cdot \cos i\,\gamma - \frac{e}{2} \right)^{3/2} \tag{13}$$

Die in Richtung der Verschiebung fallende Komponente der Kraft P_i ist

$$P_{ir} = C_\delta \left(w \cdot \cos i\,\gamma - \frac{e}{2} \right)^{3/2} \cos i\,\gamma \tag{14}$$

Die äußere Lagerbelastung P_r ergibt sich somit aus einer Summation aller P_{ir}. Man erhält:

$$P_r = C_\delta \left[\left(w - \frac{e}{2} \right)^{3/2} + 2 \left(w \cdot \cos \gamma - \frac{e}{2} \right)^{3/2} \cos \gamma \right.$$
$$+ 2 \left(w \cdot \cos 2\gamma - \frac{e}{2} \right)^{3/2} \cos 2\gamma \tag{15}$$
$$\left. + 2 \left(w \cdot \cos 3\gamma - \frac{e}{2} \right)^{3/2} \cos 3\gamma + \cdots \right]$$

wobei die Summation über alle Glieder zu erstrecken ist, bei denen

$$\delta_i = \left(w \cdot \cos i\,\gamma - \frac{e}{2} \right) > 0 \tag{16}$$

ist. Das bedeutet, daß bis zu einem durch w und e bestimmten Winkel zu summieren ist und daß folglich die Anzahl der Glieder innerhalb der eckigen Klammer von

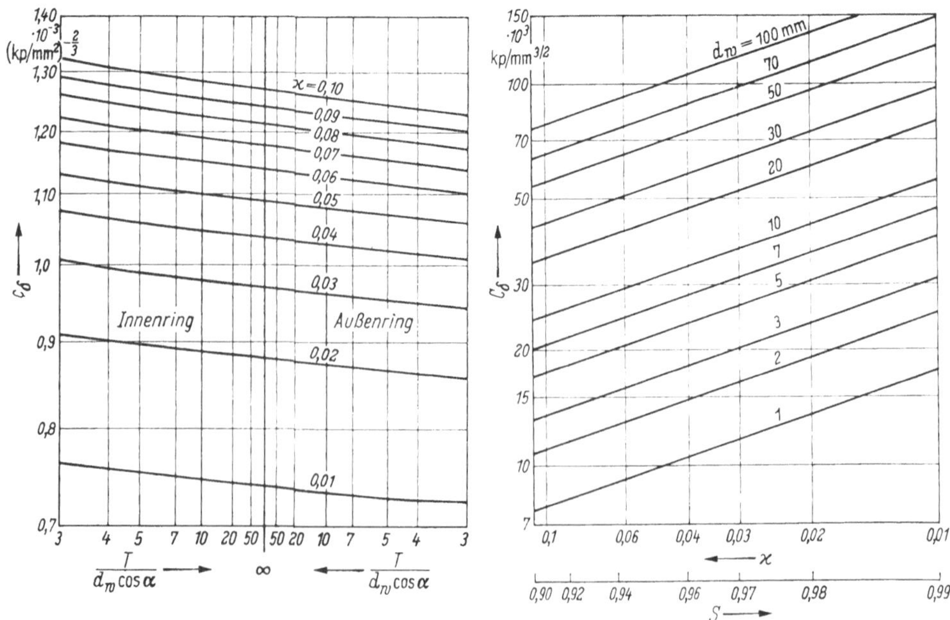

Abb. 31. Federkonstante $c\,\delta_i$ und $c\,\delta_a$ für Kugellager. T = Kugelmittenkreis, α = Druckwinkel, d_w = Kugeldurchmesser.

Abb. 32. Konstante C_δ in Abhängigkeit vom Kugeldurchmesser und vom relativen Rillenübermaß $\varkappa$ (E = 2,12 · 10⁴ kp/mm², m = 10/3).

Gl. (15) von der Wälzkörperzahl z abhängig ist. Man überzeugt sich aber leicht davon, daß die durch z dividierte Summe praktisch unabhängig von z ist, wenn man von Belastungsarten absieht, die sehr kleine beanspruchte Laufbahnbogen ergeben [52]. Drückt man in Gl. (15) noch die Innenringverschiebung w entsprechend Gl. (7) durch den Federweg δ_0 und durch das Radialspiel e aus, dann erhält man in der Beziehung

$$\frac{P_r}{z \cdot C_\delta} = \frac{1}{z} \left\{ \delta_0{}^{3/2} + 2 \left[\left(\delta_0 + \frac{e}{2}\right) \cos \gamma - \frac{e}{2} \right]^{3/2} \cos \gamma \right.$$
$$+ 2 \left[\left(\delta_0 + \frac{e}{2}\right) \cos 2\gamma - \frac{e}{2} \right]^{3/2} \cos 2\gamma \qquad (17)$$
$$\left. + 2 \left[\left(\delta_0 + \frac{e}{2}\right) \cos 3\gamma - \frac{e}{2} \right]^{3/2} \cos 3\gamma + \cdots \right\}$$

einen Ausdruck für P_r, in dem $z \cdot C_\delta$ eine Lagerkonstante darstellt und in dem die rechte Seite den Einfluß des Spiels beschreibt, und zwar — wie oben bereits erwähnt — nahezu unabhängig von der Wälzkörperanzahl. Dividiert man noch beide Seiten durch $(e/2)^{3/2}$, dann erhält man die dimensionslose Darstellung:

$$\frac{P_r}{z \cdot C_\delta \left(\frac{e}{2}\right)^{3/2}} = \frac{1}{z} \left\{ \left(\frac{\delta_0}{e/2}\right)^{3/2} + 2 \left[\left(\frac{\delta_0}{e/2} + 1\right) \cos \gamma - 1 \right]^{3/2} \cos \gamma \right.$$
$$+ 2 \left[\left(\frac{\delta_0}{e/2} + 1\right) \cos 2\gamma - 1 \right]^{3/2} \cos 2\gamma \qquad (18)$$
$$\left. + 2 \left[\left(\frac{\delta_0}{e/2} + 1\right) \cos 3\gamma - 1 \right]^{3/2} \cos 3\gamma + \cdots \right\}$$

Die Auswertung von Gl. (17) ist in Abb. 33 gezeigt. Auf der Abszisse ist der Ausdruck P_r/zC_δ aufgetragen, auf der Ordinate der Federweg δ_0; das Lagerspiel e erscheint als Parameter. Die einzelnen Kurven stellen somit Federdiagramme für Lager mit verschiedenem Spiel dar. In Abb. 34 ist der Wert $z \cdot C_\delta$ für Lager der verschiedenen Lagerreihen angegeben. Für spielfreie Lager ergibt sich folgende einfache Beziehung:

$$(\delta_0)_{e=0} = \left[4{,}37 \, \frac{P_r}{z \cdot C_\delta} \right]^{2/3} \qquad (19)$$

die auch für Näherungsrechnungen bei Lagern mit geringem Spiel brauchbar ist.

In der vorangegangenen Ableitung wurde vorausgesetzt, daß eine Kugel genau in der Lastrichtung liegt. Zu geringfügig anderen Ergebnissen kommt man bei anderen Stellungen des Kugelsatzes relativ zur Wirkungslinie der äußeren Last. Die Abhängigkeit der Federung vom Winkel φ (s. Abb. 35) ist untersucht worden [53], wobei neben der Federung in Belastungsrichtung auch das Ausweichen des Innenringes senkrecht zur Belastungsrichtung behandelt worden ist. In Abb. 36 und 37 sind die Ergebnisse dargestellt, und zwar für den Fall des Radial-Rillenkugellagers *6216*. In Abb. 36 sind die Bahnkurven des Wellenmittelpunktes angegeben für ein unveränderliches Radialspiel von 100 μm bei unterschiedlicher

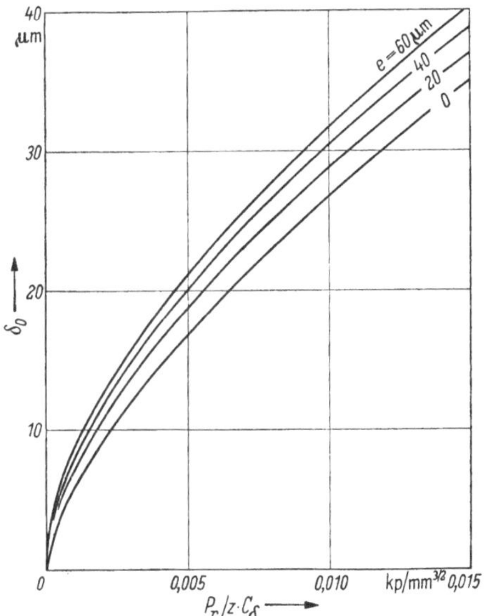

Abb. 33. Federweg δ_0 in Abhängigkeit von P_r/zC_δ und Lagerspiel e.

Radiallast; Abb. 37 zeigt Bahnkurven bei konstanter Last und unterschiedlichem Radialspiel. Beide Diagramme geben nicht δ_0, sondern die Änderung von δ_0 und die Bewegung senkrecht zur Lastrichtung an, wenn sich der Kugelsatz relativ zur Lastrichtung um eine Kugelteilung $\qquad \gamma = 360°/z = 36°$

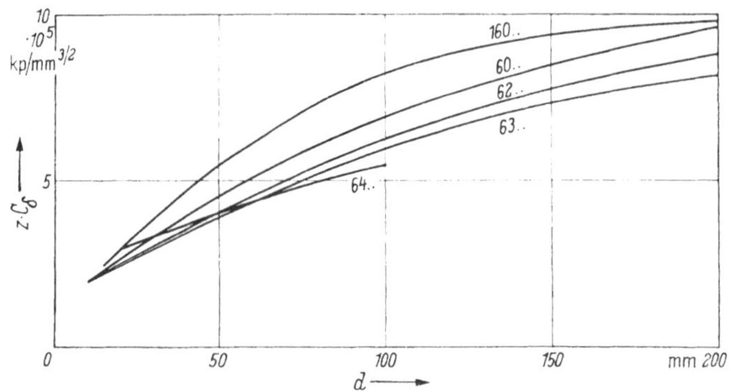

Abb. 34. Werte $z \cdot C_\delta$ für Lager der Reihen *160..*, *60..*, *62..*, *63..*, *64...*

verschiebt. Man erkennt, daß die Abweichungen vom Ergebnis nach Gl. (17) selbst bei diesem bereits relativ großem Lager immer noch sehr klein sind. Sie liegen merklich niedriger als z.B. die Radialschlagwerte. Im übrigen sind Bewegungen des Wellenmittelpunktes dieser Art auch noch nicht experimentell nachgewiesen worden, so daß auf die Ergebnisse von [53] hier nicht weiter eingegangen werden soll.

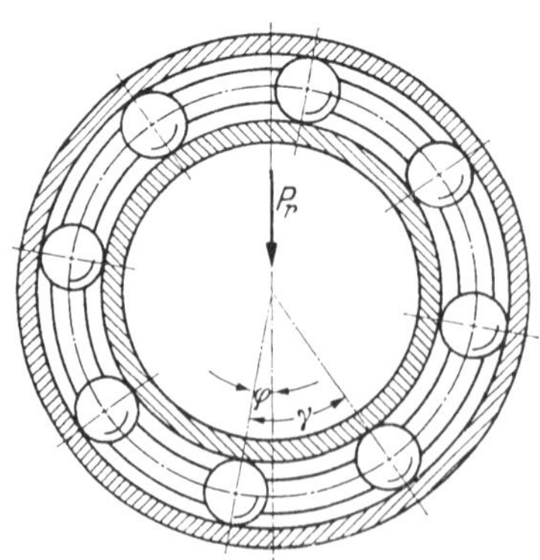

Abb. 35. Zur Definition des Winkels φ, wenn die Lastrichtung nicht mehr durch eine Kugel geht.

Nun soll der Einfluß einer Vorspannung im Lager untersucht werden. Der Berechnungsgang ist im wesentlichen derselbe, wie er bei der Untersuchung der Lager mit Spiel bereits gezeigt wurde. In Abb. 38 ist — schematisch — ein Radial-Rillenkugellager gezeigt, und zwar in den beiden ersten Bildern in der Symmetrielage (Abb. 38 a u. b) und im dritten Bild mit verschobenem Innenring (Abb. 38 c). Die Vorspannung v soll — ähnlich der Definition des Spieles — definiert sein als

$$D_J + 2d_w - D_A = v \tag{20}$$

wenn D_A den Durchmesser der Außenringlaufbahn, D_J den Durchmesser der Innenringlaufbahn und d_w den Kugeldurchmesser bedeuten. Somit tritt in der Symmetrielage an jeder Kugel eine gesamte elastische Verformung

$$\delta_i = \frac{v}{2} \tag{21}$$

auf. Nach einer radialen Verschiebung des Innenringes um den Betrag δ_r erhält man somit für die Verformung an der i-ten Kugel:

$$\delta_i = \delta_r \cos i\,\gamma + \frac{v}{2} \tag{22}$$

und für die Belastung der i-ten Kugel ergibt sich

$$P_i = C_\delta \left[\delta_r \cos i\,\gamma + \frac{v}{2} \right]^{3/2} \tag{23}$$

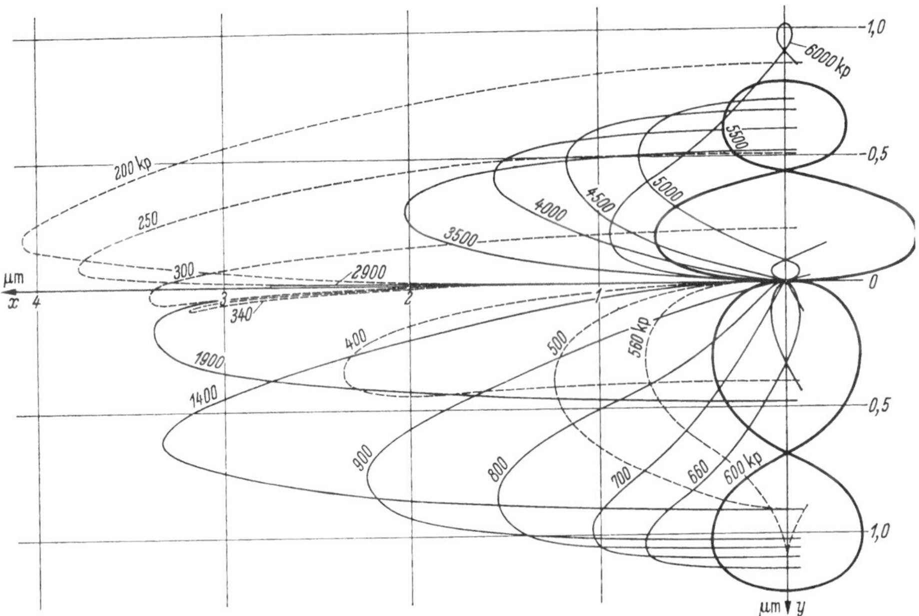

Abb. 36. Bahnkurven des Wellenmittelpunktes für ein Lager *6216* bei konstantem Radialspiel $e = 100\,\mu$m und Belastungen von $P_{rad} = 200$ bis 6000 kp (Ordinate überhöht).

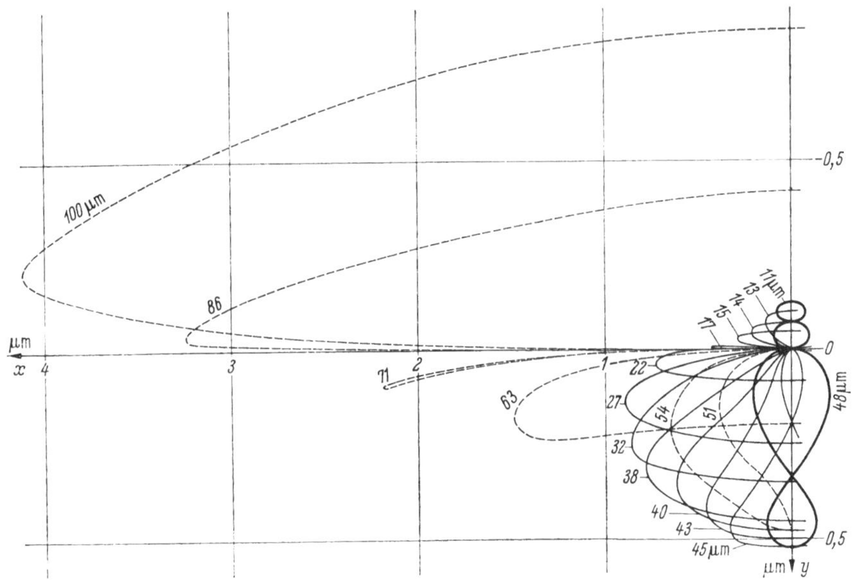

Abb. 37. Bahnkurven des Wellenmittelpunktes für ein Lager *6216* bei konstanter Radiallast $P_r = 200$ kp und Radialspielwerten von $e = 11$ bis 100 μm (Ordinate überhöht).

Bestimmt man wieder die in Verschiebungsrichtung fallende Komponente von P_i durch Multiplikation mit $\cos i\,\gamma$ und addiert man alle Komponenten, so erhält man für die äußere Lagerbelastung

$$\frac{P_r}{z \cdot C_\delta} = \frac{1}{z}\left\{\left(\delta_r + \frac{v}{2}\right)^{3/2} + 2\left(\delta_r \cos \gamma + \frac{v}{2}\right)^{3/2}\cos \gamma\right.$$

$$\left. + 2\left(\delta_r \cos 2\gamma + \frac{v}{2}\right)^{3/2}\cos 2\gamma + 2\left(\delta_r \cos 3\gamma + \frac{v}{2}\right)^{3/2}\cos 3\gamma + \cdots\right\} \tag{24}$$

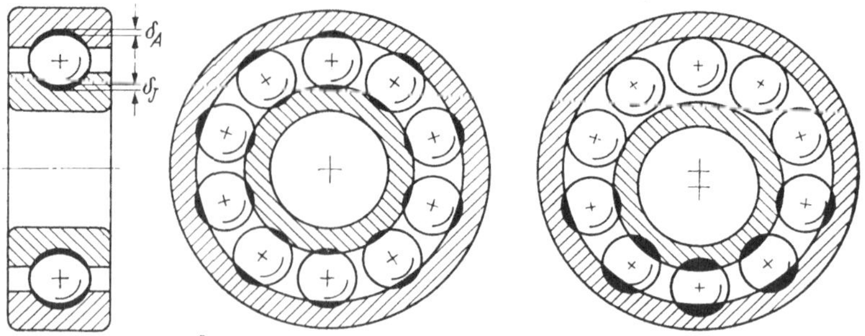

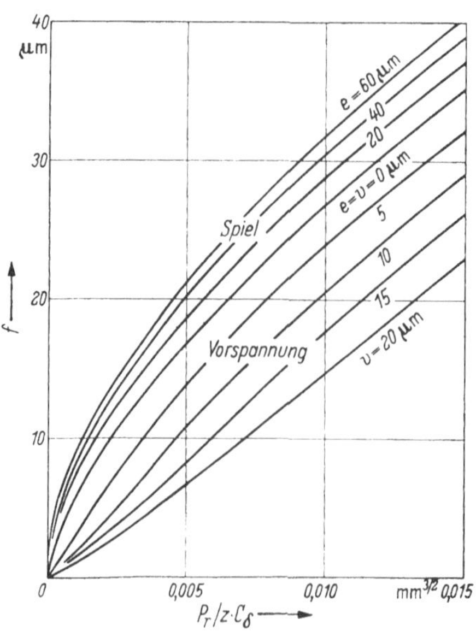

Abb. 38a — c. Vorgespanntes Radial-Rillenkugellager, schematisch.

Auch hier sind bei der Summation nur diejenigen Glieder zu berücksichtigen, bei denen

$$\left(\delta_r \cos i\,\gamma + \frac{v}{2}\right) > 0 \tag{25}$$

ist.

Die Auswertung der Gl. (24) ist in Abb. 39 gezeigt. Auf der Abszisse ist — wie in Abb. 33 — der Ausdruck P_r/zC_δ aufgetragen, auf der Ordinate der Federweg $f = \delta_r$ bei vorgespannten Lagern und $f = \delta_0$ bei Lagern mit Spiel. Für $v = 0$ ergibt sich aus Gl. (24) dasselbe Ergebnis wie für $e = 0$ aus Gl. (17). Unterhalb dieser Kurve liegt das Gebiet der vorgespannten Lager, darüber das Gebiet der Lager mit Spiel. Man erkennt vor allem, daß eine Vorspannung im Lager das Federungsverhalten viel stärker beeinflußt als ein Spiel von gleichem Betrag.

Zylinderrollenlager bei reiner Radiallast

Der Rechnungsgang ist derselbe, wie er bereits im vorigen Abschnitt gezeigt wurde. Man erhält auch sofort den gesuchten Zusammenhang zwischen der Federung und der Belastung, wenn man nur in Gl. (17) bzw. in Gl. (24) den Exponenten $3/2$ durch den Exponenten $1/0{,}925 = 1{,}08$ ersetzt [s. Gl. (3)] und statt der Federkonstanten C_δ für Kugellager den Wert $C_{\delta L}$ für Rollenlager setzt. Aus der Gleichung für die elastische Verformung bei Linienberührung [42]

$$\delta = \frac{0{,}67}{10^3} \cdot \frac{P^{0,925}}{l^{0,85}} \ [\text{mm}] \tag{26}$$

Abb. 39. Federweg f in Abhängigkeit von $P_r/z \cdot C_\delta$ sowie Spiel e und Vorspannung v.

(P = Rollenbelastung in kp, l = Rollenlänge in mm) ergibt sich nach einer einfachen Umformung:

$$P = 2680 \cdot l^{0,92}\, \delta^{1,08} = C_{\delta L} \cdot \delta^{1,08}\ [\text{kp}] \tag{27}$$

oder

$$C_{\delta L} = 2680\, l^{0,92}\left[\frac{\text{kp}}{\text{mm}^{1,08}}\right] \tag{27a}$$

Somit erhält man für Zylinderrollenlager mit Spiel die Beziehung:

$$\frac{P_r}{z \cdot C_{\delta L}} = \frac{1}{z}\left\{\delta_0^{\,1,08} + 2\left[\left(\delta_0 + \frac{e}{2}\right)\cos\gamma - \frac{e}{2}\right]^{1,08}\cdot \cos\gamma\right.$$
$$\left. + 2\left[\left(\delta_0 + \frac{e}{2}\right)\cos 2\gamma - \frac{e}{2}\right]^{1,08}\cdot \cos 2\gamma + \cdots\right\} \tag{28}$$

Für Zylinderrollenlager mit Vorspannung ergibt sich:

$$\frac{P_r}{z \cdot C_{\delta L}} = \frac{1}{z}\left\{\left(\delta_r + \frac{v}{2}\right)^{1,08}\right.$$
$$+ 2\left(\delta_r \cos\gamma + \frac{v}{2}\right)^{1,08}\cos\gamma + 2\left(\delta_r \cos 2\gamma + \frac{v}{2}\right)^{1,08}\cos 2\gamma + \cdots\left.\right\} \tag{29}$$

wobei sowohl in Gl. (28) als auch in Gl. (29) die Summation nur über diejenigen Glieder zu erstrecken ist, bei denen

$$\left(\delta_0 + \frac{e}{2}\right)\cos i\,\gamma - \frac{e}{2} > 0 \tag{30a}$$

bzw.

$$\left(\delta_r \cos i\,\gamma + \frac{v}{2}\right) > 0 \tag{30b}$$

ist.

Wertet man Gl. (28) und Gl. (29) aus, so erhält man ein Diagramm, wie es in Abb. 40 gezeigt ist. Auf der Abszisse ist wieder die auf die Lagerkonstante $z \cdot C_{\delta L}$ bezogene Radiallast P_r aufgetragen und auf der Ordinate der Federweg. Spiel- und Vorspannungswerte erscheinen als Parameter. Angaben zur Lagerkonstanten $z \cdot C_{\delta L}$ findet man in Abb. 41, in der diese Werte für die verschiedenen gängigen Lagerreihen in Abhängigkeit von der Bohrung genannt sind.

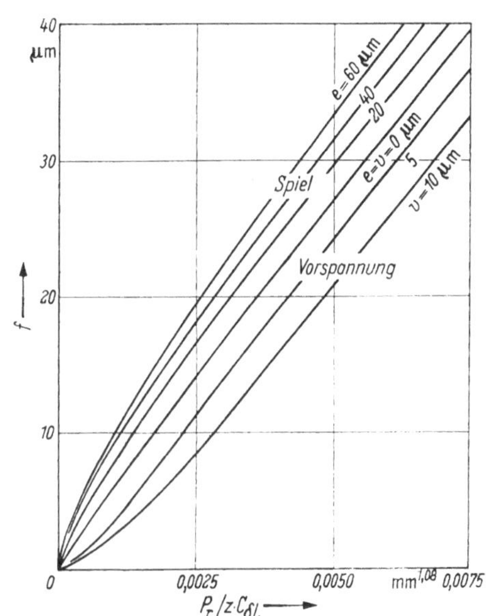

Abb. 40. Federweg f bei Zylinderrollenlagern mit Spiel und mit Vorspannung.

Bei spielfreien Zylinderrollenlagern gilt für die Scheitelrollenbelastung P_0

$$(P_0)_{e=0} = 4,07\,\frac{P_r}{z} \tag{31}$$

Zusammen mit Gl. (27) ergibt sich dann für die Federung des spielfreien Zylinderrollenlagers die einfache Beziehung

$$(\delta_0)_{e=0} = f_{e=0} = \frac{0,00245}{l^{0,85}}\left(\frac{P_r}{z}\right)^{0,925}\ [\text{mm}] \tag{32}$$

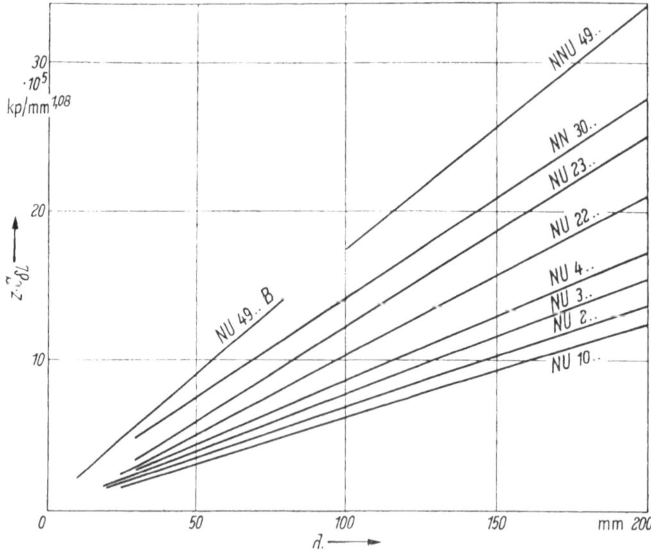

Abb. 41. Werte $z \cdot C_{\delta L}$ für Zylinderrollenlager der Reihen $NU\ 10\ ..,\ NU\ 2\ ..,\ NU\ 3\ ..,$ $NU\ 4\ ..,\ NU\ 22\ ..,\ NU\ 23\ ..,$ $NN\ 30\ ..,\quad NNU\ 49\ ..,$ $NU\ 49\ ..\ B.$

Kugellager bei reiner Axiallast

In Abb. 42 ist ein Schrägkugellager gezeigt, dessen Kugeln die Innenring- und Außenringlaufbahn spannungsfrei berühren. Bezeichnet man mit M_A den Mittelpunkt der Außenringrille mit dem Radius r_A, und mit M_J den Mittelpunkt der Innenringrille mit dem Radius r_J, dann müssen die Berührungspunkte der Kugel mit den Laufbahnen auf einer Geraden liegen, die durch die Punkte M_J und M_A geht. Die Kugel liegt mit ihrem Mittelpunkt auf dieser Geraden. Der Winkel, den die durch M_A und M_J gehende Gerade mit der Radialen einschließt — der sog. Druckwinkel — soll im Fall der spannungsfreien Berührung mit α_0 bezeichnet werden. Mit den Bezeichnungen nach Abb. 42 ergibt sich:

$$\cos \alpha_0 = \frac{D_J - D_A}{2\,r_0} \tag{33}$$

mit

$$r_0 = \overline{M_J M_A} = r_J + r_A - d_w \tag{34}$$

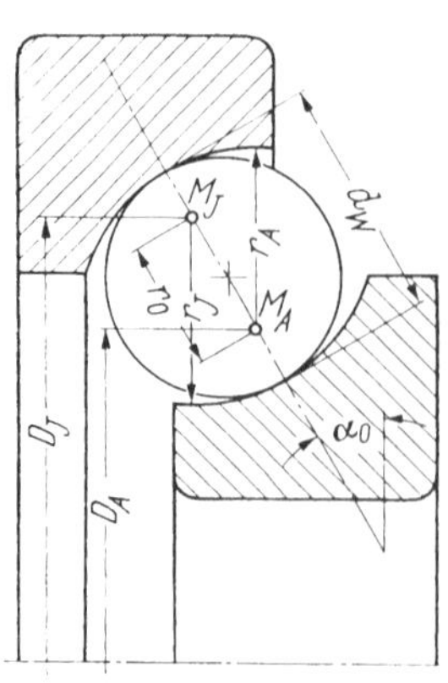

Abb. 42. Einreihiges Schrägkugellager (schematisch) bei spannungsfreier Berührung der Kugeln mit den Laufbahnen.

Drückt man in Gl. (34) die Laufbahn-Rillenradien durch die relativen Rillenübermaße aus [s. Gl. (12)], dann kann man in dem Fall, in dem $r_J = r_A$ ist, für Gl. (34) schreiben:

$$r_0 = \varkappa_J \cdot d_w = \varkappa_A \cdot d_w \tag{35}$$

Sind die Krümmungsradien an beiden Laufbahnen verschieden, kann man r_0 durch ein mittleres relatives Übermaß beschreiben nach folgender Definition [67]:

$$r_0 = \frac{1}{2}\,(\varkappa_J + \varkappa_A)\,d_w = \varkappa\,d_w \tag{36}$$

Dann lassen sich die später angegebenen Ergebnisse auch im Fall ungleicher Rillenradien anwenden, wenn man nur den Wert C_δ nicht aus Abb. 32 entnimmt, sondern nach Gl. (11) ermittelt.

Bei Schrägkugellagern wird der Druckwinkel α_0 in den Listen der Wälzlagerhersteller angegeben, während bei Radial-Rillenkugellagern in der Regel nur das Radialspiel genannt wird. Radial-Rillenkugellager sind in verschiedenen Spielklassen erhältlich; mit größer werdendem Spiel wird auch der Druckwinkel bei axialer Anstellung größer. Der Zusammenhang zwischen dem Radialspiel e und

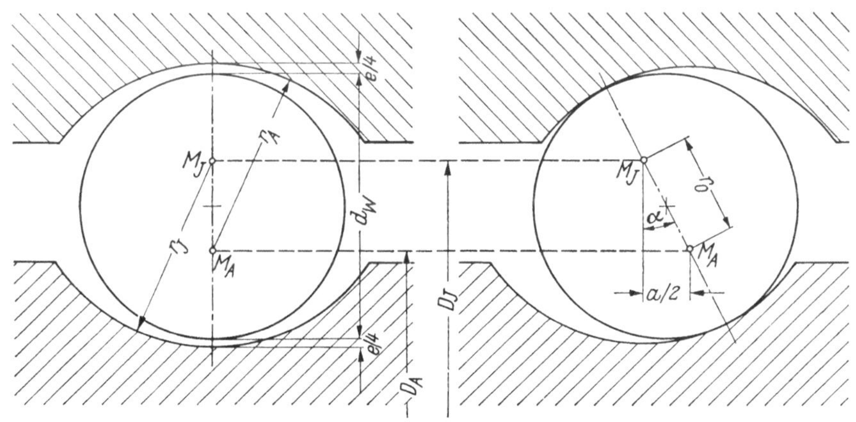

Abb. 43. Zur Bestimmung des Zusammenhanges zwischen Radialspiel e und Druckwinkel α_0 bei Radial-Rillenkugellagern.

dem Druckwinkel α_0 in Abhängigkeit vom Rillenübermaß $\varkappa$ ergibt sich aus Abb. 43. Dort ist im linken Bild eine Kugel zwischen Innen- und Außenringlaufbahn gezeigt, und zwar für den Symmetriefall, in dem die Scheitel der beiden Laufbahnen übereinanderliegen. Im rechten Bild sind die Ringe bis zur spannungsfreien Berührung mit der Kugel axial verschoben. Während im linken Bild

$$\frac{1}{2}\,(D_J - D_A) = r_A + r_J - d_w - \frac{e}{2} \tag{37}$$

gilt, ist im rechten Bild:

$$r_0 = r_A + r_J - d_w \tag{38}$$

Wegen

$$\cos\alpha_0 = \frac{D_J - D_A}{2\,r_0} \tag{39}$$

ergibt sich der gesuchte Zusammenhang zwischen Radialspiel und Druckwinkel zu

$$\cos\alpha_0 = 1 - \frac{e}{2\,\varkappa\,d_w} \tag{40}$$

Dieses Ergebnis ist in Abb. 44 gezeigt. Mit Hilfe der Gl. (40) ist es möglich, die durch Spielangaben gekennzeichneten Radial-Rillenkugellager durch eine Angabe des Druckwinkels α_0 zu beschreiben, so daß jetzt Radial-Rillenkugellager und Schrägkugellager in der Rechnung völlig gleichartig behandelt werden können.

Bis hierher wurde nur das Schrägkugellager ohne Vorspannung behandelt. Nun soll untersucht werden, wie Federung und Axialbelastung miteinander zusammenhängen. Hierzu ist im oberen Bild (a) von Abb. 45 noch einmal das spielfrei angestellte, im unteren Bild (b) das axial belastete Lager dargestellt. Unter der Wirkung der Axiallast P_a verschiebt sich — bei festgehaltenem Außenring — der Innenring um den Betrag δ_a nach links. Der Krümmungsmittelpunkt M_J verschiebt sich in die Lage $M_J{}^*$, und der Abstand zwischen den Krümmungsmittelpunkten vergrößert sich von r_0 auf r. War vor der Verschiebung

$$r_A + r_J - r_0 = d_w \qquad (41)$$

so ist nach der Verschiebung

$$r_A + r_J - r = d_w - (\delta_J + \delta_A) \qquad (42)$$

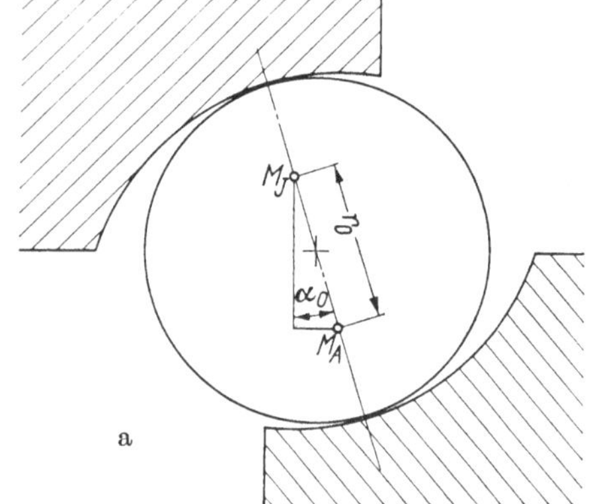

a

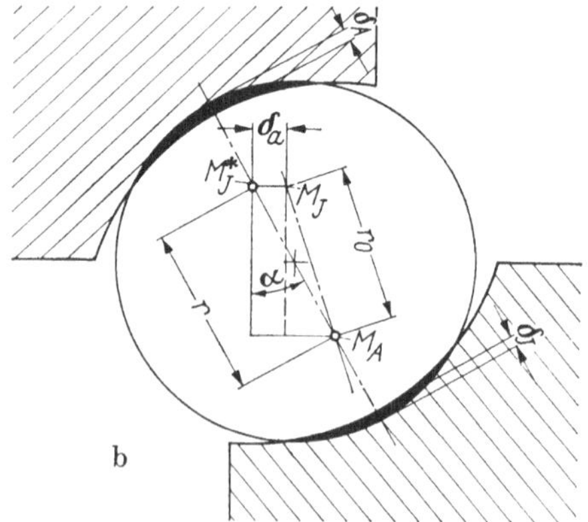

b

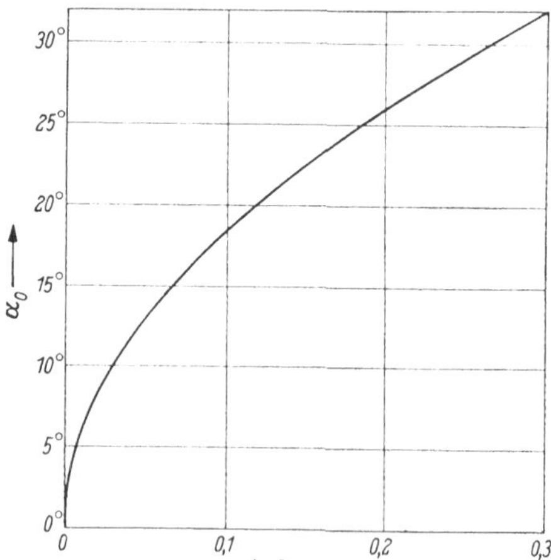

Abb. 44. Zusammenhang zwischen Radialspiel e und Druckwinkel α_0 bei Radial-Rillenkugellagern.

Abb. 45 a u. b. Zur Bestimmung der elastischen Verformungen bei axial belasteten Schrägkugellagern.

wenn wieder δ_J die elastische Verformung an der Innenring-Berührungsstelle, δ_A die elastische Verformung an der Außenring-Berührungsstelle bedeutet. Für die gesamte elastische Verformung ergibt sich somit aus der Differenz zwischen Gl. (41) und Gl. (42) die Beziehung

$$\delta = \delta_J + \delta_A = r - r_0 \qquad (43)$$

Für r erhält man nach Abb. 45:

$$r = \sqrt{r_0{}^2 \cos{}^2\alpha_0 + (r_0 \sin \alpha_0 + \delta_a)^2} \qquad (44)$$

so daß man für Gl. (43) schreiben kann

$$\delta = r_0 \left[\sqrt{\cos^2 \alpha_0 + \left(\sin \alpha_0 + \frac{\delta_a}{r_0}\right)^2} - 1 \right] = $$
$$= r_0 \left[\sqrt{\cos{}^2\alpha_0 + (\sin \alpha_0 + \varrho_a)^2} - 1 \right] \qquad (45)$$

wenn man zur Abkürzung

$$\varrho_a = \frac{\delta_a}{r_0} = \frac{\delta_a}{\varkappa\, d_w} \tag{46}$$

setzt.

Die zur Verformung nach Gl. (45) gehörige Kugelbelastung ist

$$P_o = C_\delta \cdot \delta^{3/2} = C_\delta\, r_0^{\,3/2} \left[\sqrt{\cos^2\alpha_0 + (\sin\alpha_0 + \varrho_a)^2} - 1\right]^{3/2} \tag{47}$$

mit C_δ nach Gl. (11) bzw. nach Abb. 32. Die in Richtung der Axiallast P_a fallende Komponente von P_o erhält man, wenn man das Ergebnis von Gl. (47) mit $\sin\alpha$ multipliziert. Die Radialkomponenten heben sich gegenseitig auf und es gilt somit für die Resultierende aller Kugelkräfte

$$P_a = z \cdot P_o \cdot \sin\alpha \tag{48}$$

wobei für α derjenige Druckwinkel einzusetzen ist, der sich unter der Wirkung von P_a einstellt. Nach Abb. 45 kann man α bestimmen aus

$$\sin\alpha = \frac{r_0 \sin\alpha_0 + \delta_a}{\sqrt{r_0^2 \cos^2\alpha_0 + (r_0 \sin\alpha_0 + \delta_a)^2}} = \\ = \frac{\sin\alpha_0 + \varrho_a}{\sqrt{\cos^2\alpha_0 + (\sin\alpha_0 + \varrho_a)^2}} \tag{49}$$

Setzt man Gl. (47) und Gl. (49) in Gl. (48) ein, so erhält man — wenn man noch die Lagerkonstanten z, C_δ und $r_0^{3/2}$ auf die linke Seite bringt:

$$\frac{P_a}{z\, C_\delta\, r_0^{3/2}} = \left[\sqrt{\cos^2\alpha_0 + (\sin\alpha_0 + \varrho_a)^2} - 1\right]^{3/2} \frac{\sin\alpha_0 + \varrho_a}{\sqrt{\cos^2\alpha_0 + (\sin\alpha_0 + \varrho_a)^2}} \tag{50}$$

Mit dieser Gleichung ist der gesuchte Zusammenhang zwischen axialer Lagerbelastung P_a und axialer Federung δ_a gefunden. In Abb. 46 ist die Auswertung von Gl. (50) für Druckwinkel α_0 von 0° bis 90° gezeigt.

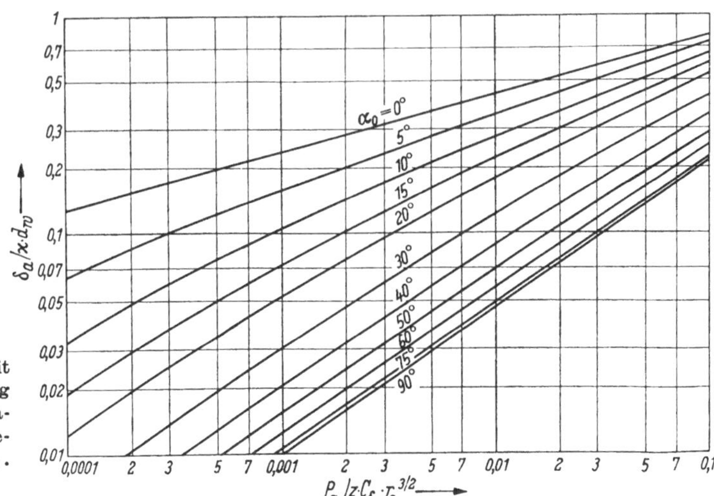

Abb. 46. Abhängigkeit der axialen Federung δ_a von der Axialbelastung P_a für verschiedene Druckwinkel α_0.

Auf der Abszisse ist der Ausdruck $P_a/z\,C_\delta\,r_0^{3/2}$ aufgetragen, auf der Ordinate das Verhältnis $\varrho_a = \delta_a/r_0 = \delta_a/\varkappa d_w$. Man erkennt, daß die axiale Federung eines Lagers um so geringer wird, je größer der Druckwinkel α_0 ist — gleichbleibenden Kugelsatz und gleiche Rillenübermaße vorausgesetzt. Ferner erkennt man, daß die Kurve für $\alpha_0 = 90°$ mit $(P_a)^{2/3}$ ansteigt, während die Kurve für $\alpha_0 = 0°$ merklich flacher — im dargestellten Bereich etwa proportional $(P_a)^{1/3}$ — verläuft. Die Ursache hierfür liegt darin, daß sich bei $\alpha_0 = 0°$ die stärkste Druckwinkeländerung einstellt. Die Druckwinkeländerung wird um so kleiner je größer α_0 ist.

Es sei noch vermerkt, daß man im Normalfall mit ausreichender Genauigkeit für $\varkappa$ setzen kann:

$$
\begin{aligned}
&\text{bei Radial-Rillenkugellagern} \qquad &&\varkappa = 0{,}03 \\
&\text{bei Schrägkugellagern} \qquad &&\varkappa = 0{,}03 - 0{,}05 \\
&\text{bei Axial-Schrägkugellagern} \qquad &&\varkappa = 0{,}03 \\
&\text{bei Axial-Rillenkugellagern} \qquad &&\varkappa = 0{,}08
\end{aligned}
$$

Die Werte $\varkappa d_w$ kann man für die genormten Lagerreihen in Rechnung setzten, wie in Abb. 47a, b und c angegeben ist. Schließlich seien noch folgende Anhaltswerte für den Ausdruck $z\,C_\delta\,r_0^{3/2}$ genannt, und zwar als Vielfaches der statischen Tragzahl C_0:

Lagerreihe	$z\,C_\delta\,r_0^{1{,}5}$	Druckwinkel α_0
Rillenkugellager		
Reihe *160* ..	$50 \cdot C_0$	vom Radialspiel
60 ..	$50 \cdot C_0$	abhängig nach
62 ..	$50 \cdot C_0$	(Gl. 40)
63 ..	$50 \cdot C_0$	
64 ..	$50 \cdot C_0$	
Schrägkugellager		
Reihe *72* .. *B*	$66 \cdot C_0$	40°
73 .. *B*	$66 \cdot C_0$	40°
QJ2 ..	$90 \cdot C_0$	35°
QJ3 ..	$90 \cdot C_0$	35°
32 ..	$45 \cdot C_0$	35°
33 ..	$45 \cdot C_0$	35°
Axialschrägkugellager		
7511 ..	$14 \cdot C_0$	60°
7512 ..	$14 \cdot C_0$	60°
Axial-Rillenkugellager		
Reihe *511* ..	$38 \cdot C_0$	90°
512 ..	$38 \cdot C_0$	90°
513 ..	$38 \cdot C_0$	90°
514 ..	$38 \cdot C_0$	90°

Mit diesen Zahlenwerten und Gleichungen sind alle Unterlagen gegeben, die zur Bestimmung der Federung rein axial belasteter Kugellager benötigt werden.

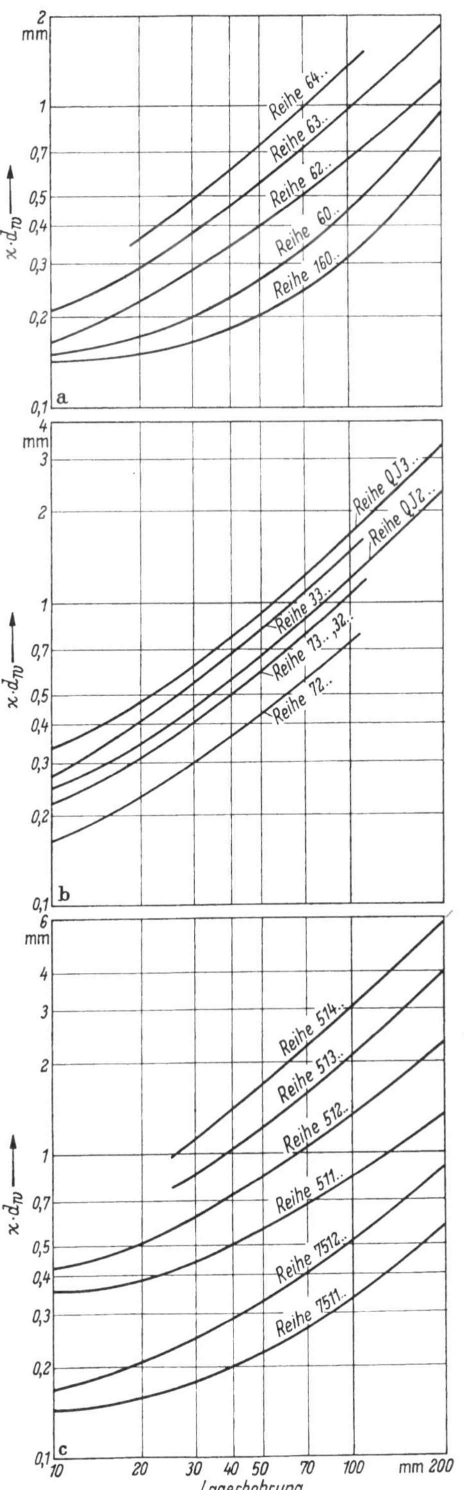

Rollenlager bei reiner Axiallast

Die Ermittlung des Zusammenhanges zwischen axialer Lagerbelastung und axialer Federung ist bei Rollenlagern mit Linienberührung einfacher als bei Kugellagern, da in diesem Falle keine von der Größe der Axiallast abhängige Druckwinkeländerung auftritt.

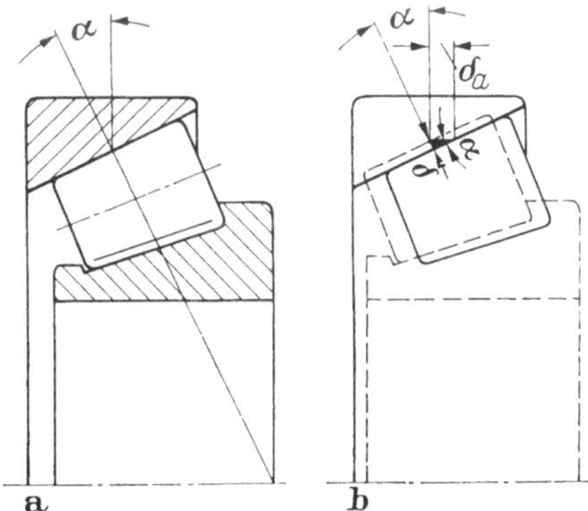

Abb. 48a u. b. Axiale Verschiebung δ_a und elastische Verformung δ bei Schrägrollenlagern

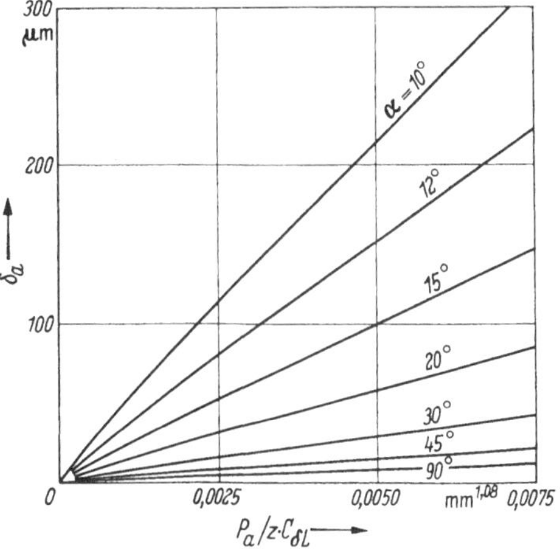

Abb. 49. Axiale Federung δ_a bei Schrägrollenlagern in Abhängigkeit vom Druckwinkel und von der Axiallast.

Abb. 47. Werte $\varkappa\, d_w$ für Radial-Rillenkugellager (a), Schrägkugellager (b) und Axialkugellager (c).

In Abb. 48 ist schematisch in Bild a) ein Kegelrollenlager gezeigt, in Bild b) der Zusammenhang zwischen axialer Verschiebung δ_a und gesamter elastischer Verformung δ an den Rollkörpern. Nach Bild b) ist offensichtlich

$$\delta = \delta_a \cdot \sin \alpha \tag{51}$$

Nach Gl. (27) ist die zu dieser elastischen Verformung gehörende Rollenbelastung

$$P_o = C_{\delta L} \cdot \delta^{1,08} = 2680 \cdot l^{0,92} \cdot \delta^{1,08} \tag{52}$$

Die äußere axiale Lagerbelastung ergibt sich wieder als Summe aller Komponenten, die in Richtung der Lagerachse fallen. Somit ist [s. a. Gl. (48)]:

$$P_a = z \cdot P_o \cdot \sin \alpha = z \cdot C_{\delta L} \cdot \delta^{1,08} \cdot \sin \alpha \tag{53}$$

oder — zusammen mit Gl. (51):

$$\frac{P_a}{z \cdot C_{\delta L}} = \delta_a^{1,08} (\sin \alpha)^{2,08} \tag{54}$$

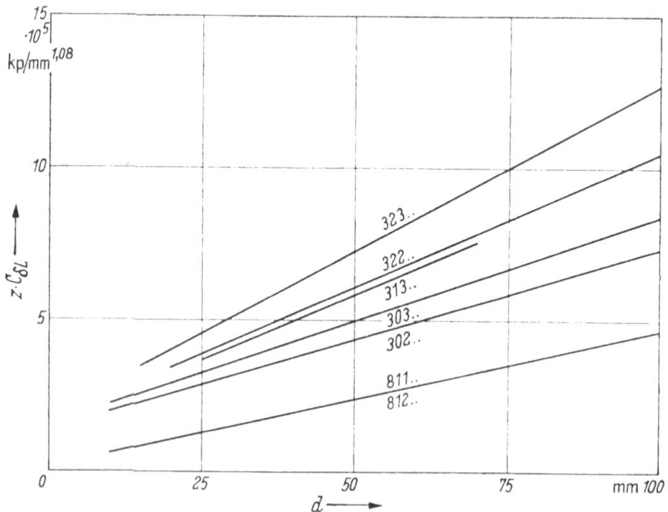

Abb. 50. Werte $z C_{\delta L}$ für Kegelrollenlager und Axial-Zylinderrollenlager.

Die Auswertung dieser Gleichung ist in Abb. 49 gezeigt; die Werte $z \cdot C_{\delta L}$ sind für die verschiedenen Kegellagerreihen in Abb. 50 angegeben. In Abb. 50 sind auch die Werte $z \cdot C_{\delta L}$ für Axial-Zylinderrollenlager genannt, und zwar für die beiden Lagerreihen *811..* und *812..*, die mit den Axial-Rillenkugellager-Reihen *511..* und *512..* abmessungsgleich sind.

Federung vorgespannter Lager

Schräglager können in zwei verschiedenen Anordnungen gegeneinander verspannt werden, die schematisch für das Beispiel des Schrägkugellagers in Abb. 51 und Abb. 52 gezeigt sind. Die beiden Anordnungen unterscheiden sich dadurch voneinander, daß die in den Abbildungen gestrichelt eingetragenen Wirkungslinien der Kugelkräfte in einem Fall von der Mitte der Lagergruppe weg, im anderen Fall nach der Mitte der Lagergruppe hin gerichtet sind. Je nach dem Bild, das diese gestrichelten Linien, die sog. Drucklinien, in der Zeichnungsebene ergeben, spricht man im Fall der Abb. 51 von einer 0-Anordnung, während man im Fall der Abb. 52 von einer X-Anordnung spricht. Vielfach werden für diese beiden Möglichkeiten auch die Bezeichnungen back-to-back und face-to-face gebraucht, je nachdem die hohen Schultern der Außenringe einander zugekehrt oder voneinander abgekehrt sind.

Beide Anordnungen sind für die Praxis im allgemeinen nicht gleichwertig. Im Hinblick auf Fluchtfehler der Gehäuse, auf die Richtung des Temperaturgefälles, aber auch im Hinblick auf die Montage unterscheiden sich beide Anordnungen merklich voneinander. Im Hinblick auf die Starrheit bei radialer und axialer Belastung sind sie jedoch bei gleicher Vorspannung einander gleichwertig, so daß die im folgenden abgeleiteten Beziehungen für beide Anordnungen gelten.

Federung vorgespannter Schrägkugellagerpaare in radialer Richtung

Abb. 53 zeigt ein Paar von Schrägkugellagern, deren Außenringe mit den hohen Borden aneinanderstoßen und deren Innenringe in Richtung der Pfeile so weit zusammengerückt sind, daß zwischen den Kugeln und Laufbahnen kein Spiel mehr verbleibt.

Wie auf S. 44 bereits vermerkt, bestimmt die Lage der Krümmungsmittelpunkte M_J und M_A den Druckwinkel. Der Anfangsdruckwinkel soll hier mit α_{00} bezeichnet werden, wobei der Index darauf hinweisen soll, daß der bei Null-Last und Null-Vorspannung sich ergebende Wert gemeint ist. In der weiteren Rechnung wird der Druckwinkel im vorgespannten, aber noch unbelasteten Lager mit α_0, der Druckwinkel im vorgespannten und belasteten Lager mit α bezeichnet.

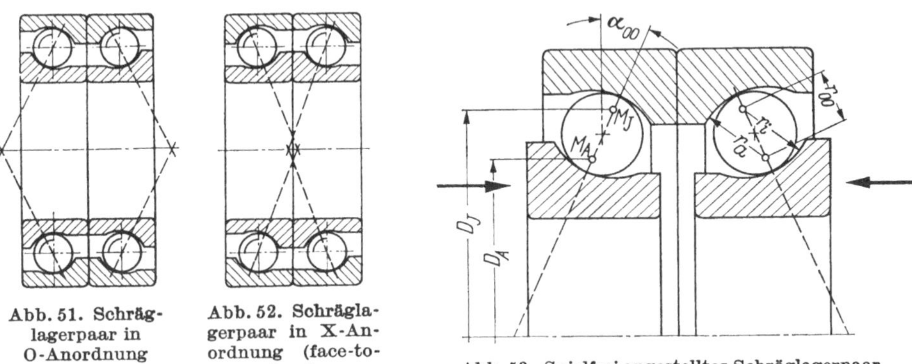

Abb. 51. Schräglagerpaar in 0-Anordnung (back-to-back).

Abb. 52. Schräglagerpaar in X-Anordnung (face-to-face).

Abb. 53. Spielfrei angestelltes Schräglagerpaar.

Für die folgenden Berechnungen soll vorausgesetzt werden, daß die Vorspannung in einem Schräglagerpaar dadurch erzeugt wird, daß man z. B. bei einer Anordnung nach Abb. 53 und 54 die Innenringe stärker zusammenrückt, als es der spielfreien Anstellung entspricht. Es soll zunächst untersucht werden, welche Druckwinkeländerungen und welche Kugelbelastungen sich aus der Vorspannung ergeben.

Rückt man die Innenringe, wie in Abb. 55 gezeigt, um jeweils $\delta_v/2$ nach der Mitte der Lagergruppe hin — was einer Annäherung der beiden Ringe um δ_v entspricht — dann wandern auch die Punkte M_J aus der durch die dünnen, gestrichelten Linien bezeichneten Lage um diese Beträge nach innen. Die Drucklinie muß auch hier durch die Punkte M_A und M_J gehen, da dies die Voraussetzung dafür ist, daß

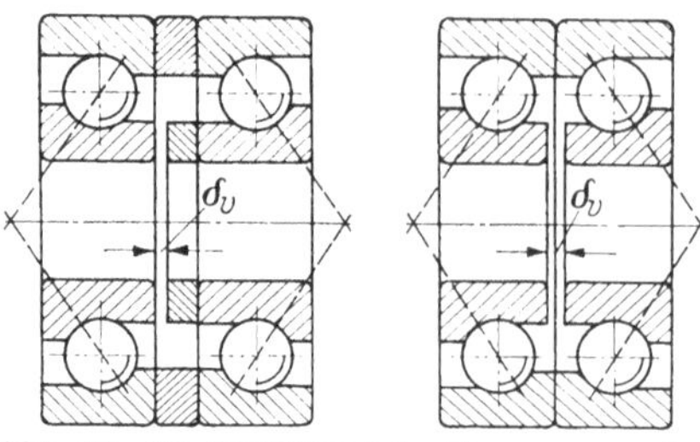

Abb. 54. Zur Erzeugung der Vorspannung in
Schräglagerpaaren.

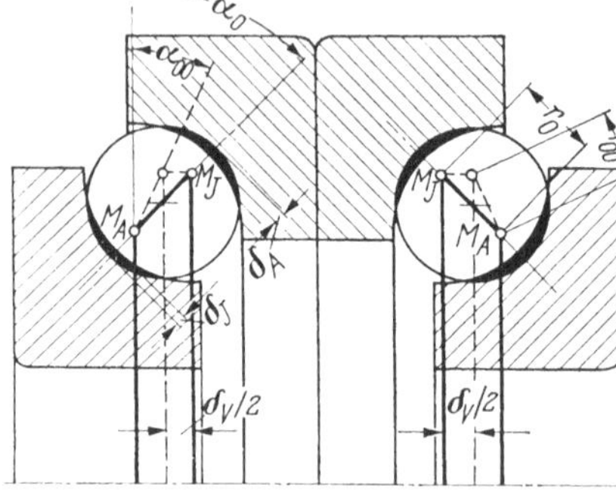

Abb. 55. Vorgespanntes Schrägkugellagerpaar
(ohne äußere Belastung).

die Kugelkräfte sowohl auf der Kugeloberfläche als auch auf der Laufbahnoberfläche senkrecht stehen. Der Druckwinkel, der im spielfreien Zustand α_{00} war und der in Abb. 55 noch einmal angegeben ist, steigt durch die Vorspannung auf α_0 an, und zwar ergibt sich α_0 aus

$$\tan \alpha_0 = \frac{r_{00} \cdot \sin \alpha_{00} + \dfrac{\delta_v}{2}}{r_{00} \cos \alpha_{00}} = \tan \alpha_{00} + \frac{\dfrac{\delta_v}{2}}{r_{00} \cos \alpha_{00}} \tag{55}$$

Hierin bedeutet r_{00} den Abstand zwischen den Punkten M_J und M_A bei spielfreiem und unbelastetem Lager (s. Abb. 53) und r_{00} ergibt sich zu

$$r_{00} = r_J + r_A - d_w \tag{56}$$

Wird eine Vorspannung in dem Lagerpaar erzeugt, dann vergrößert sich der Abstand zwischen den Punkten M_J und M_A von r_{00} auf r_0 (s. Abb. 55). Es ergibt sich nach dem Zusammenrücken der Ringe um δ_v für r_0 der Wert

$$r_0 = \sqrt{r^2_{00} \cos{}^2\alpha_{00} + \left(r_{00} \sin \alpha_{00} + \frac{\delta_v}{2}\right)^2} \tag{57}$$

Mit Hilfe dieser Gleichung läßt sich auch die elastische Verformung berechnen. Während nach Gl. (56) für das spielfrei angestellte Lager galt:

$$r_J - r_{00} + r_A = d_w \tag{58}$$

ist nach dem Vorspannen (s. Abb. 55):

$$r_J - r_0 + r_A = d_w - (\delta_J + \delta_A) \tag{59}$$

wenn wieder δ_J die Verformung an der Berührungsstelle zwischen Kugel und Innenring, δ_A die Verformung an der Berührungsstelle zwischen Kugel und Außenring bedeutet. Durch Subtraktion erhält man aus Gl. (58) und Gl. (59):

$$\delta = \delta_J + \delta_A = r_0 - r_{00} =$$

$$= r_{00} \left[\sqrt{\cos^2 \alpha_{00} + \left(\sin \alpha_{00} + \frac{\delta_v}{2 \, r_{00}}\right)^2} - 1 \right] \tag{60}$$

Nach Gl. (11) ist die zu dieser Verformung gehörende Kugelbelastung einfach zu ermitteln, und nach Gl. (48) kann man auch die aus der Vorspannung δ_v resultierende axiale Lagerbelastung bestimmen.

Es ist nun zu untersuchen, wie groß die elastischen Verformungen an den Wälzkörpern sind, wenn das vorgespannte Lagerpaar radial belastet wird. Zur Beantwortung dieser Frage geht man wieder von einer radialen Verschiebung des Innenringsatzes aus. Verschiebt man den Innenringsatz um den Betrag δ_r gegen den Außenringsatz, dann ergeben sich Verhältnisse, wie sie in Abb. 56 gezeigt sind. Die dünnen, gestrichelten Linien entsprechen hier dem vorgespannten, aber noch unbelasteten Lagerpaar. Mit der radialen Verschiebung der Innenringe um δ_r wandern auch die Punkte M_J um den Betrag δ_r nach unten in die Lage, die durch die dickeren, durchgezogenen Linien gekennzeichnet ist. Die radiale Verschiebung

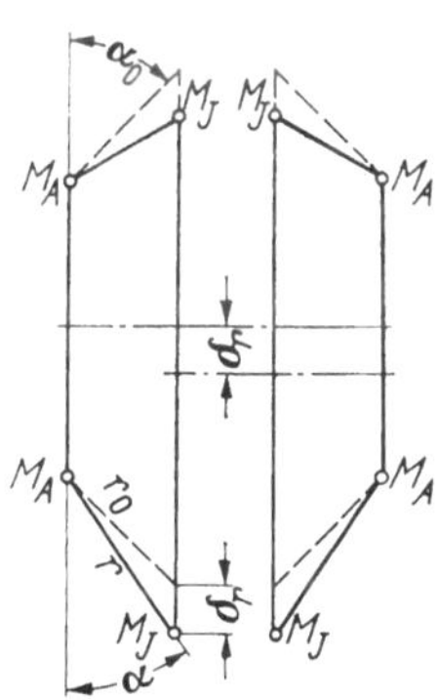

Abb. 56. Zur Bestimmung der elastische Verformungen im vorgespannten und radial belasteten Lagerpaar.

Abb. 57. Zur Bestimmung der in Richtung von P_r fallenden Komponente der Kugelbelastung P_φ.

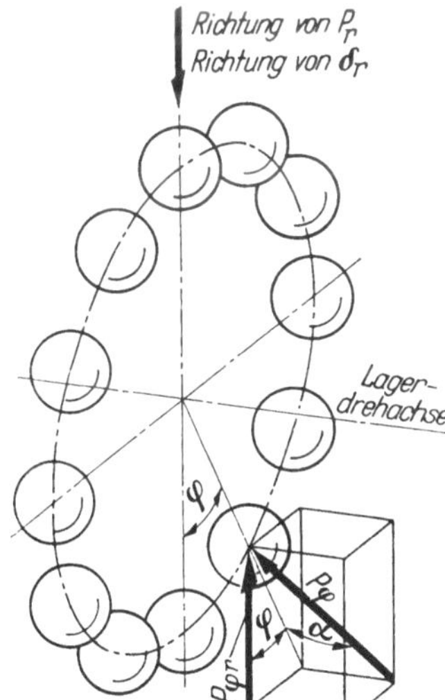

des Innenringsatzes führt dazu, daß jetzt sowohl der Druckwinkel α als auch der Abstand r zwischen den Punkten M_A und M_J von Kugel zu Kugel verschieden ist.

Der Abstand r und der Druckwinkel α lassen sich einfach ermitteln. Beschreibt man die Lage der Kugel auf dem Umfang durch den Winkel φ (s. Abb. 57), so ergibt sich für r:

$$r = r_{00} \sqrt{(\cos\alpha_{00} + \varrho_r \cos\varphi)^2 + \left(\sin\alpha_{00} + \frac{1}{2}\varrho_v\right)^2} \qquad (61)$$

und für α:

$$\tan\alpha = \frac{\sin\alpha_{00} + \dfrac{1}{2}\varrho_v}{\cos\alpha_{00} + \varrho_r \cos\varphi} \qquad (62)$$

wenn man zur Abkürzung einführt:

$$\varrho_r = \frac{\delta_r}{r_{00}} = \frac{\delta_r}{\varkappa\, d_w} \qquad\qquad \varrho_v = \frac{\delta_v}{r_{00}} = \frac{\delta_v}{\varkappa\, d_w} \qquad (63)$$

Die elastische Verformung erhält man aus der Differenz [s. Gl. (60)]

$$\delta = \delta_J + \delta_A = r - r_{00} \qquad (63)$$

Die Belastung P_φ der Kugel, die an der Stelle φ des Kugelteilkreises steht (s. Abb. 57), ergibt sich nach Gl. (11) zu

$$\frac{P_\varphi}{C_\delta\, r_{00}^{3/2}} = \left[\sqrt{(\cos\alpha_{00} + \varrho_r\cos\varphi)^2 + \left(\sin\alpha_{00} + \frac{1}{2}\varrho_v\right)^2} - 1\right]^{3/2} \qquad (64)$$

Von dieser Kugelbelastung P_φ fällt nur die Komponente

$$P_{\varphi r} = P_\varphi \cdot \cos\alpha \cdot \cos\varphi \qquad (65)$$

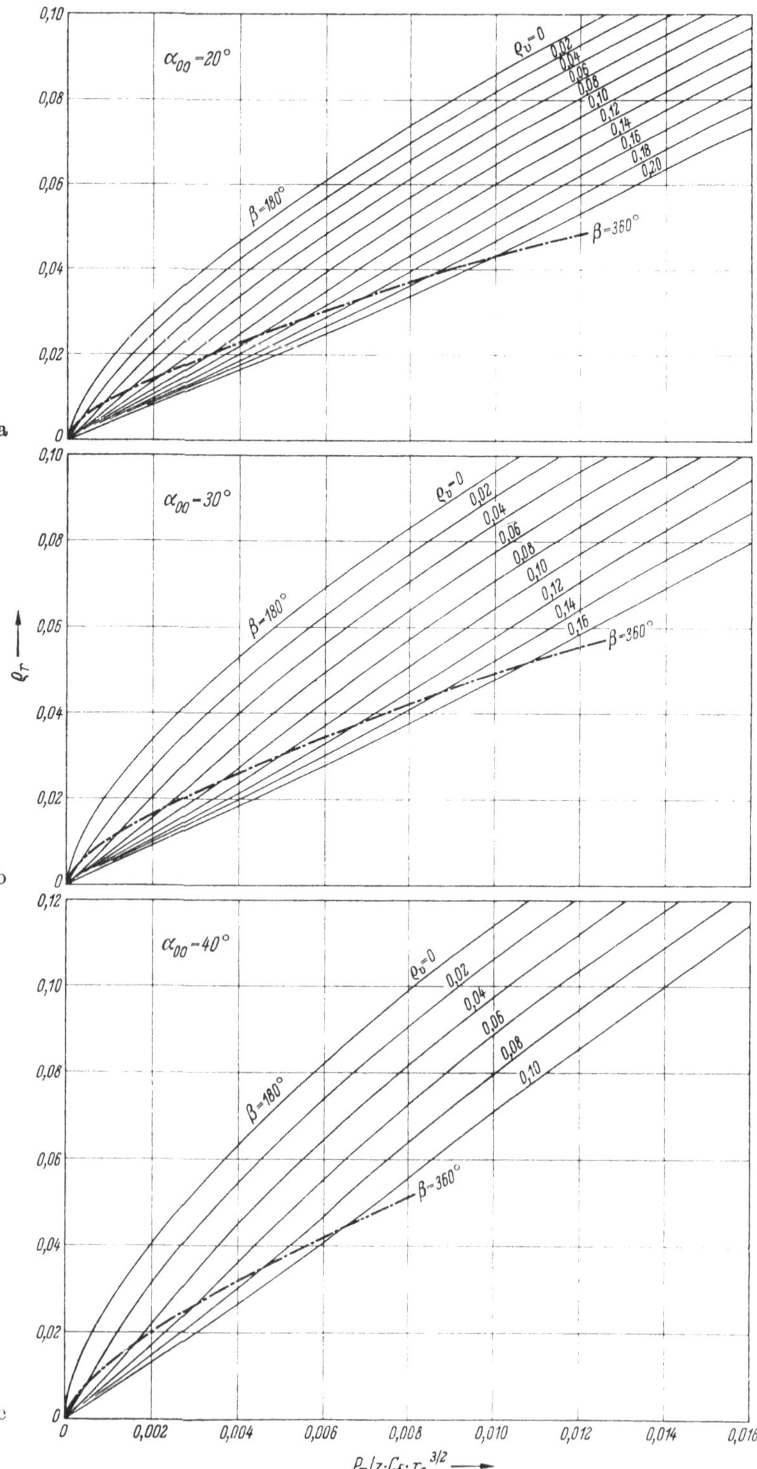

Abb. 58a – c. Radiale Federung eines vorgespannten Schrägkugellagerpaares.
a) Druckwinkel $\alpha_{00} = 20°$; b) Druckwinkel $\alpha_{00} = 30°$; c) Druckwinkel $\alpha_{00} = 40°$.

in die Richtung der äußeren Lagerbelastung (s. Abb. 57); die Komponenten $P_\varphi \cdot \cos \alpha \cdot \sin \varphi$ heben sich innerhalb jeder Wälzkörperreihe auf, und die in Richtung der Lagerachse fallende Komponente $P_\varphi \cdot \sin \alpha$ gleicht sich mit der entsprechenden Komponente aus der anderen Walzkörperreihe aus.

Drückt man in Gl. (65) $\cos \alpha$ durch $\tan \alpha$ aus (dieser Wert ist von Gl. (62) her bekannt), dann kann man die in Richtung der äußeren Last fallenden Komponenten durch den Anfangsdruckwinkel α_{00}, durch die Verschiebungsgrößen ϱ_r und ϱ_v und durch die Winkellage φ beschreiben. Die Summation über alle Kugelkräfte liefert dann

$$P_r = 2\,[P_0 \cos \alpha_0 + 2\,P_1 \cos \alpha_1 \cos \gamma + 2\,P_2 \cos \alpha_2 \cos 2\gamma + \cdots] \qquad (66)$$

wenn man vorausetzt, daß die Richtung der Last auf eine Kugel und nicht auf eine Lücke zwischen zwei Kugeln zeigt. Somit ergibt sich

$$\frac{P_r}{z\,C_\delta\,r_{00}^{3/2}} = \frac{2}{z} \sum_i \frac{\left[\sqrt{(\cos \alpha_{00} + \varrho_r \cos i\,\gamma)^2 + \left(\sin \alpha_{00} + \frac{1}{2}\varrho_v\right)^3} - 1\right]^{3/2}}{\sqrt{1 + \left(\dfrac{\sin \alpha_{00} + \dfrac{1}{2}\varrho_v}{\cos \alpha_{00} + \varrho_r \cos i\,\gamma}\right)^2}} \cos i\,\gamma \qquad (67)$$

wobei das Summenzeichen so verstanden werden soll, daß die Summation entsprechend Gl. (66) durchzuführen und über alle belasteten Kugeln zu erstrecken ist [41].

Die Ergebnisse, die Gl. (67) liefert, sind in Abb. 58a, b und c gezeigt für Druckwinkel $\alpha_{00} = 20°$, $30°$ und $40°$. Auf der Abszisse ist die auf die Lagerkonstante $z \cdot C_\delta \cdot r_{00}^{3/2}$ bezogene Radialbelastung des Schräglagerpaares aufgetragen, auf der Ordinate die auf r_{00} bezogene radiale Federung δ_r. Der — ebenfalls auf r_{00} bezogene — Vorspannweg δ_v erscheint als Parameter. Die jeweils oberste der Kurven entspricht dem spielfrei angestellten Lagerpaar.

Durch Vergleich der Diagramme a) bis c) in Abb. 58 erkennt man deutlich den Einfluß des Druckwinkels α_{00}. Wie zu erwarten war, zeigt das Lagerpaar mit dem geringsten Druckwinkel die höchste Starrheit. Ferner erkennt man, daß man schon durch geringe Vorspannung die Starrheit merklich erhöhen kann.

In den Diagrammen von Abb. 58 ist eine strichpunktierte Kurve eingetragen, die mit $\beta = 360°$ bezeichnet ist. Sie kennzeichnet diejenigen Kombinationen von P_r und δ_v, bei denen alle Kugeln des Lagers noch unter Last stehen. In dem Gebiet unterhalb dieser Kurve bleiben alle Kugeln belastet, während beim Überschreiten der Kurve nach oben die Anzahl der tragenden Kugeln immer mehr abnimmt, bis beim Erreichen der Kurve $\delta_v = 0$ (bzw. $\varrho_v = 0$) nur noch die halbe Kugelzahl in jedem Lager an der Aufnahme der Radiallast P_r beteiligt ist. Daher wurde auch die Kurve mit dem Parameter $\delta_v = 0$, die für das spielfreie Lagerpaar gilt, mit dem Vermerk $\beta = 180°$ versehen.

Federung vorgespannter Kegellagerpaare in radialer Richtung

Der Rechnungsgang ist derselbe wie im vorangegangenen Abschnitt, nur ist statt $P \sim \delta^{3/2}$ die Beziehung $P \sim \delta^{1,08}$ zu setzen. Die Rechnung vereinfacht sich beträchtlich dadurch, daß der Druckwinkel unveränderlich bleibt. Mit der elastischen Verformung δ_i an der i-ten Rolle

$$\delta_i = \frac{\delta_v}{2} \cdot \sin \alpha + \delta_r \cos \alpha \cos i\gamma \qquad (68)$$

ergibt sich die Belastung der i-ten Rolle zu:

$$P_i = C_{\delta L}\left(\frac{\delta_v}{2}\sin\alpha + \delta_r \cos\alpha \cos i\gamma\right)^{1,08} = C_{\delta L}\cdot \delta_i^{\,1,08} \tag{69}$$

Die in Richtung der Radiallast fallende Komponente ist:

$$(P_r)_{i\gamma} = C_{\delta L}\cdot \delta_i^{\,1,08}\cos\alpha \cos i\gamma \tag{70}$$

und nach der Summation aller Komponenten $(P_r)_{i\gamma}$ erhält man den gesuchten Zusammenhang:

$$\frac{P_r}{z\cdot C_{\delta L}} = \frac{2}{z}\sum_i\left(\frac{\delta_v}{2}\sin\alpha + \delta_r\cos\alpha\cos i\gamma\right)^{1,08}\cos\alpha\cos i\gamma \tag{71}$$

wobei das Summenzeichen wieder so zu verstehen ist, daß die Summation entsprechend Gl. (66) durchgeführt und über alle belasteten Rollen erstreckt wird.

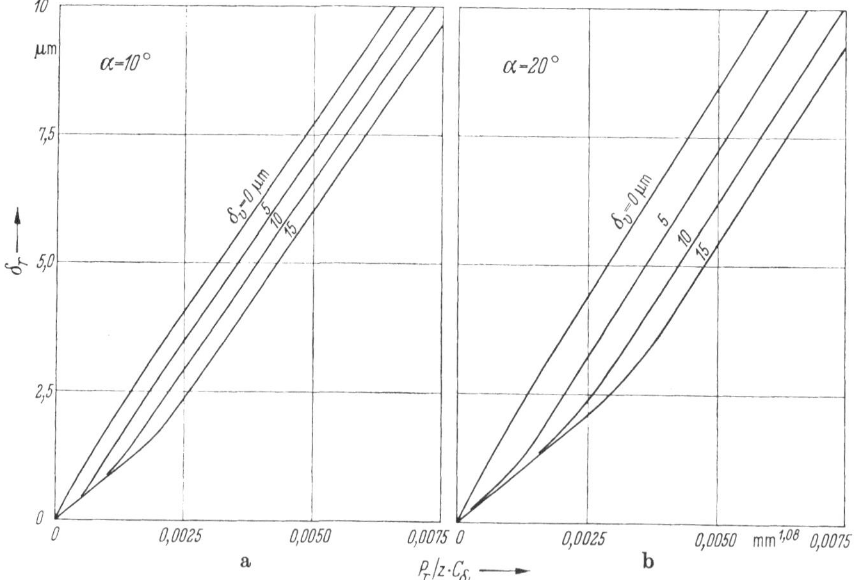

Abb. 59a u. b. Radiale Federung eines vorgespannten Kegellagerpaares.
a) Druckwinkel $\alpha = 10°$; b) Druckwinkel $\alpha = 20°$.

Trägt man $P_r/z\,C_{\delta L}$ auf der Abszisse auf und δ_r auf der Ordinate und wählt man δ_v zum Parameter, dann liefert Gl. (71) ein Bild, wie es in Abb. 59a und b gezeigt ist. Die Werte $z\cdot C_{\delta L}$ für Kegelrollenlager sind in Abb. 50 angegeben.

Federung vorgespannter Schrägkugellagerpaare in axialer Richtung

Das lediglich vorgespannte, sonst unbelastete Lagerpaar wurde bereits auf S. 52 behandelt. Im folgenden soll untersucht werden, wie weit ein vorgespanntes Lagerpaar (s. Abb. 60) unter der Wirkung einer axialen Belastung axial federt.

Stellt man sich bei einem Lagerpaar nach Abb. 60 die Axialbelastung so angreifend vor, daß der Innenringsatz sich relativ zum Außenringsatz nach rechts verschiebt, dann rücken die Krümmungsmittelpunkte M_J und M_A in Lagen, die in Abb. 61 angegeben sind. Im linken Lager (im Lager I) entfernt sich der Punkt M_J vom Punkt M_A, der Druckwinkel wächst von α_0 auf α_I; im rechten

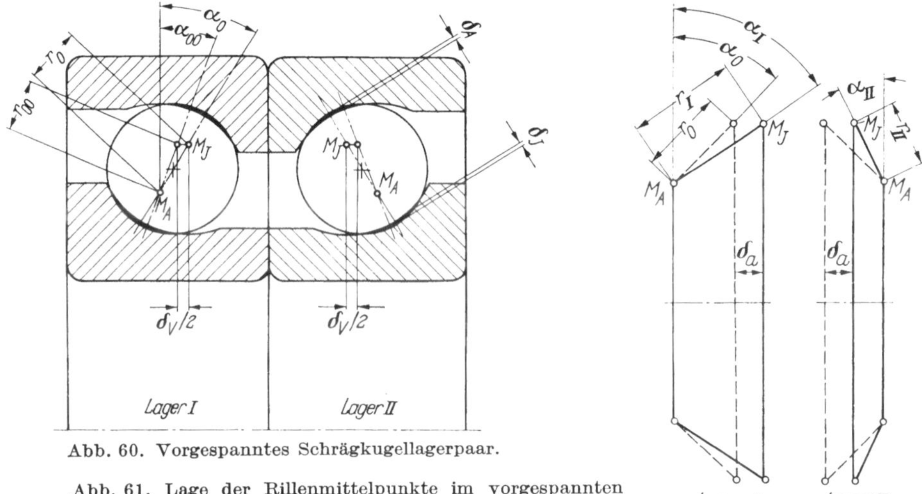

Abb. 60. Vorgespanntes Schrägkugellagerpaar.

Abb. 61. Lage der Rillenmittelpunkte im vorgespannten
und axial belasteten Lagerpaar.

Lager nähern sich dagegen M_J und M_A einander, und der Druckwinkel wird
kleiner. Die Entfernung zwischen den Punkten M_J und M_A muß ermittelt werden,
um die elastischen Verformungen bestimmen zu können. Man erhält für das linke,
höher beanspruchte Lager den Ausdruck

$$r_I = \sqrt{r_{00}^2 \cos^2 \alpha_{00} + \left(r_{00} \sin \alpha_{00} + \frac{\delta_v}{2} + \delta_a\right)^2} \tag{72}$$

und für das rechte Lager

$$r_{II} = \sqrt{r_{00}^2 \cos^2 \alpha_{00} + \left(r_{00} \sin \alpha_{00} + \frac{\delta_v}{2} - \delta_a\right)^2} \tag{73}$$

Da die elastische Verformung wieder

$$\delta = r - r_{00} \tag{74}$$

ist, erhält man für das linke Lager:

$$\left(\frac{P_{a\,\text{eff}}}{z \cdot C_\delta \cdot r_{00}^{3/2}}\right)_I = \tag{75}$$

$$= \left[\sqrt{\cos^2 \alpha_{00} + \left(\sin \alpha_{00} + \frac{\delta_v}{2\,r_{00}} + \frac{\delta_a}{r_{00}}\right)^2} - 1\right]^{3/2} \frac{\sin \alpha_{00} + \dfrac{\delta_v}{2\,r_{00}} + \dfrac{\delta_a}{r_{00}}}{\sqrt{\cos^2 \alpha_{00} + \left(\sin \alpha_{00} + \dfrac{\delta_v}{2\,r_{00}} + \dfrac{\delta_a}{r_{00}}\right)^2}}$$

und für das rechte Lager (das Lager II):

$$\left(\frac{P_{a\,\text{eff}}}{z \cdot C_\delta \cdot r_{00}^{3/2}}\right)_{II} = \tag{76}$$

$$= \left[\sqrt{\cos^2 \alpha_{00} + \left(\sin \alpha_{00} + \frac{\delta_v}{2\,r_{00}} - \frac{\delta_a}{r_{00}}\right)^2} - 1\right]^{3/2} \frac{\sin \alpha_{00} + \dfrac{\delta_v}{2\,r_{00}} - \dfrac{\delta_a}{r_{00}}}{\sqrt{\cos^2 \alpha_{00} + \left(\sin \alpha_{00} + \dfrac{\delta_v}{2\,r_{00}} - \dfrac{\delta_a}{r_{00}}\right)^2}}$$

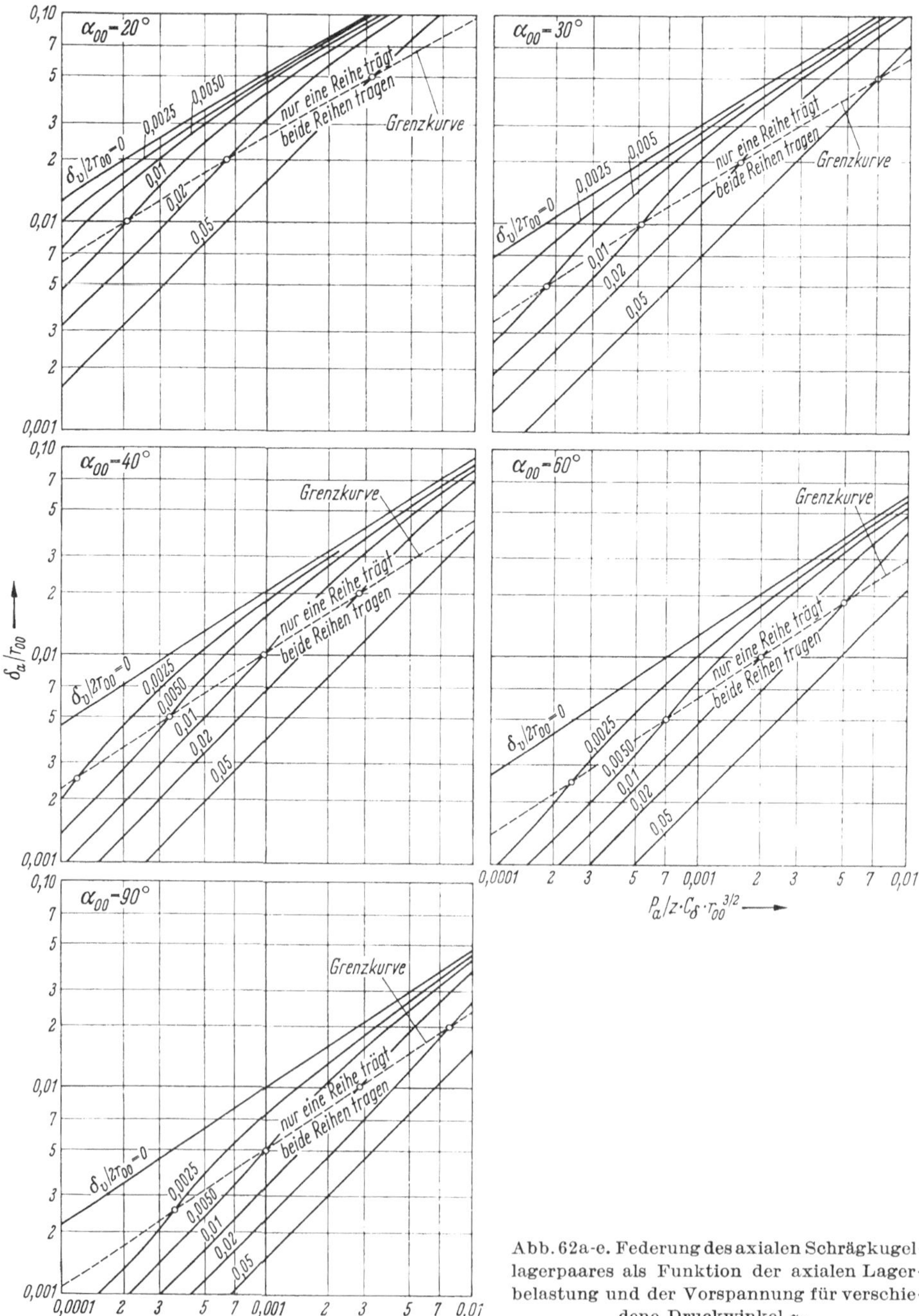

Abb. 62a–e. Federung des axialen Schrägkugellagerpaares als Funktion der axialen Lagerbelastung und der Vorspannung für verschiedene Druckwinkel α_{00}.

Die Differenz dieser beiden Werte ist die äußere Belastung P_a, für die sich somit ergibt

$$\frac{P_a}{z \cdot C_\delta \cdot r_{00}{}^{3/2}} = \left(\frac{P_{a\,\text{eff}}}{z \cdot C_\delta \cdot r_{00}{}^{3/2}}\right)_I - \left(\frac{P_{a\,\text{eff}}}{z \cdot C_\delta\, r_{00}{}^{3/2}}\right)_{II} = \tag{77}$$

$$= \left[\sqrt{\cos^2 \alpha_{00} + \left(\sin \alpha_{00} + \frac{\delta_v}{2\,r_{00}} + \frac{\delta_a}{r_{00}}\right)^2} - 1\right]^{3/2} \frac{\sin \alpha_{00} + \dfrac{\delta_v}{2\,r_{00}} + \dfrac{\delta_a}{r_{00}}}{\sqrt{\cos^2 \alpha_{00} + \left(\sin \alpha_{00} + \dfrac{\delta_v}{2\,r_{00}} + \dfrac{\delta_a}{r_{00}}\right)^2}}$$

$$- \left[\sqrt{\cos^2 \alpha_{00} + \left(\sin \alpha_{00} + \frac{\delta_v}{2\,r_{00}} - \frac{\delta_a}{r_{00}}\right)^2} - 1\right]^{3/2} \frac{\sin \alpha_{00} + \dfrac{\delta_v}{2\,r_{00}} - \dfrac{\delta_a}{r_{00}}}{\sqrt{\cos^2 \alpha_{00} + \left(\sin \alpha_{00} + \dfrac{\delta_v}{2\,r_{00}} - \dfrac{\delta_a}{r_{00}}\right)^2}}$$

Diese Gleichung gilt, solange

$$\frac{\delta_v}{2\,r_{00}} - \frac{\delta_a}{r_{00}} \gtreqless 0 \tag{78}$$

ist. Wird das Ergebnis der Gl. (78) negativ, so darf der zweite Summand $(P_{a\,\text{eff}}/z\,C_\delta\,r_{00}{}^{3/2})_{II}$ in Gl. (77) nicht mehr berücksichtigt werden. Wird nämlich der Wert nach Gl. (78) gleich Null, so bedeutet dies, daß das Lager II des Schräglagerpaares lastfrei wird. Läßt man durch noch größer werdende Axialbelastungen die Verschiebung δ_a größer werden als $\delta_v/2$, dann ist das linke Lager allein belastet. Für diesen Bereich muß man dann wegen $(P_{a\,\text{eff}})_{II} = 0$ anstelle von Gl. (77) schreiben:

$$\frac{P_a}{z \cdot C_\delta\, r_{00}{}^{3/2}} = \left(\frac{P_{a\,\text{eff}}}{z \cdot C_\delta \cdot r_{00}{}^{3/2}}\right)_I = \tag{79}$$

$$= \left[\sqrt{\cos^2 \alpha_{00} + \left(\sin \alpha_{00} + \frac{\delta_v}{2\,r_{00}} + \frac{\delta_a}{r_{00}}\right)^2} - 1\right]^{3/2} \frac{\sin \alpha_{00} + \dfrac{\delta_v}{2\,r_{00}} + \dfrac{\delta_a}{r_{00}}}{\sqrt{\cos^2 \alpha_{00} + \left(\sin \alpha_{00} + \dfrac{\delta_v}{2\,r_{00}} + \dfrac{\delta_a}{r_{00}}\right)^2}}$$

Das Ergebnis dieser Gleichungen ist in Abb. 62a bis e gezeigt für Druckwinkel $\alpha_{00} = 20°$, $30°$, $40°$, $60°$ und $90°$. Die oberste der Kurven mit dem Parameter

$$\frac{\delta_v}{2r_{00}} = \varrho_v = 0$$

entspricht dem spielfrei angestellten Lagerpaar. Da in diesem Fall immer nur das eine Lager beansprucht ist, entspricht diese Federkennlinie der des axial belasteten Einzellagers (s. Abb. 46).

Es fällt auf, daß die Kurven $\varrho_v = $ const oberhalb und unterhalb der als Grenzkurve bezeichneten, gestrichelt eingetragenen Kurve einen merklich anderen Verlauf haben. Während sie unterhalb der Grenzkurve nahezu proportional mit der Belastung ansteigen, nähern sie sich oberhalb der Grenzkurve schnell der Kurve $\varrho_v = 0$, über deren Steigung schon auf S. 47 gesprochen wurde. Die Grenzkurve trennt die Gültigkeitsbereiche von Gl. (77) und Gl. (79). Im Bereich unterhalb der Grenzkurve sind beide Lager belastet, dagegen ist im Gebiet zwischen der Grenzkurve und der Kurve $\varrho_v = 0$ nur ein Lager beansprucht.

Das Diagramm zeigt, daß bei einer Vorspannung, bei der das Lager II gerade lastfrei wird, der Federweg nur halb so groß ist wie bei einem Lagerpaar mit der Vorspannung $\delta_v = 0$. Diese Tatsache wird verständlich, wenn man das Federdiagramm des Lagerpaares mit Hilfe der Federkennlinie des Einzellagers zeichnet.

Mit diesen Gleichungen kann man auch in einfacher Weise den Zusammenhang zwischen äußerer Belastung und effektiver Belastung des höher beanspruchten Lagers ermitteln. Weiterhin kann man ohne besondere Schwierigkeiten den Einfluß strammer Passungen auf die Federung in die Rechnung einbeziehen [43].

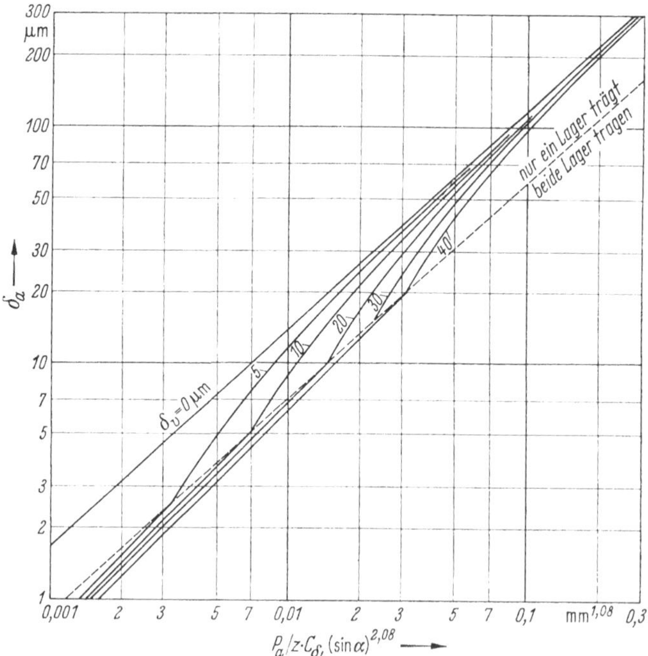

Abb. 63. Federung des Kegellagerpaares als Funktion der axialen Lagerbelastung und der Vorspannung.

Federung vorgespannter Kegellagerpaare in axialer Richtung

Wegen des unveränderlichen Druckwinkels wird die Berechnung einfacher als im vorangegangenen Abschnitt. Aus Abb. 48 erkennt man leicht, daß sich die elastische Verformung der Rolle als Funktion des Vorspannungsweges δ_v und der Verschiebung δ_a errechnen läßt aus:

$$\delta_I = \left(\frac{\delta_v}{2} + \delta_a\right) \sin \alpha$$

$$\delta_{II} = \left(\frac{\delta_v}{2} - \delta_a\right) \sin \alpha \tag{80}$$

wenn die Indizes *I* und *II* dieselbe Bedeutung haben, wie im vorangegangenen Abschnitt (s. a. Abb. 60). Es ergibt sich hier für den Zusammenhang zwischen äußerer Axiallast und axialer Federung folgende Beziehung

$$\frac{P_a}{z\,C_{\delta L}} = \left(\frac{P_{a\,eff}}{z\,C_{\delta L}}\right)_I - \left(\frac{P_{a\,eff}}{z\,C_{\delta L}}\right)_{II} =$$

$$= \left[\left(\frac{\delta_v}{2} + \delta_a\right)^{1,08} - \left(\frac{\delta_v}{2} - \delta_a\right)^{1,08}\right] (\sin \alpha)^{2,08} \tag{81}$$

Die Ergebnisse dieser Gleichung lassen sich in einem einzigen Diagramm darstellen, wenn man $P_a/z\,C_{\delta L}$ $(\sin \alpha)^{2,08}$ auf der Abszisse, δ_a auf der Ordinate aufträgt und δ_v als Parameter wählt (s. Abb. 63). Wie in Abb. 62 ist auch hier eine Grenzkurve eingezeichnet, die den Bereich, in dem beide Lager belastet sind, von dem Bereich trennt, in dem das eine Lager die Last allein aufnimmt.

Die Reibung von Wälzlagern

Alle Wälzlager haben eine verhältnismäßig niedrige Reibung. In einem weiten Drehzahl- und Belastungsbereich bleibt die Änderung des Reibwertes gering. Die Reibungsverlustleistung kann daher auch meistens unberücksichtigt bleiben. Ausgenommen davon sind die Fälle, in denen die Reibungsverlustleistung einen großen Anteil der Antriebsleistung ausmacht. Hierher gehören z.B. die Lager von Kreiseln und anderen Instrumenten und Meßgeräten.

Große Bedeutung erhält die Wälzlagerreibung jedoch offenbar dadurch, daß sie einmal — wie auf S. 84 näher beschrieben ist — mit dem Verschleiß im Lager zusammenhängt und daß sie zum anderen im wesentlichen die im Lager entstehende Wärme bestimmt. Die Lauftemperatur eines Lagers hängt von den Wärmeableitungsbedingungen und von dem Reibungsverhalten des Lagers ab. In Reibungsunterschieden kommt sowohl der unterschiedliche konstruktive Aufbau der Lager als auch die Ausführungsqualität zum Ausdruck. Man kann also das Reibungsverhalten eines Lagers als Maßstab für seine Laufeigenschaften betrachten. Der Reibwert wird damit ein wichtiger Beurteilungsmaßstab.

Bei der Untersuchung des Reibungsverhaltens muß man sich darüber klar werden, an welchen Teilen im Lager Reibung auftritt, unter welchen Bedingungen sie stattfindet und wie sie erfaßbar ist. Reibung entsteht überall dort, wo sich aneinander grenzende Flächen unter Belastung gegeneinander bewegen. Dabei kann Metall auf Metall reiben, oder die Metallflächen können teilweise oder ganz durch Schmiermittel getrennt sein. Hinzu kommt die Schmiermittelreibung. Betrachtet man von diesem Gesichtspunkt aus die möglichen Reibungsquellen in einem umlaufenden, belasteten Wälzlager, so muß man mit folgenden Reibanteilen rechnen:

Reibung in den Druckflächen zwischen Wälzkörpern und Rollbahnen,
Reibung zwischen den Wälzkörperstirnflächen und den Borden in Rollenlagern,
Reibung an den Gleitflächen des Käfigs,
Reibung des Schmiermittels.

Zunächst einmal sollen die beiden letzten Reibanteile besprochen werden. Der Anteil der Käfigreibung an der Gesamtreibung läßt sich heute zahlenmäßig noch nicht ausdrücken. Man kann aus gewissen Betriebserfahrungen schließen, daß er im allgemeinen zwar verhältnismäßig klein ist, in bestimmten Sonderfällen aber die Einsatzfähigkeit eines Lagers begrenzt. Die Reibung hängt einerseits ab von den Kräften, die an den Käfigflächen wirksam sind, andererseits aber auch von den Schmierverhältnissen. Im Normalfall sind die am Käfig wirkenden Kräfte gering, jedoch sind die Schmierverhältnisse an den Käfiggleitflächen nicht immer günstig. Bei der Entwicklung der Wälzlagerkäfige ist man bestrebt, im Rahmen der konstruktiven und fertigungstechnischen Gegebenheiten die Führungsflächen so auszubilden, daß ein möglichst gutes Reibungsverhalten erzielt wird. So wählt man bei hohen Gleitgeschwindigkeiten außenbordgeführte Käfige; durch Verwendung von Leichtmetall- oder Kunststoffkäfigen kann man die Massenkräfte verringern. Auch durch eine sinnvolle Ölführung lassen sich die Gleitverhältnisse an den Führungsflächen des Käfigs günstig beeinflussen. Trotzdem muß bei den meisten Einbaufällen und Betriebsbedingungen mit Mischreibung an den Käfiggleitflächen gerechnet werden. Sie hat bei den Kräften, wie sie im Normalfall auftreten, keine Bedeutung. Erst bei gestörten Abwälzverhältnissen im Lager, wie sie z.B. bei verkippt zueinander laufenden Ringen auftreten, kann die Reibung stark ansteigen.

Der Anteil der durch das Schmiermittel hervorgerufenen Reibverluste hängt im wesentlichen von der Menge und Zähigkeit des Schmiermittels und der Drehzahl ab. Im Normalfall reicht zur Schmierung eines Lagers eine sehr geringe Schmiermittelmenge aus, so daß die Schmiermittelreibung von geringer Bedeutung ist. Läßt man größere Ölmengen — z.B. zur Wärmeabführung — durch das Lager fließen, dann kann sich die Reibung wegen der Strömungsverluste beträchtlich erhöhen.

Nun soll die in den Druckflächen auftretende Reibung betrachtet werden. Die Frage nach dem Wesen der Rollreibung ist schon sehr alt. Seit AMONTONS (1699) [1] und COULOMB (1785) [10] sind immer wieder Versuche unternommen worden, die beim Abrollen auftretenden Reibungskräfte zu ermitteln. Betrachtet man die Verhältnisse in der Druckfläche zwischen Wälzkörpern und Laufbahnen, so muß man, um das Reibungsverhalten kennenzulernen, die Schlupfverhältnisse innerhalb der Druckfläche untersuchen.

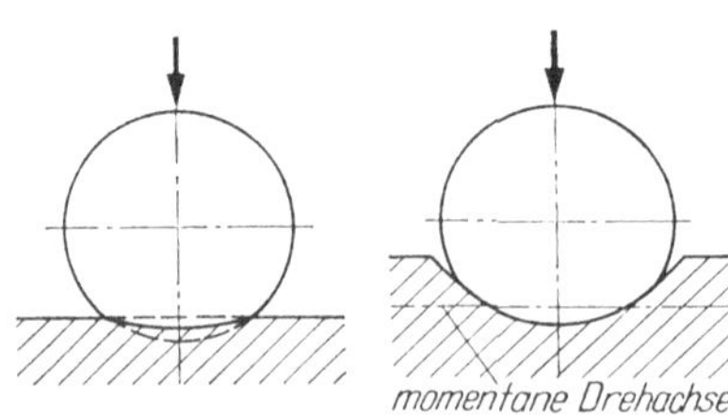

Abb. 64. Belasteter Wälzkörper auf einer ebenen Platte.

Abb. 65. Belastete Kugel in einer Laufrille.

Drückt man eine Kugel oder eine Rolle gegen eine ebene Platte (Abb. 64), dann verformt sich sowohl der Wälzkörper als auch die Platte. Dabei wird der Wälzkörper und die Plattenoberfläche an der Berührungsstelle unterschiedlich gedehnt. Rollt nun der Wälzkörper auf der Platte ab, dann entstehen wegen der unterschiedlichen elastischen Verformungen Gleitungen in der Druckfläche, die Reibung zur Folge haben. Diese Darstellung ist zuerst von REYNOLDS (1876) [66] als Erklärung für die Reibung beim Abrollen gegeben worden. Erst später (1929) hat TOMLINSON [73] gezeigt, daß dieser Reynolds-Schlupf zu klein ist, um die beim Abrollen auftretenden Reibwerte zu erklären. Betrachtet man eine Kugel in einer Rille, und zwar in einem Schnitt senkrecht zur Rollrichtung (Abb. 65), dann erkennt man, daß sich je nach Höhe der Belastung eine mehr oder weniger große, gekrümmte Druckfläche ausbildet. Da sich die Kugel als fester Körper um eine momentane Achse dreht, haben die Punkte der Druckfläche unterschiedliche Geschwindigkeit. Damit entstehen auch hier Gleitungen und somit Reibung. So erklärt HEATHCOTE (1921) [25] die beim Abrollen entstehende Reibung. Dieser Heathcote-Schlupf hängt ab von der Stärke der Krümmung der Druckfläche. Beim Zylinderrollenlager, bei dem die momentane Drehachse der Rolle parallel zu der Mantellinie verläuft, verschwindet er. Im Kugellager nimmt er mit wachsender Schmiegung zwischen Kugel und Rille sowie mit wachsender Belastung zu.

Beim Abrollen eines Wälzkörpers unter Last wird an der Einlaufseite bei der elastischen Verformung Arbeit geleistet. Die Verformungsenergie wird bei der Entlastung, d.h. an der Auslaufseite der Druckfläche, nur zum Teil wieder für die Bewegung des Wälzkörpers nutzbar. Die dabei auftretende Energiedifferenz bezeichnet man als elastische Hysterese. Sie ist ein Teil der gesamten Reibarbeit [63, 72].

Bei der bisherigen Betrachtung wurde angenommen, daß der Wälzkörper sich um eine Achse senkrecht zur Belastungsrichtung und senkrecht zur Bewegungsrichtung dreht. Bei Kugellagern — auch bei manchen Rollenlagern — ist nun außer dieser reinen Rollbewegung noch eine Drehung um die Belastungsrichtung möglich. Diese Bewegung, für sich allein betrachtet, entspricht einer Bohrbewegung, d.h. einer Bewegung des Wälzkörpers um eine zur Druckfläche senkrechte Achse.

Die bei der Bohrbewegung auftretenden Gleitungen sind verschiedentlich untersucht worden. PALMGREN [60] und PORITZKY [64] gehen davon aus, daß die Kugel als starrer Körper rotiert. MINDLIN [54] und andere berücksichtigen in ihren Untersuchungen auch die aus dem elastischen Verhalten resultierende Tangentialverschiebung.

Alle bisher bekannt gewordenen Untersuchungen zur Reibung bringen zwar gewisse Abhängigkeiten zwischen dem Reibwert und der Belastung und Drehzahl; meistens wurden bei diesen Untersuchungen jedoch nur einzelne Reibanteile betrachtet. Dadurch sind zwar gewisse qualitative Aussagen möglich, quantitative Angaben über die Reibung einer Wälzpaarung kann man auf diesem Wege jedoch nicht erhalten. In noch stärkerem Maße trifft dies für die Reibung von vollständigen Wälzlagern zu.

Bei Rollenlagern tritt neben der oben bereits besprochenen Rollreibung zusätzlich Reibung zwischen den Rollenstirnflächen und Borden auf. Dieser Anteil ist reine Gleitreibung. Meistens hat man es hier mit Mischreibung, in seltenen Fällen mit hydrodynamischer Reibung zu tun. Während die Flächenpressungen an den Bordberührungsstellen wesentlich geringer sind als in den Rollflächen, sind aber die Gleitwege am Bord sehr viel größer. Die Größe der am Bord wirkenden Kräfte ist bei gleicher äußerer Belastung jedoch bei den einzelnen Bauformen der Rollenlager verschieden. Beim Kegelrollenlager ist eine Bordkomponente konstruktiv bedingt und bei allen Lastkombinationen ständig vorhanden. Beim Zylinderrollenlager tritt eine Bordkomponente nur dann auf, wenn das Lager axial belastet wird.

Bei einer weiteren Betrachtung der Reibungsvorgänge im Wälzlager müßte nun die Frage beantwortet werden, bei welchem Schmierzustand sich diese Gleitbewegungen in der Kontaktfläche zwischen Wälzkörpern und Laufringen vollziehen. Zunächst einmal könnte man vermuten, daß meistens Vollschmierung in den Kontaktstellen vorliegt, weil bekannt ist, daß Wälzlager bei günstigen Umweltbedingungen sehr lange laufen, bevor sich ein merkbarer Verschleiß ergibt.

Gegen die Vollschmierung spricht aber die Tatsache, daß im Normalfall die Wälzkörper auf den Laufringen — mindestens in der belasteten Zone — mit nur geringem Schlupf abrollen. Der Reibungsschluß bei Vollschmierung wäre zu gering, um diesen stabilen Bewegungsablauf zu sichern. Dafür spricht auch die Tatsache, daß bei einem belasteten, umlaufenden Wälzlager der Käfig nur mit erheblichen Kräften abgebremst werden kann. In die gleiche Richtung gehen die Erfahrungen mit Wälzgetrieben, bei denen in den Kontaktstellen erhebliche Umfangskräfte übertragen werden können, wobei in bezug auf die Abwälzverhältnisse, auf Werkstoff- und Oberflächenbeschaffenheit und auch auf die Schmierung ähnliche Bedingungen wie im Wälzlager herrschen. Nur bei sehr gering belasteten und schnelllaufenden Lagern allerdings kann man mitunter einen wesentlich größeren und vor allem unregelmäßigen Schlupf in der Rollrichtung feststellen, der darauf schließen läßt, daß der Reibungsschluß wegen einer Vollschmierung in den Kontaktflächen teilweise aufgehoben ist.

Man darf also annehmen, daß in den Kontaktflächen der Zustand der Mischreibung die Regel ist und daß der Verschleiß trotz der hohen Pressungen nur deswegen klein bleibt, weil die Gleitwege verhältnismäßig klein sind. Größere Gleitwege, wie sie z.B. bei Rollenlagern am Bord auftreten, führen auch zu einem größeren Verschleiß.

Nachdem dargelegt worden ist, an welchen Stellen in Wälzlagern Reibung überhaupt auftritt, erhebt sich nun die Frage, mit welchen Reibwerten man letzten Endes bei den verschiedenen Lagern rechnen muß. Der Großteil der Versuche zur Bestimmung der Reibwerte unter Verhältnissen, wie sie in Wälzlagern vorliegen, wurde mit Einzelteilen durchgeführt. Meistens ließ man dabei einzelne Kugeln oder Zylinderrollen auf ebenen oder profilierten Laufbahnen abrollen. Von verschiedener Seite wurden dabei für die reine Rollreibung Reibwerte von 0,001 bis 0,005 [*62, 72*] gefunden, die — wie oben gezeigt wurde — auf Hystereseverluste und Gleitreibungsanteile zurückgehen. Für die Gleitanteile muß ein Reibwert von 0,05 bis 0,1 angenommen werden, wie er auch bei Bohrreibungsversuchen gemessen wurde [*33, 35, 60, 64*]. Alle diese an Einzelteilen durchgeführten Untersuchungen können in gewissem Umfang als Grundlagenversuche angesehen werden. Sie lassen sich jedoch kaum unmittelbar auf die Verhältnisse in Wälzlagern übertragen.

Praktisch verwertbare Aussagen über den Reibwert von Wälzlagern wird man nur aus Versuchen mit vollständigen Wälzlagern erwarten können. Derartige Versuche sind von Muzzoli [*55*], Delfosse [*11*], Jones [*35*], Palmgren [*62, 63*] u. v. a. durchgeführt worden. Diese Untersuchungen sind jedoch an unterschiedlichen Lagern unter unterschiedlichen Betriebsbedingungen durchgeführt worden. Wenn man das Reibungsverhalten der verschiedenen Wälzlagerbauformen zur Grundlage der Beurteilung ihrer Laufeigenschaften machen will, müssen die wichtigsten Lagerbauformen unter vergleichbaren Bedingungen untersucht werden. Es wurde deshalb eine Reihe von Versuchen durchgeführt, bei denen vergleichbare Betriebsbedingungen vorlagen. Über die Ergebnisse wird auf den S. 70ff. berichtet. Das bei diesen Versuchen angewendete Meßverfahren wird noch eingehend besprochen; eine einführende Erläuterung der grundsätzlichen Möglichkeiten der Reibungsmessung wird vorausgeschickt.

Zur Messung der Reibmomente von Wälzlagern stehen im Prinzip drei Verfahren zur Verfügung [*39*]: die Dynamometer-Methode, das Reibungspendel und das Auslaufverfahren.

Bei der Dynamometer-Methode wird ein Laufring des zu untersuchenden Lagers angetrieben. Durch die Reibung im Lager wird der andere Laufring mitgenommen. Läßt man nun auf diesen Ring ein Gegendrehmoment wirken, so daß der Ring in Ruhe bleibt, dann ist dieses Gegendrehmoment gleich dem Reibmoment des zu untersuchenden Lagers. Dieses Drehmoment kann man entweder mit einer Feder, mit einem Torsionsstab oder mit geeigneten elektrischen oder magnetischen Vorrichtungen messen. Mit dieser Methode kann man das Reibmoment sehr genau messen, und zwar nicht nur als Mittelwert, sondern auch in seinen Schwankungen um diesen Mittelwert.

Beim Reibungspendel, das im wesentlichen auch ein Dynamometer-Gerät ist, wird das Gegendrehmoment durch die Rückstellkraft eines an dem nicht angetriebenen Ring befestigten Pendels erzeugt. Wegen der Trägheit der Anzeige eignet sich diese Methode aber nur zur Ermittlung des mittleren Reibmomentes.

Beim Auslaufverfahren wird das Reibmoment aus der Abnahme der Bewegungsenergie eines umlaufenden Lagers bestimmt. Dazu wird einer Schwungmasse eine bestimmte Bewegungsenergie zugeführt, die beim Auslauf durch die Lagerreibung aufgezehrt wird. Aus der zeitlichen Abnahme der Drehzahl des Lagers erhält man nach einfachen Umrechnungen das Reibmoment.

Für die Untersuchung aller interessierenden Einflüsse im ganzen Drehzahlbereich hat sich das erste Verfahren als das geeignetste erwiesen. Es ist in den verschiedenen Formen bereits angewandt worden. Dabei ist es jedoch schwierig, Einzellager zu untersuchen. Viele Prüfanordnungen benötigen nämlich Hilfslager, deren Reibung in der gleichen Größenordnung liegt wie die Reibung des

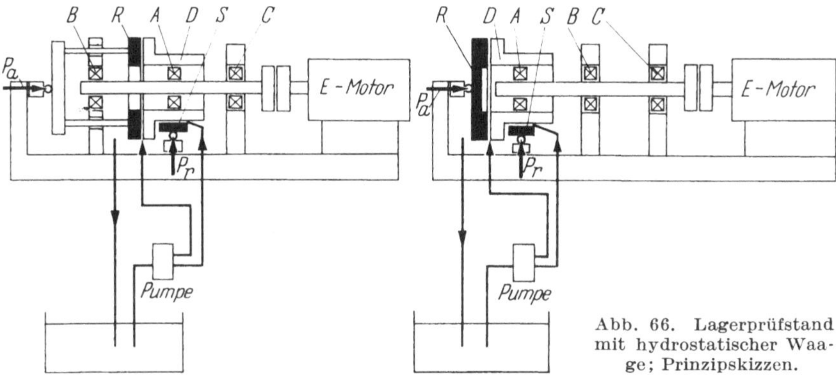

Abb. 66. Lagerprüfstand mit hydrostatischer Waage; Prinzipskizzen.

Prüflagers. Eine genaue Beurteilung des Prüflagers ist daher nicht möglich. Im folgenden soll nun eine Meßvorrichtung beschrieben werden, bei der einzelne Lager unter beliebigen Belastungsverhältnissen untersucht werden können, ohne daß von der Gegenführung her ein wesentlicher Reibanteil die Meßergebnisse beeinflußt.

In Abb. 66 sind schematisch zwei Lagerprüfstände dargestellt. Der grundsätzliche Aufbau bietet nichts Neues; das Prüflager A ist einmal zwischen den beiden Hilfslagern B und C und einmal fliegend angeordnet. Der Antrieb erfolgt über einen regelbaren Gleichstrommotor. Lediglich die Prüflagerstelle ist anders als bisher üblich ausgebildet. Die Radialbelastung P_r wird über eine Halbschale S, die Axialbelastung P_a über einen Druckring R auf eine Büchse D aufgebracht, in der der Außenring des Prüflagers A sitzt. Der Druckring R und die Halbschale S sind mit Staufeldern versehen [13], durch die während des Betriebes Öl gepumpt wird und die so angeordnet sind, daß unter der aufgebrachten Belastung keine metallische Berührung zwischen der Halbschale S und dem zylindrischen Teil der Büchse D sowie zwischen dem Druckring R und der Stirnfläche der Büchse D stattfindet. Die radiale und axiale Belastung wird also hydrostatisch übertragen. In Abb. 67 ist schematisch dargestellt, wie die Staufelder angeordnet sind. Die unteren Staufelder 1 und 2 in der Halbschale S übertragen im wesentlichen die Radialbelastung P_r, wäh-

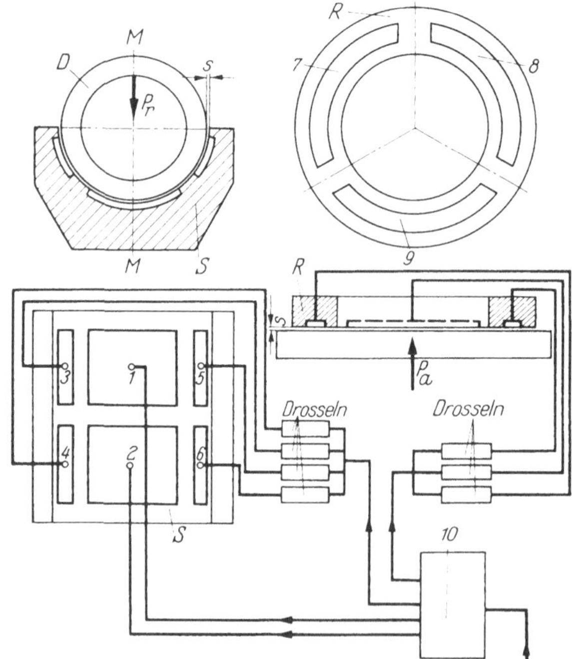

Abb. 67. Anordnung und Ölversorgung der Staufelder, Prinzipskizze.

rend die seitlichen Felder 3, 4, 5 und 6 verhindern, daß eine Verkippung der Halbschale gegen die Büchse um die Achse $M\text{-}M$ eintritt. Die axiale Belastung P_a wird von den drei in den Druckring eingearbeiteten Feldern 7, 8 und 9 übertragen. Um die beabsichtigte Trennung der Büchse D von der Schale S und dem Druckring R zu erreichen, muß dafür gesorgt werden, daß jedes Feld einen eigenen Ölanschluß erhält. Das Öl fließt dann über die Spalte s in den Ölsammelbehälter zurück. In Abb. 67 ist auch die Versorgung der Staufelder dargestellt. Die Pumpe 10 ist eine Zahnradpumpe mit vier getrennten Auslässen; zwei davon führen direkt zu den Staufeldern 1 und 2, einer dient zur Versorgung der Felder 3, 4, 5 und 6 und einer zur Versorgung der Felder 7, 8 und 9. Vor den Feldern 3 bis 6 und 7 bis 9 liegt noch je eine Drossel. Damit läßt sich die Öldurchflußmenge für jedes einzelne Feld auch bei unterschiedlichen Gegendrücken konstant halten. Die Pumpe 10 ist so dimensioniert, daß sie den von den Belastungen P_r und P_a und der Größe der hydrostatischen Lager abhängigen Drücken standhält und soviel Öl fördert, daß die Spaltweite s einige Hundertstel Millimeter beträgt.

Abb. 68. Lagerprüfstand mit hydrostatischer Waage, Prüflager zwischen den Hilfslagern angeordnet.

Die Büchse D kann unter kombinierter Axial- und Radialbelastung um die Lagerachse frei auspendeln; mit Hilfe von Meßgewichten, Meßfedern oder Kraftmeßdosen kann das von den Bewegungswiderständen des einzelnen Prüf-

Abb. 69. Lagerprüfstand mit hydrostatischer Waage, Prüflager fliegend angeordnet.

lagers herrührende Lagerreibungsmoment sehr genau gemessen werden. Die Ansprechempfindlichkeit einer solchen hydrostatischen Waage ist außerordentlich hoch und wurde bei einer Prüflast von 3000 ÷ 4000 kp und bei einem Durchmesser der Büchse D von 260 mm zu 0,01 kpcm bestimmt. Die Eichung der Waage läßt sich in einfacher Weise statisch durchführen. Abb. 68 zeigt einen solchen Lagerprüfstand mit hydrostatischer Waage, bei dem das Prüflager in der Mitte zwischen den beiden Hilfslagern sitzt, Abb. 69 eine Ausführung, bei der das Prüflager fliegend angeordnet ist.

Ein Lagerprüfstand nach Abb. 69, in den Wälzlager bis 150 mm Außendurchmesser eingebaut werden können, wurde für ein größeres Versuchsprogramm verwendet. Dabei wurden Wälzlager verschiedener Bauformen, aber mit gleichem Bohrungsdurchmesser, denselben Bedingungen hinsichtlich Belastung, Drehzahl und Schmierung unterworfen. Anhand des gemessenen Reibungsmomentes und der Lagertemperatur wurde das Laufverhalten der Lager untersucht.

Wenn man auf diesem Prüfstand die Lager rein axial oder auch Radiallager rein radial belastet, bleiben die beiden Laufringe parallel zueinander. Erst dann, wenn eine kombinierte Belastung aufgebracht wird, tritt ein Verkippen des einen Ringes relativ zum anderen auf. Um die parallele Lage der beiden Laufringe, wie sie bei der Lagerung von Wellen auf zwei Lagern die Regel ist, wieder herzustellen, wird am Prüfkopf ein Gegenmoment aufgebracht.

Die Lagerbelastung P wurde zwischen 0 und 3500 kp variiert. Die Drehzahl des Prüflagers lag zwischen 500 und 3000 U/min. Als Schmierung wurde für alle Lagereinbauten eine Ölstandschmierung gewählt. Verwendet wurde ein Maschinenöl mit 4,5 °E/50 °C, das bis zur Mitte des unteren Wälzkörpers eingefüllt wurde. Die Ölmenge betrug etwa 60 ccm.

Untersucht wurden

> Rillenkugellager *63 12*
> Schrägkugellager *73 12 B*
> Axial-Rillenkugellager *513 12*
> Pendelkugellager *13 12*
> Zylinderrollenlager *NU P 312*
> Kegelrollenlager *323 12*
> Pendelrollenlager *223 12 HLA*
> Pendelrollenlager *213 12*
> Zylinderrollenlager *NU 312*, kombiniert
> mit einem Axial-Rillenkugellager *511 12*
> Nadellager *NAF 60×90×30*, kombiniert
> mit einem Axial-Rillenkugellager *511 12*.

Um die Reibmomente, die bei den verschiedenen Lagerbauformen unter unterschiedlichen Bedingungen gemessen wurden, miteinander vergleichen und auf andere Lagergrößen übertragen zu können, wurde der Reibwert errechnet, und zwar nach der in der Wälzlagertechnik üblichen Definition

$$\mu = \frac{2 M_r}{P \cdot d}$$

In dieser Gleichung bedeuten

M_r das gemessene Lagerreibungsmoment

P die resultierende Lagerbelastung $P = \sqrt{P_r{}^2 + P_a{}^2}$

d den Bohrungsdurchmesser des Lagers.

β ist der Lastwinkel, Winkel zwischen der resultierenden Lagerbelastung P und einer Ebene senkrecht zur Lagerachse.

Die für die verschiedenen Lagerbauformen gewonnenen Ergebnisse gelten, genaugenommen, nur für Ölstandschmierung, doch ist aus anderen Erfahrungen mit

Wälzlagern bekannt, daß für die Gruppe der Kugellager und der Lagerkombinationen auch bei Fettschmierung ein ähnliches Reibverhalten vorliegt. Dies gilt nicht in gleichem Maße für Rollenlager, bei denen die Lagerreibung wegen der Gleitreibung an den Borden stärker von der Schmierung abhängt.

Nach den Ergebnissen läßt sich das Reibungsverhalten der verschiedenen Wälzlagerbauformen gut vergleichen. Das Reibungsverhalten ändert sich deutlich mit der Lagerbauform, der Größe und Richtung der Belastung und der Drehzahl und läßt gut erkennen, in welchen Bereichen die Stärken und Schwächen der einzelnen Bauformen liegen. Die Kenntnis des Reibungsverhaltens wird damit eine Grundlage für eine zweckmäßige Lagerauswahl.

Das Grundsätzliche einer solchen Betrachtung soll an dem Diagramm Abb. 70 erläutert werden. Auf der Abszisse ist der Lastwinkel β, auf der Ordinate der Reibwert μ aufgetragen. Jede Kurve beschreibt den Verlauf des Reibwertes für eine bestimmte Lagerbauform. Für jede Lagerbauform hat der Reibwert einen typischen Verlauf mit auffälligen Unterschieden zwischen dem kleinsten und größten Reibwert. Die Größtwerte liegen in der Nähe der reinen Axialbelastung, die Kleinstwerte bei Lastwinkeln in der Nähe des Druckwinkels.

Das Diagramm Abb. 70 bringt einen Auszug aus dem gesamten Versuchsprogramm, und zwar sind die Ergebnisse von Versuchen mit solchen Betriebsbedingungen ausgewertet, die in der Praxis an sehr vielen Einbaustellen herrschen. Mit den Versuchslagern, deren Bohrungsdurchmesser 60 mm beträgt, wird das Reibungsverhalten mittelgroßer Lager erfaßt. Die in dem Diagramm angegebenen Reibwerte wurden bei einer Belastung von 15% der Tragzahl des jeweiligen Lagers ermittelt und gelten für eine Drehzahl von 2000 U/min. Diese Versuchsbedingungen liegen innerhalb des Bereiches, der für die Betriebsbedingungen von vielen Lagern dieser Größe üblich ist. Da hier nur das unterschiedliche Reibungsverhalten verschiedener Lagerbauformen verglichen werden soll, wurde der Einfluß der Temperatur auf die Ölzähigkeit dadurch eliminiert, daß alle Versuchsergebnisse auf eine Öltemperatur von 60 °C bezogen wurden.

Im übrigen entsprechen diese Kurven Mittelwerten aus mehreren Messungen und gelten für sehr gute Einbauverhältnisse, wie sie sich auf einem Prüfstand erreichen und kontrollieren lassen.

Die im Diagramm angegebenen Reibwerte gelten, vergleichbare Betriebsbedingungen vorausgesetzt, mit geringen Abweichungen auch für kleinere Lager (bis etwa 20 mm Bohrungsdurchmesser) und für größere Lager (bis etwa 130 mm Bohrungsdurchmesser).

Für andere Drehzahl- und Belastungsverhältnisse kann man aus den Abb. 71 bis 76 Anhaltspunkte für den Reibwert erhalten. In diesen Diagrammen ist für einige Lagerbauformen der Reibwert in Abhängigkeit von der auf die Tragzahl bezogenen Belastung (P/C) und von der Drehzahl (ausgedrückt durch die Käfigumfangsgeschwindigkeit v_k) dargestellt. Bei einigen Diagrammen sind zunächst die Kurven für denjenigen Lastwinkel gezeichnet, bei dem das betreffende Lager seinen kleinsten Reibwert hat. Weiterhin sind zum Vergleich die Verhältnisse bei ungünstigeren Lastwinkeln dargestellt.

Mit diesen Unterlagen läßt sich das Reibungsverhalten von Lagern zwischen 20 und 130 mm Bohrungsdurchmesser im erwähnten Rahmen beurteilen. Bei wesentlich höheren Umlaufgeschwindigkeiten werden Wälzlager anders geschmiert.

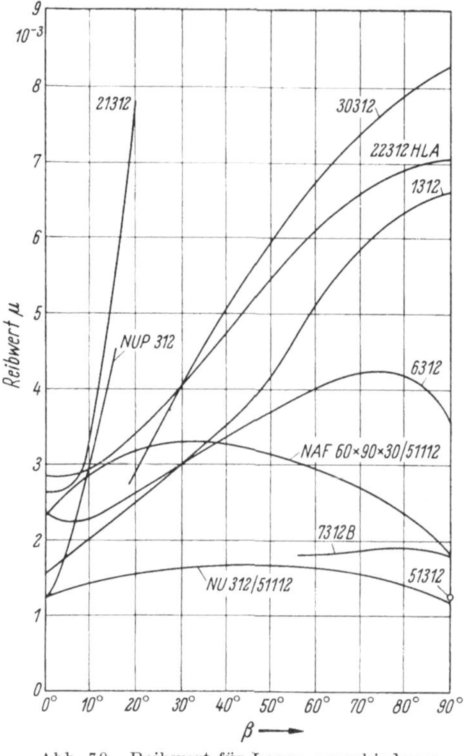

Abb. 70. Reibwert für Lager verschiedener Bauform in Abhängigkeit vom Lastwinkel β.

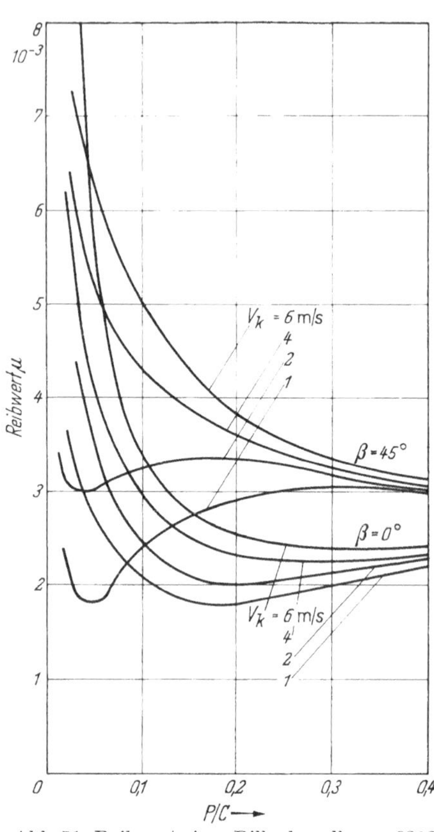

Abb. 71. Reibwert eines Rillenkugellagers 6312.

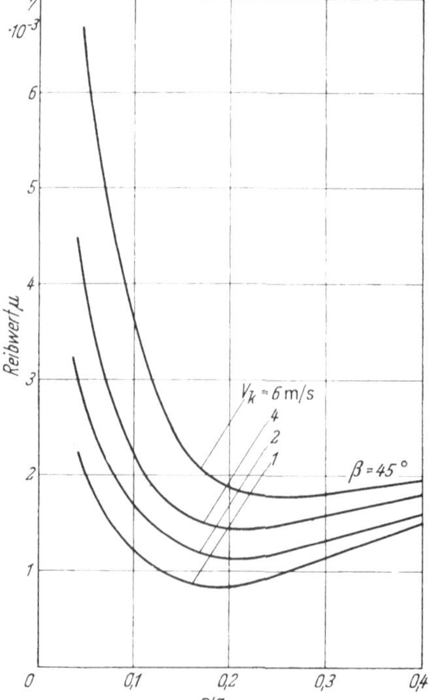

Abb. 72. Reibwert eines Schrägkugellagers $7312 F$.

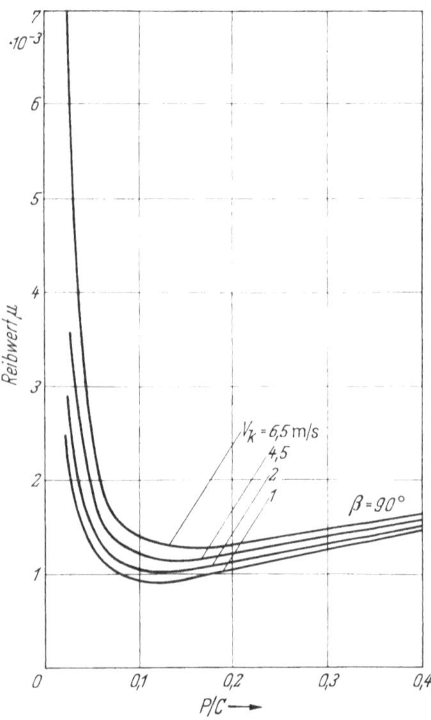

Abb. 73. Reibwert eines Axial-Rillenkugellagers 51322.

Damit ändert sich auch der Anteil der Schmiermittelreibung gegenüber den Verhältnissen bei Ölstandschmierung. Außerdem wird die Reibung durch zusätzliche Massenkräfte erhöht, so daß sich die Reibungsverhältnisse in diesem extremen Bereich mit den Diagrammen Abb. 71 bis 76 nicht mehr beurteilen lassen.

Nun sollen die einzelnen Kurven des Diagramms Abb. 70 erläutert werden.

Beim *Radial-Rillenkugellager 63 12* bleibt der Reibwert, im gesamten Lastwinkelbereich verhältnismäßig klein. Bei reiner Radialbelastung hat das Lager den Druckwinkel 0°, während sich unter Axialbelastung bei normalem Spiel ein Druckwinkel von etwa 5 bis 10° einstellt, so daß das Lager dann als Schräglager läuft. Den niedrigsten Reibwert hat das Lager bei einem Lastwinkel von etwa 8°, und zwar deshalb, weil bei diesem Zustand die Wälzkörper über den gesamten Umfang durch die axiale Anstellung geführt werden, ohne daß die Kugelkräfte schon zu groß werden.

Das *Schrägkugellager 73 12 B* hat einen Druckwinkel von 40°. Sein Reibwert ändert sich in dem in Frage kommenden Lastwinkelbereich von etwa 55° bis 90° kaum. Er liegt in diesem Lastwinkelbereich wesentlich unter den Werten für das Radial-Rillenkugellager *63 12*, weil die Rollkörperkräfte wegen des größeren Druckwinkels des Schrägkugellagers bei einer bestimmten Axialbelastung geringer sind als beim Radial-Rillenkugellager mit dem kleineren wirksamen Druckwinkel. Die Kurve für die Reibwerte eines Schrägkugellagers mit einem Druckwinkel von 20° würde zwischen der Kurve des Radial-Rillenkugellagers *63 12* und der des Schrägkugellagers *73 12 B* liegen.

Das *Axial-Rillenkugellager 513 12* hat bei reiner Axialbelastung (Lastwinkel gleich Druckwinkel) den kleinsten Reibwert von allen rein axial belasteten Lagern.

Beim *Pendelkugellager 13 12* liegt der Reibwert im Bereich kleiner Lastwinkel unter dem Reibwert für das Radial-Rillenkugellager *63 12*. Er steigt dann mit wachsendem Lastwinkel an.

Das *Zylinderrollenlager NUP 312* hat bei reiner Radialbelastung den kleinsten Reibwert von allen Wälzlagern. Sobald jedoch eine zusätzliche Axialbelastung auftritt, steigt das Reibmoment stark an, weil die Axialbelastung von den Borden übertragen wird und hierbei zwischen den Rollenstirnflächen und den Borden Gleitreibung auftritt. Damit ist der Einsatzbereich des Zylinderrollenlagers auf kleinere Lastwinkel begrenzt.

Die Kurve für den Reibwert des *Kegelrollenlagers 303 12* mit einem Druckwinkel von 12° steigt mit wachsendem Lastwinkel stark an. Die Reibwerte liegen dabei im gesamten Bereich wesentlich über den Werten für die Schrägkugellager, und zwar als Folge der Gleitreibung zwischen Rollenstirnflächen und Innenringbord.

Im konstruktiven Aufbau der *Pendelrollenlager* gibt es Unterschiede. So werden bei manchen Bauarten die Rollen jeder Reihe an einem festen Mittelbord oder zwischen zwei festen Borden geführt (z. B. *223 12 HLA*); bei anderen Bauarten fehlen feste Borde zur Führung der Rollen (z. B. *213 12*). Die Reibwerte des Lagers *213 12* liegen trotz der fehlenden Bordreibung wesentlich höher als die Reibwerte der Type *223 12 HLA*. Mit zunehmender Axiallast zeigen die Lager ohne Borde ein ungünstigeres Reibverhalten als die Lager mit Borden. Im höheren Lastwinkelbereich ist das Pendelrollenlager *223 12 HLA* dem Zylinderrollenlager und auch dem Kegelrollenlager überlegen, weil die Axialkräfte zum großen Teil von den Rollbahnen übertragen werden und an den Borden nur eine verhältnismäßig niedrige Reibung auftritt.

Der Reibwert der Kombination *Zylinderrollenlager NU 312 / Axial-Rillenkugellager 511 12* ist in dem gesamten Belastungsbereich gleichmäßig niedrig. Das Zylinderrollenlager ist immer rein radial belastet und hat in diesem Belastungszustand seine geringste Reibung. Die gleichen günstigen Reibungsverhältnisse gelten für das immer rein axial belastete Axial-Rillenkugellager.

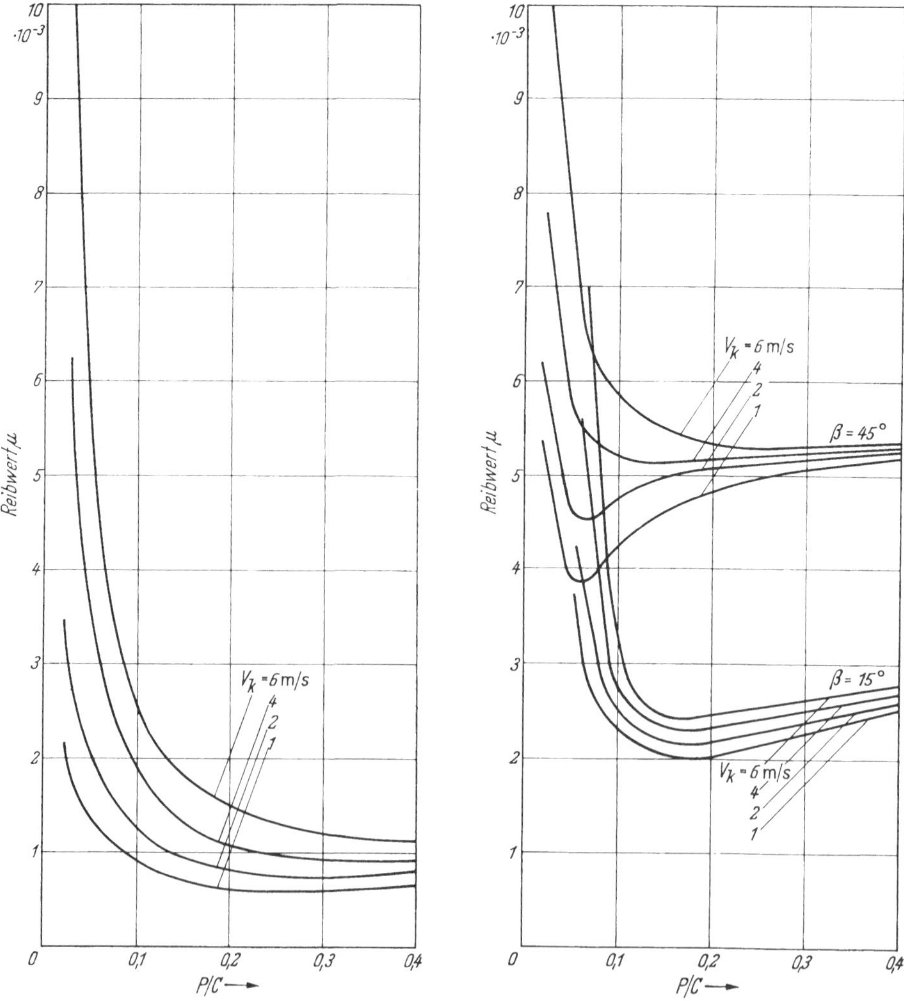

Abb. 74. Reibwert eines Zylinderrollenlagers *NUP 312*.

Abb. 75. Reibwert eines Kegelrollenlagers *30312*.

Bei der Kombination *Nadellager NAF 60×90×30 / Axial-Rillenkugellager 511 12* schwankt der Reibwert in dem gesamten Lastwinkelbereich etwas stärker. Außerdem liegt er etwas höher als bei der Kombination Zylinderrollenlager / Axial-

Rillenkugellager, weil beim Nadellager die Gleitreibungsanteile des Käfigs größer sind als beim Zylinderrollenlager.

An praktischen Einbaufällen soll nun untersucht werden, wie weit das Reibungsverhalten von Bedeutung ist und wie es als Beurteilungsmaßstab benutzt werden kann.

In die Vorderräder von Kraftwagen werden sowohl Schrägkugellager als auch Kegelrollenlager eingebaut. In beiden Fällen werden die Lager so zur Radwirkungslinie angeordnet, daß sie bei Geradeausfahrt trotz ihrer konstruktionsbedingten unterschiedlichen Größe und Tragfähigkeit spezifisch gleich hoch beansprucht werden. Bei dieser Belastungsart und bei Berücksichtigung der Axialkräfte aus der Kurvenfahrt verhalten sich Schräglager mit Druckwinkeln zwischen 15° und 30° in bezug auf die Werkstoffermüdung am günstigsten. Sowohl Schrägkugellager als auch Kegelrollenlager haben bei diesen Verhältnissen einen relativ niedrigen Reibwert. Die geringen Reibungsunterschiede zwischen Kegelrollen-

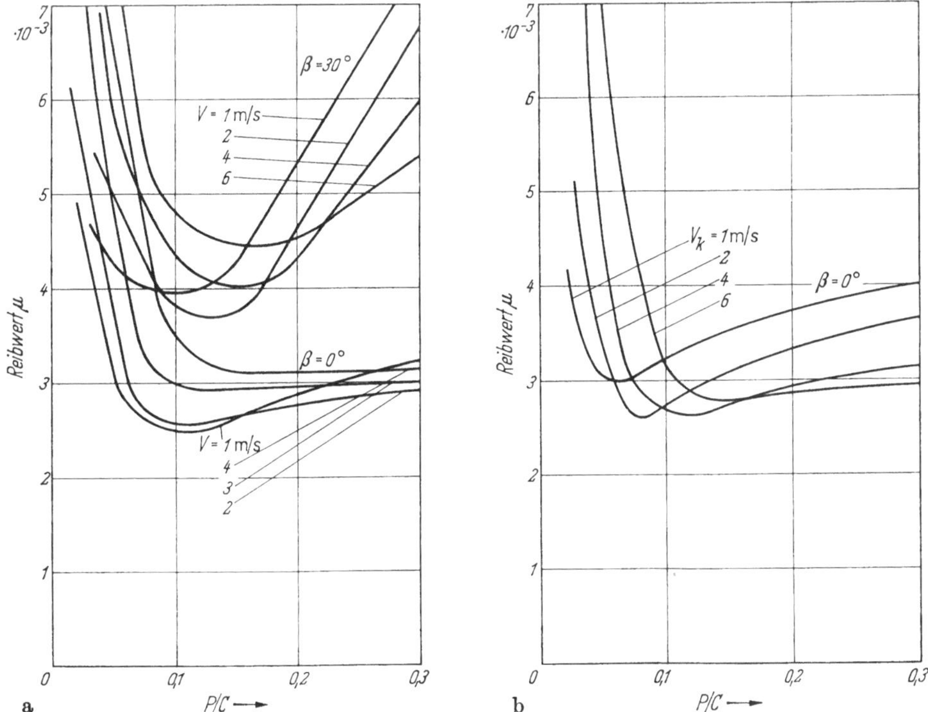

Abb. 76. a) Reibwert eines Pendelrollenlagers *22312 HLA;* b) Reibwert eines Pendelrollenlagers *21312.*

lagern und Schrägkugellagern sind nicht von Bedeutung, vor allem fallen sie wegen der hier verhältnismäßig kleinen Drehzahlen nicht ins Gewicht. Hinsichtlich ihres Reibungsverhaltens sind beide Lagerbauformen also praktisch gleichwertig. Daß dagegen die Kegelrollenlager bei gleicher Tragfähigkeit kleiner sind als Schrägkugellager, eine kleinere Radnabe zulassen und damit den Einbau einer Scheibenbremse erleichtern, ist hier ein wesentlicher Gesichtspunkt. Andererseits ist die

5a Eschmann, Wälzlager

Tatsache, daß Schrägkugellager wegen ihrer weicheren Federung unempfindlicher gegen Anstellfehler bei der Montage sind, bei der Beurteilung sicher wichtiger als der geringe Unterschied im Reibungsverhalten.

Ganz anders liegen die Verhältnisse bei den Lagern für die Antriebsritzel der Kraftwagen, weil hier die Axialkräfte mitunter die Radialkräfte übersteigen und die Lager damit in einem Lastwinkelbereich laufen, in dem die Reibwerte der in Frage kommenden Bauformen größere Unterschiede aufweisen. Außerdem laufen die Ritzellager mit höheren Drehzahlen als die Vorderradlager. Die Ritzel werden heute teils in Kegelrollenlagern, teils in Zylinderrollenlagern und Schrägkugellagern geführt. Zwei häufig benutzte Ausführungen sind in Abb. 77 und Abb. 78 schematisch einander gegenübergestellt. Bei diesen Anordnungen ergeben sich bei den Schräglagern Lastwinkel von 40° bis 60°, beim Zylinderrollenlager ein Last-

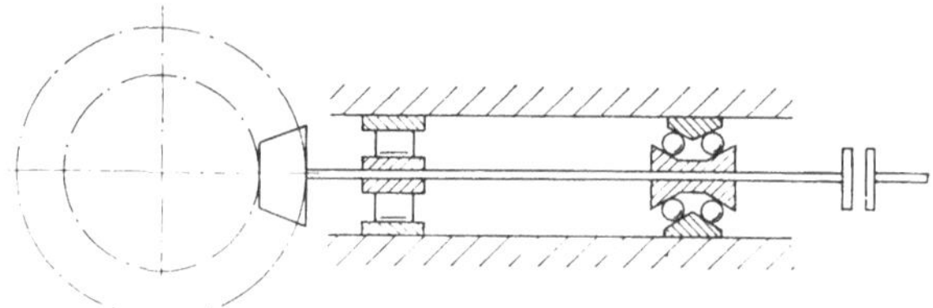

Abb. 77. Ritzellagerung mit Zylinderrollenlager und zweireihigem Schrägkugellager, schematisch.

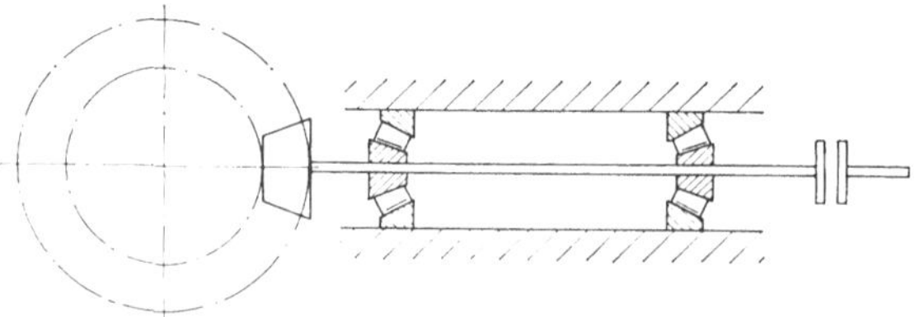

Abb. 78. Ritzellagerung mit zwei Kegelrollenlagern, schematisch.

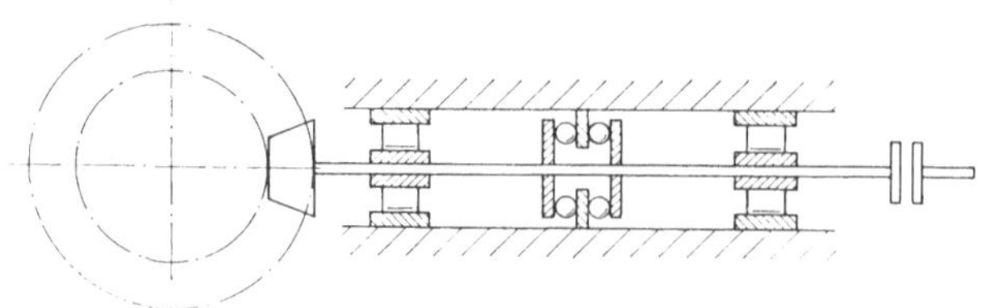

Abb. 79. Ritzellagerung mit zwei Zylinderrollenlagern und einem zweiseitig wirkenden Axial-Rillenkugellager, schematisch.

winkel von 0°. In dem gesamten in Frage kommenden Lastwinkelbereich sind die Reibwerte für die Schrägkugellager und Zylinderrollenlager wesentlich niedriger als die für die Kegelrollenlager. Allerdings reicht in manchen Fällen die Tragfähigkeit des Schrägkugellagers nicht aus, so daß Kegelrollenlager vorgesehen werden müssen. Wenn sich auch die höhere Reibung der Kegelrollenlager als Verlustleistung nicht störend auswirkt, führt sie doch zu einem stärkeren Verschleiß; dadurch wird bei einem Kegelrollenlager die Führungsgenauigkeit und Laufruhe erfahrungsgemäß eher beeinträchtigt als dies beim Schrägkugellager und bei dem Zylinderrollenlager der Fall ist.

Mit den wachsenden Forderungen (steigende Belastung und Drehzahl, höhere Führungsgenauigkeit), die insbesondere der Leichtbau an die Lagerung stellt, kommt man der Leistungsgrenze dieser beiden Konstruktionen immer näher. Im Hinblick auf das Reibungsverhalten bietet eine Kombination aus Zylinderrollenlagern und Axiallagern Möglichkeiten einer Leistungssteigerung (Abb. 79). Hierbei übernehmen die Zylinderrollenlager reine Radialbelastung, die Axiallager reine Axialbelastung; beide Lagerbauformen werden also in bezug auf die Werkstoffermüdung am günstigsten beansprucht. Die Reibwerte liegen bei dieser Kombination am niedrigsten, weil Lastwinkel und Druckwinkel übereinstimmen; mit der Reibung bleibt auch der Verschleiß bei einem Minimum. Ein weiterer Vorteil des günstigen Kraftflusses ist die geringere Federung oder, anders ausgedrückt, die größere Starrheit der Lagerung. Der gesamte Drehzahlbereich für Ritzellager läßt sich mit Axial-Kugellagern beherrschen, wenn sie mit einem Druckwinkel von 75° konstruiert werden.

Dieses Beispiel zeigt, wie durch sinnvolle konstruktive Maßnahmen der Kraftfluß innerhalb des Lagers beeinflußt werden kann, mit dem Ziel, günstige Verhältnisse zu schaffen für die Werkstoffbeanspruchung, die Federung, die Reibung und den Verschleiß.

Eine weitere Bestätigung für die Richtigkeit dieses Prinzips findet man auch, wenn man die Weiterentwicklung der Hauptspindeln von Werkzeugmaschinen betrachtet. Abb. 80 zeigt eine Drehspindellagerung, bei der die radialen und axialen Schnittkräfte an der Spindelnase durch die Kombination eines Kegel-

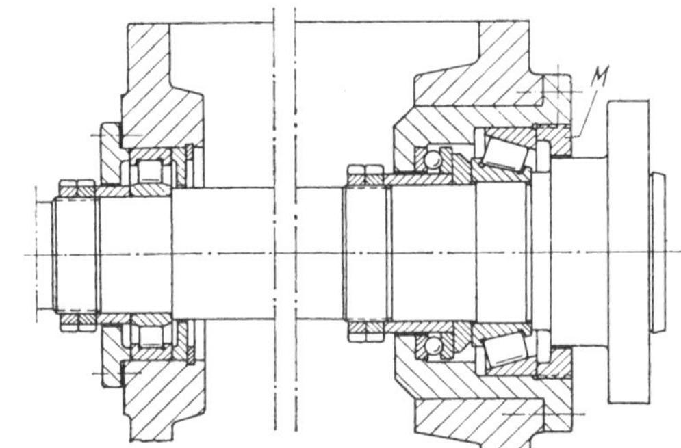

Abb. 80. Drehspindellagerung mit einer Kombination Kegelrollenlager/Axial-Rillenkugellager an der Spindelnase.

rollenlagers mit einem Axial-Rillenkugellager aufgenommen werden. Diese Konstruktion wurde früher häufig benutzt. Sie hatte den Vorteil, daß das günstigste Lagerspiel mit einer einzigen Mutter M beim Probelauf der Maschine einreguliert werden konnte. Die Anstellung war dabei durch die Temperatur begrenzt, die bei der maximalen Drehzahl nach einer gewissen Laufzeit nicht überschritten werden durfte. Höhere Schnittgeschwindigkeiten ließen sich mit dieser Konstruktion jedoch nicht mehr beherrschen. Die Entwicklung führte zu einer anderen Ausbildung der Lagerstelle, Abb. 81, bei der die Radialkräfte nur von Zylinderrollenlagern, die Axialkräfte nur von zwei Axial-Kugellagern aufgenommen werden. Bei jeder beliebigen Richtung der äußeren Schnittkräfte laufen also alle Lager im Bereich kleinster Reibung. In dem ganzen Lastwinkelbereich bleibt deshalb die Reibung der Lagergruppe gleichmäßig niedrig (vgl. die Kurve für die Kombination Zylinderrollenlager/Axial-Rillenkugellager im Diagramm Abb. 70). Auch bei hohen Drehzahlen bleibt diese Lagerung der Kombination Kegelrollenlager/Axial-Rillenkugellager überlegen. Die entstehende Reibungswärme ist in jedem Betriebs-

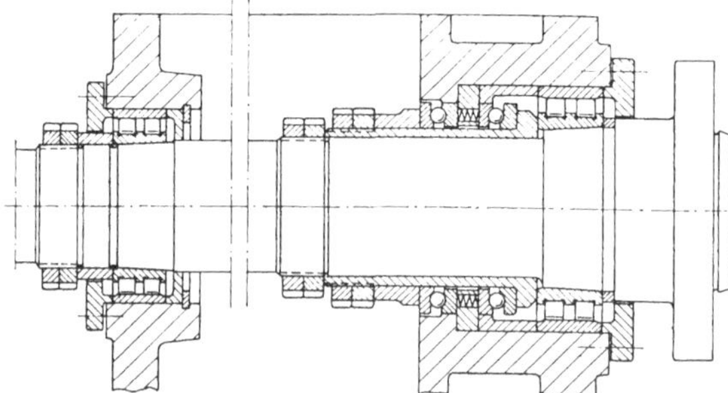

Abb. 81. Drehspindellagerung mit einem zweireihigen Zylinderrollenlager und einem Axial-Rillenkugellager-Paar an der Spindelnase.

zustand geringer. Man kann mit dieser Konstruktion also den Drehzahlbereich nach oben erweitern, ohne daß die Erwärmung des Spindelstockes im Hinblick auf die Arbeitsgenauigkeit der Werkzeugmaschine zu groß wird. Die hierbei verwendeten Axial-Kugellager erhalten einen Druckwinkel $\alpha < 90°$, um sie den höheren Drehzahlen anzupassen.

Auch dort, wo eine möglichst große Tragfähigkeit die Hauptforderung ist und deshalb für eine Einbaustelle nur Rollenlager in Betracht gezogen werden, kann das unterschiedliche Reibungsverhalten der verschiedenen Rollenlagerbauformen für die Lagerwahl entscheidend sein. An Lagerstellen mit ausreichender Fluchtgenauigkeit ist für den Fall reiner Radialbelastung das Zylinderrollenlager mit seiner geringsten Reibung die beste Lösung. Das Zylinderrollenlager ist auch ein ideales Loslager, weil es wegen seiner axialen Einstellbarkeit axiale Verspannkräfte innerhalb der gesamten Lagerung mit Sicherheit ausschließt, weshalb keine zusätzlichen Reibkräfte entstehen können. Auch bei geringen zusätzlichen Axialkräften bis zu einem Lastwinkel von etwa 20° bleibt der Reibwert des Zylinderrollenlagers noch in tragbaren Grenzen. Die Bewährung des Zylinderrollenlagers in diesem Lastwinkelbereich ist auf breiter Basis in Kraftfahrzeug-Schaltgetrieben nachgewiesen. Bei den Ankerwellen elektrischer Fahrmotoren entstehen durch die schrägverzahnten Abtriebsritzel ebenfalls gewisse Axialkräfte. Das Zylinderrollenlager ist seit langem das Standardlager solcher Fahrmotoren; die verhältnismäßig geringen axialen Belastungen werden auch bei der hier üblichen Fettschmierung des Zylinderrollenlagers betriebssicher aufgenommen.

Bei Rollenachslagern ist die Hauptbelastung fast während der gesamten Laufzeit radial gerichtet. Durch den Sinuslauf der Fahrzeuge entstehen kurzzeitige und periodisch auftretende axiale Zusatzbelastungen. Axialkräfte treten vorübergehend auch beim Durchfahren von Weichen und Gleisbögen auf. Bei diesen Bedingungen ändert sich der Lastwinkel von reiner Radialbelastung bis in den Bereich von $\beta \approx 20°$. Bei harten axialen Stößen kann der Lastwinkel momentan auch noch größere Werte erreichen. Die kurzfristige Erhöhung der Reibung bei solchen Axialbelastungen bleibt aber praktisch ohne Auswirkung auf die Funktionstüchtigkeit eines Rollenachslagers. In Millionen von Rollenachslagerungen wurden bisher Pendelrollenlager, Kegelrollenlager und Zylinderrollenlager eingebaut. Bis zu einem Lastwinkel von etwa 20° liegen die Reibwerte dieser Lagerbauformen niedrig. Geringe Unterschiede in der Lagerreibung werden durch die anderen Bewegungswiderstände im praktischen Fahrbetrieb weit überdeckt. Im Hinblick auf eine Zugkraftersparnis kann man also keiner der drei betrachteten Rollenlagerbauformen den Vorzug geben. Die geringere Reibung des Zylinderrollenlagers bei reiner Radiallast, wie sie im Fahrbetrieb vorherrscht, wirkt sich aber in einer geringeren Beanspruchung des Schmierfettes aus, d.h. die Nachschmierfristen können beim Zylinderrollenlager länger bemessen werden. Für die Wirtschaftlichkeit eines Fahrbetriebes ist dies bei dem heutigen Masseneinsatz von Rollenachslagern ein wichtiger Gesichtspunkt.

Das Pendelrollenlager hat bei reiner Radialbelastung und auch noch bei kleinen Lastwinkeln günstige Reibwerte, die allerdings über denen der Zylinderrollenlager liegen. Diese Unterschiede bekommen erst bei höheren Drehzahlen Bedeutung. Das kommt auch in den Richtwerten zum Ausdruck, die die Wälzlagerhersteller für die zulässigen Drehzahlen bei den verschiedenen Lagerbauformen angeben. Bei gleichen Einbaumaßen, gleicher Belastung und gleichen Schmierverhältnissen lassen sich mit Zylinderrollenlagern höhere Drehzahlen beherrschen als mit Pendelrollenlagern. Leistungssteigerungen werden heute in vielen Fällen auf dem Wege einer Drehzahlerhöhung angestrebt. Dabei kommt man z.B. bei Getrieben, Unwuchterregern, Mühlen und Aufbereitungsmaschinen oft an die Drehzahlgrenze für Pendelrollenlager. Hier bietet dann das Zylinderrollenlager wegen seines günstigen Reibungsverhaltens im Bereich reiner Radiallast die Möglichkeit, die Drehzahl zu erhöhen unter der Voraussetzung, daß die für Zylinderrollenlager notwendige höhere Fluchtgenauigkeit sichergestellt werden lann. Die Fortschritte in der Bearbeitungstechnik begünstigen diesen Übergang zu dem reibungsärmeren Zylinderrollenlager. Typisch dafür ist die Entwicklung im Bau schnellaufender Walzenstraßen, insbesondere Drahtstraßen. Die besonders hohen Walzgeschwindigkeiten in den Endgerüsten lassen sich am besten mit Zylinderrollenlagern beherrschen. Die Fertigungsgenauigkeit der Einbaustücke, in denen die Lager sitzen, ist in letzter Zeit erheblich verbessert worden, weil das Walzgerüst mehr und mehr zu einer Werkzeugmaschine wird.

Dort, wo unvermeidliche Fluchtfehler ausgeglichen werden müssen, ist das Pendelrollenlager die geeignetste Konstruktion. Dort hat man es aber auch meistens nicht mit hohen Drehzahlen zu tun, so daß die etwas größere Reibung des Pendelrollenlagers nicht stört.

Daß es durchaus sinnvoll sein kann, Pendelrollenlager sogar für nahezu rein axiale Belastung einzusetzen, beweisen die vielen Schiffsdrucklager, bei denen der Propellerschub und die von der Querführung der Propellerwelle herrührenden geringen Radialbelastungen in einem einzigen Pendelrollenlager aufgenommen werden. Das einstellbare und in beiden Richtungen axial belastbare Radial-Pendelrollenlager führt zur denkbar einfachsten Ausbildung des Drucklagergehäuses und auch zu einer einfachen Montage. Der verhältnismäßig hohe Reibwert des Pendelrollenlagers in dem bei Schiffsdrucklagern üblichen Lastwinkelbereich $\beta > 70°$ führt nicht zu einer unzulässigen Erwärmung, weil solche Drucklagerkonstruktionen nur bei kleinen und mittleren Propellerdrehzahlen und mäßigen Propellerschüben ($P/C = 0{,}05$) verwendet werden. Trotz der hohen Reibwerte bleiben deshalb die Lagerverlustleistung und die Reibungswärme in vertretbaren Grenzen.

Die Empfindlichkeit von Meßgeräten hängt sehr stark von dem Reibungswiderstand der eingebauten Wälzlager ab. Bei Pendelbremsdynamos wird das Rückstellmoment gemessen. Ihre Gehäuse werden in zwei Lagern drehbar abgestützt, wie dies Abb. 82 zeigt. Da die beiden Stützlager in getrennten Gehäusen untergebracht werden müssen, verwendet man Pendelkugellager, die kleine, unvermeidbare Fluchtfehler ausgleichen. Für die Empfindlichkeit dieser Momentenwaage ist der geringe Reibwert des Pendelkugellagers ein ent-

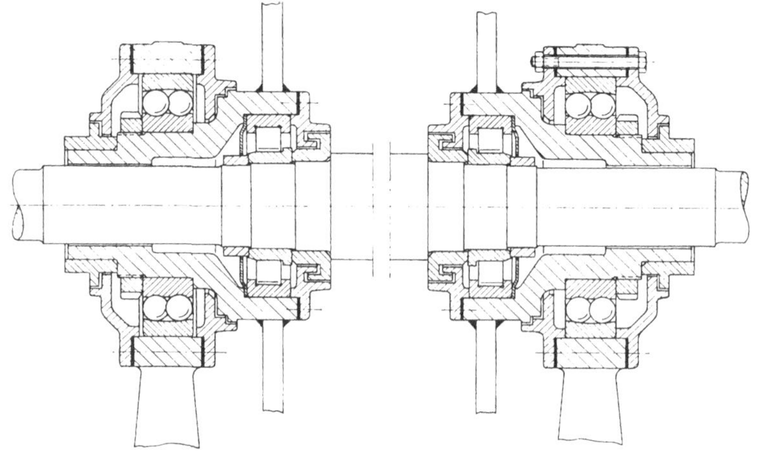

Abb. 82. Lagerung eines Pendel-Bremsdynamos.

scheidender Vorteil. Bei reiner Radiallast hat das Pendelkugellager, wie das Diagramm Abb. 70 zeigt, die geringste Reibung von allen Kugellagern. Die Größe der Lager ist durch die Gesamtkonstruktion vorgegeben. Die Lager sind in bezug auf die Belastung überdimensioniert. Mitunter werden deshalb die Pendelkugellager mit einer gegenüber der Normalausführung verringerten Kugelzahl ausgerüstet. Damit wird der lastunabhängige Anteil der Lagerreibung kleiner und die Summe aller Reibverluste in den Kontaktstellen geringer.

Aus den meisten der besprochenen Beispiele wird deutlich, daß die Kenntnis des Reibungsverhaltens der Wälzlager in der Hauptsache nicht deshalb von Bedeutung ist, weil es notwendig scheint, die Leistungsverluste noch weiter abzusenken. Die Kenntnis des Reibungsverhaltens gibt vielmehr wichtige Aufschlüsse über die unterschiedliche Eignung der verschiedenen Wälzlagerbauformen, wenn hohe Drehzahlen beherrscht werden sollen, wenn der Verschleiß die Gebrauchsdauer begrenzt oder wenn mit Rücksicht auf die Arbeitsgenauigkeit die Laufttemperaturen möglichst niedrig bleiben sollen. Ein gutes Reibverhalten liegt bei Lagerkonstruktionen und Belastungsverhältnissen vor, bei denen ein günstiger Kraftfluß zu niedrigen Wälzkörperbelastungen führt. Gerade dieser günstige Kraftfluß ist aber auch die Voraussetzung für eine geringe Werkstoffbeanspruchung und damit für eine lange Lebensdauer.

Bei alledem darf nicht übersehen werden, daß zum gesamten Bewegungswiderstand an einer Lagerstelle nicht allein die Reibung des Lagers und die

Schmierstoffwiderstände gehören, sondern auch die Reibung schleifender Dichtungen. Die Reibung stramm laufender Dichtelemente kann erfahrungsgemäß die Lager- und Schmierstoffreibung um ein Vielfaches übersteigen. Grobe Fehler führen zum Heißlauf; in den weniger krassen Fällen, die beim Einbau von Dichtungen gar nicht so selten vorkommen, wird die Reibung solcher Dichtelemente oft gar nicht erkannt oder beachtet, weil sie als Verlustleistung nicht störend in Erscheinung tritt. Es gibt aber Fälle, in denen die zusätzliche Reibung der Dichtelemente vermieden werden muß. Gedacht ist an Geräte, bei denen die Antriebsleistung in der Hauptsache zur Überwindung der inneren Bewegungswiderstände dient. Kreisel und Meßgeräte erhalten deshalb reibungsarme Dichtungen. Bei kleinen Elektromotoren überwiegt das Lager mit einer eingebauten Deckscheibe, die eine praktisch reibungsfreie Spaltdichtung bildet. Schleifende Dichtelemente werden grundsätzlich auch dort vermieden, wo hohe Umlaufgeschwindigkeiten vorliegen, weil die Reibungswärme der Dichtung stören würde. Dies ist z. B. der Fall bei allen schnellaufenden Werkzeugmaschinenspindeln, bei hochtourigen Triebwerken, bei Verseilmaschinen usw. Hier werden die Lager durch Spalt- oder Labyrinthdichtungen geschützt.

Verschleiß

Bei der Berechnung der Lebensdauer eines Wälzlagers wurde lange Zeit nur die Werkstoffermüdung in den Rollflächen der gehärteten Ringe und Wälzkörper in Betracht gezogen. So ist nach der ISO[1]-Empfehlung R 15 die Lebensdauer eines individuellen Lagers bestimmt durch die Gesamtzahl der Umdrehungen, die das Lager erträgt, bis an den Wälzkörpern und Ringen die ersten Ermüdungsschäden auftreten. Dabei gilt allerdings immer die Voraussetzung, daß das Lager einwandfrei eingebaut und gewartet ist. Ebenfalls nach der ISO-Empfehlung R 15 ist die sogenannte rechnerische Lebensdauer einer genügend großen Menge offensichtlich gleicher Lager durch die Anzahl Umdrehungen bestimmt, die 90% dieser Lagermenge erreichen oder überschreiten, bevor die ersten Anzeichen einer Werkstoffermüdung auftreten.

Die verschiedenen Methoden zur Berechnung dieser sogenannten rechnerischen Lebensdauer waren und sind auch heute noch die Grundlagen, nach denen die Größe eines Wälzlagers für eine bestimmte Belastung und Drehzahl ermittelt wird. Die Lager werden dabei in der Regel so dimensioniert, daß bei der Rechnung bestimmte Lebensdauerwerte angestrebt werden, für die in der Literatur und vor allem auch in den Listen der Wälzlagerhersteller Richtwerte angegeben werden. Sie liegen unterschiedlich hoch, je nach den Aufgaben, für die eine Maschine, ein Fahrzeug oder ein Gerät bestimmt ist.

Nun ist aber aus Betriebserfahrungen mit Wälzlagern an allen möglichen Einbaustellen schon lange bekannt, daß diese errechneten Laufzeiten in Wirklichkeit oft nicht erreicht werden. Dies wird auch dann festgestellt, wenn die Lager mit großer Sorgfalt eingebaut waren, wenn also vermeidbare Einbaufehler nicht vorlagen, wenn die Schmierung in Ordnung war und auch die Beanspruchung im Rahmen der Rechnung blieb. Nicht oder nicht genügend genau lassen sich in der Rechnung die Umweltbedingungen erfassen, die großen Einfluß auf die wirkliche

---

[1] International Organization for Standardization.

Laufzeit des Lagers haben. Allerdings werden Ausfälle, die früher, als sie aufgrund der Rechnung erwartet werden, auftreten, sehr oft nicht einmal als ein außergewöhnliches Versagen der Wälzlager gewertet, denn in vielen Fällen haben die Lager, vom Standpunkt der Wirtschaftlichkeit aus gesehen, ihre Aufgabe zufriedenstellend erfüllt. Daß beim Entwurf der Lagerung eine noch längere Laufzeit errechnet wurde, ist dort, wo solche Lager dann ausgewechselt werden, meistens gar nicht bekannt.

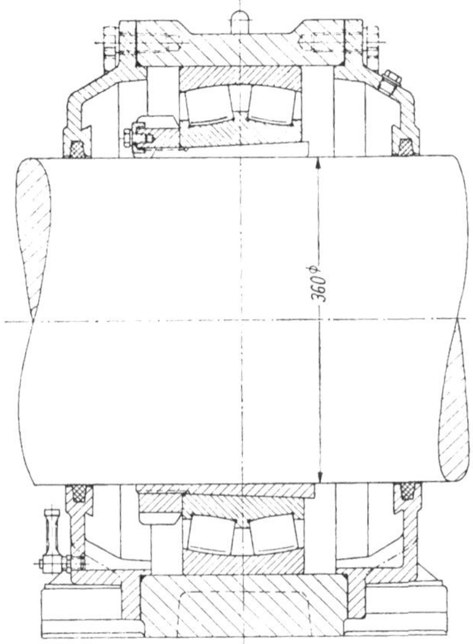

Abb. 83. Traglager einer Schiffspropellerwelle.

Für diesen Unterschied zwischon errechneter und tatsächlich erreichter Laufzeit lassen sich aus der Praxis genügend Beispiele anführen.

1. Die Propellerwellen von Schiffen werden vielfach in Pendelrollenlagern (Abb. 83) abgestützt. Die Belastung der Lager ist durch das anteilige Wellen- und Kupplungsgewicht gegeben; sie ist verhältnismäßig klein. Auch im Seegang treten keine wesentlichen Zusatzbelastungen auf, weil die Welle weniger formsteif als der Schiffskörper ist. Für einen Wellendurchmesser von 360 mm wird oft das Pendelrollenlager *239 76 K* mit Spannhülse (Tragzahl C = 150000 kp) verwendet. Mit einer Lagerbelastung von 3200 kp errechnet sich die Lebensdauer L nach der Formel

$$L = (C/P)^{10/3} = \left(\frac{150\,000}{3\,200}\right)^{10/3} \approx 370\,000 \cdot 10^6 \text{ Umdrehungen.}$$

Bei 125 Umdrehungen der Schiffswelle in der Minute und einer durchschnittlichen Laufzeit von 6000 Stunden im Jahr entsprechen 370000 Millionen Umdrehungen mehr als 8000 Jahren.

Die Rechnung führt hier zweifellos zu einem unsinnigen Ergebnis. Schiffslauflager dieser Größe, die rund 20 Jahre in Betrieb waren, zeigten an den Rollflächen, vor allem aber auch an den Gleit- und Führungsflächen des Käfigs, einen deutlichen Verschleiß. Die Lager waren zwar noch funktionstüchtig, es ließ sich aber leicht absehen, daß ihre Gesamtlaufzeit nur einen geringen Bruchteil der errechneten Laufzeit betragen kann. Dabei werden solche Lager, die für die Sicherheit des Schiffes von höchster Bedeutung sind, sorgfältig gewartet und geschmiert.

2. Eine statistische Auswertung an Rollenachslagern der Deutschen Bundesbahn [*58*] zeigt, daß von insgesamt 1156960 in Achslagern eingebauten Rollenlagern im Zeitraum von 14 Jahren 15220 Lager ausgefallen sind (1,31%), davon nur 3636 durch Ausbröckelungen am Innen- oder Außenring (0,31%). Die anderen Ausfälle gehen u. a. auf Korrosion an den Rollflächen zurück, die bei längeren Stillstandszeiten der Fahrzeuge kaum zu vermeiden ist. Dazu kommen Ausfälle durch schadhaft gewordene Käfige und Gewaltbrüche bei Entgleisungen usw.

Bei den Rollenachslagern brauchen Wartungsfehler wohl kaum in Betracht gezogen werden, weil der sorgfältige Unterhaltungsdienst bei der Deutschen Bundesbahn solche Ausfallursachen sehr stark einschränkt.

3. Für die 16 Pendelrollenlager (mit 200 mm Bohrung) eines großen Walzwerksgetriebes wurde beim Entwurf nach der Ermüdungsrechnung eine Lebensdauer von über 200 000 Stunden errechnet. Die Lager wurden im Betrieb durch eine Umlaufschmierung mit Ölfilterung einwandfrei geschmiert. Das Getriebe wurde in gewissen Zeitabständen untersucht, wobei eine allmähliche Vergrößerung des Radialspiels der Lager festgestellt wurde. Nach 72 000 Betriebsstunden hatte das Radialspiel der Lager um durchschnittlich 0,26 mm zugenommen. Zu diesem Zeitpunkt wurden dann sämtliche Lager ersetzt, weil sie die Getriebewelle nicht mehr genau genug führten. Dabei zeigte keines der Lager irgendwelche Ermüdungserscheinungen wie Pittings oder Ausbröckelungen. Trotz des Unterschiedes zwischen der tatsächlichen Laufzeit von 72 000 Stunden und dem Rechenwert von über 200 000 Stunden war die Betriebsleitung des Walzwerkes mit der Laufleistung so zufrieden, daß die ausgebauten Lager dem Lieferwerk für Ausstellungszwecke überlassen wurden.

4. Die Kugellager von schnellaufenden kleinen Innenschleifspindeln sind verhältnismäßig niedrig belastet; die Ermüdungsrechnung führt zu Werten von mehreren zehntausend Stunden Laufzeit. Im praktischen Betrieb aber bleiben die Lager nur wenige Monate voll einsatzfähig, weil ihre Rollflächen durch Verschleiß

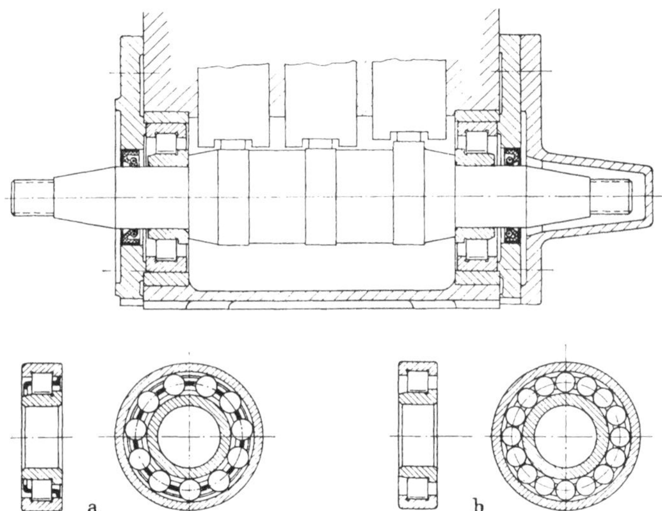

Abb. 84a u. b. Lagerung einer Einspritzpumpe.

rauh werden. Ein solcher Verschleiß spielt bei den meisten Einbaustellen der Wälzlager überhaupt keine Rolle. Bei einer Schleifspindel aber verursacht er ein schlechtes Schliffbild. Auch hier läßt sich die Wartung der mit Ölnebel geschmierten Lager kaum verbessern.

5. Bei einer Einspritzpumpe (Abb. 84) ergaben sich unbefriedigende Laufzeiten, weil wegen einer Erhöhung der Einspritzdrücke auch die Lager (Abb. 84a) höher belastet wurden und vorzeitig ermüdeten. Da der vorhandene Einbauraum

den Einbau größerer Lager nicht zuließ, wurden die Zylinderrollenlager bei gleichbleibenden Rollbahn- und Wälzkörperdurchmessern in der Weise verstärkt, daß man auf den Käfig verzichtete und den frei werdenden Raum mit zusätzlichen Rollen besetzte (Abb. 84b). Man ging also auf die sogenannte vollrollige Ausführung des Zylinderrollenlagers über, bei der die Rollen nicht mehr durch die Käfigstege voneinander getrennt werden, sondern sich gegenseitig berühren. Mit dieser Konstruktion ließ sich die Laufzeit der Lager wieder auf ein befriedigendes Maß erhöhen. Es stellte sich aber bereits bei den ersten Zwischenuntersuchungen heraus, daß die aneinander gleitenden Rollen sich wesentlich stärker abnutzten als die Rollen in einem Lager mit Käfig. In der Ermüdungsrechnung bringt die vollrollige Ausführung einen Gewinn an Tragfähigkeit. Der durch die Konstruktion bedingte stärkere Rollenverschleiß wird aber bei längeren Laufzeiten die Gebrauchsdauer des Lagers begrenzen.

6. In der Praxis gibt es zahlreiche Fälle, in denen die Lager mit sehr hohen Drehzahlen und entsprechend hohen Temperaturen laufen, aber nur kurzzeitig in Betrieb sind und dann für längere Zeiten stillgesetzt werden. Bei der Abkühlung kann sich auf den blanken Rollflächen Kondenswasser und damit Rost bilden, der im Lager schmirgelnd wirkt. Dadurch verschleißt das Lager, so daß die Führungsgenauigkeit beeinträchtigt wird; es muß ausgewechselt werden, bevor eine Werkstoffermüdung auftritt. Solche schädlichen Stillstandzeiten werden mit der konventionellen Ermüdungsrechnung aber nicht erfaßt. Die Ermüdungsrechnung gibt nur eine Anzahl von Umdrehungen an, ohne daß berücksichtigt wird, in welcher Zeit und unter welchen Umständen die Anzahl der Umdrehungen erreicht werden soll.

7. Bei einem Kraftfahrzeuggetriebe wurden an der gleichen Lagerstelle und unter gleichen Betriebsbedingungen ein Nadellager (Abb. 85a) und ein Zylinderrollenlager (Abb. 85b) verglichen. Trotz der etwas größeren Rollkörper im Zylinderrollenlager besteht in der radialen Tragzahl der beiden Lager kein entscheidender Unterschied. In der Konstruktion besteht aber ein Unterschied. Beim Zylinderrollenlager wird der Wälzkörpersatz in axialer Richtung zwischen gehärteten und geschliffenen Bordflächen geführt. Die geringen axialen Führungskräfte werden über die planen Stirnflächen der Rollen auf den Bord des Außenringes übertragen. Beim Nadellager gehen die axialen Führungskräfte von den Rollen auf den Käfig, der axial an den eingesetzten Schultern anläuft.

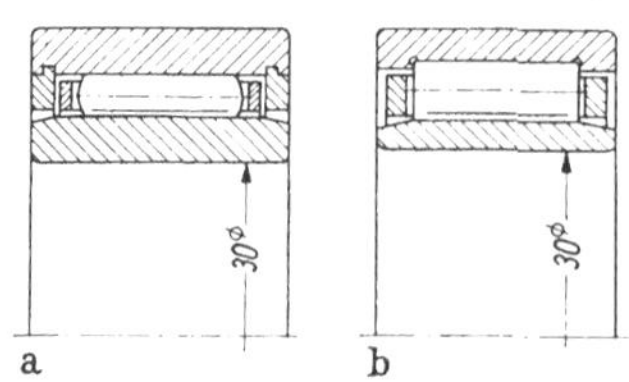

Abb. 85a u. b. Unterschiedliche Innenkonstruktion von Nadellager und Zylinderrollenlager.

In Versuchen wurde kein wesentlicher Unterschied im Ermüdungsverhalten der beiden Lager festgestellt. Bemerkenswert aber war das unterschiedliche Verhalten der Käfige. Feinwägungen ergaben, daß, umgerechnet auf eine Umdrehung, der Verschleiß am Käfig beim Nadellager $9{,}5 \cdot 10^{-10}$ und beim Zylinderrollenlager nur $0{,}23 \cdot 10^{-10}$ p betrug. Bei hohen Belastungen, also bei verhältnismäßig kurzen Ermüdungslaufzeiten, ist dieser Unterschied im Verschleiß von keiner großen Bedeutung. Bei langen Laufzeiten jedoch kann er die Funktionstüchtigkeit des Käfigs und damit des gesamten Lagers beeinträchtigen und die Gebrauchsdauer unter die durch die Ermüdung gezogene Grenze herunterdrücken.

8. Bei Drehbänken wird die Größe der Wälzlager nicht nach der Ermüdungsrechnung festgelegt, sondern sie ergibt sich aus dem Drehspindeldurchmesser. Bei den deswegen sehr reichlich dimensionierten Lagern errechnet sich eine Ermüdungslaufzeit, die in der Regel über 50 000 Stunden liegt. Abb. 86 zeigt die Innenringrollbahn eines Zylinderrollenlagers, das nach einer Gesamtlaufzeit von 20 000 Stunden aus einem Vierspindelautomaten ausgebaut und ersetzt wurde, weil die Arbeitsgenauigkeit der Spindel nicht mehr befriedigte. Die Aufnahme wurde mit einem Leitz-Forster-Gerät quer zur Laufbahn gemacht und zeigt, daß die eigentliche Rollbahn gegenüber dem nicht überrollten Teil des Innenringes verschlissen ist. Ebenso war natürlich auch ein Verschleiß der Außenringrollbahn und an den Rollen aufgetreten. Die gesamte Radialspielvergrößerung betrug 24 μm. Zwar könnte das vergrößerte Spiel wieder ausgeglichen werden durch axiales Nachstellen des Innenringes auf dem kegeligen Sitz. Nicht verbessern lassen sich dabei aber die durch den Verschleiß schlechter gewordenen Oberflächen der Rollbahnen. Auch hier wird also die Gebrauchsdauer des Lagers nicht durch die Werkstoffermüdung bestimmt, obwohl solche Lager einwandfrei geschmiert werden und ihre sorgfältige Wartung durch einen überdurchschnittlich guten Maschinendienst sichergestellt ist.

Die angeführten Beispiele sind keine Sonderfälle, sondern typische Standardfälle. Sie zeigen, daß es neben der Ermüdung noch andere Ausfallursachen für ein Wälzlager gibt und daß eine der Hauptursachen der Verschleiß ist. Sie zeigen weiter, daß dieser Verschleiß bei längeren Laufzeiten auch dann entsteht, wenn die Lager richtig eingebaut, gewartet und geschmiert werden.

Noch größere Bedeutung hat der Verschleiß als Ausfallursache dort, wo die Gefahr der Verschmutzung größer ist und auch dort, wo eine ordnungsgemäße Wartung und Schmierung der Lager nicht erwartet werden kann oder nicht die Regel ist. So laufen unter solchen ungünstigen Umweltbedingungen z. B. die Lager in

Landmaschinen	— Schmutz, keine Wartung, oft kein ausreichender Schutz gegen klimatische Einflüsse während der langen Stillstandszeiten
Fahrzeuggetrieben	— Verschmutzung der Lager durch Zahnradabrieb, bei hohen Zahndrücken chemisch aggressive Hochdruckschmiermittel, scharfer Temperaturwechsel
Förderbandrollen	— starker Schmutz und klimatische Einflüsse.

Schädlich sind vor allem Fremdkörper jeder Art, die in das Lager kommen und die Roll- und Gleitflächen angreifen. Die abgeriebenen Teilchen verstärken die Schmirgelwirkung. Bei Mangelschmierung oder verbrauchtem Schmiermittel entsteht ebenfalls Verschleiß. An korrodierten Roll- und Gleitflächen entsteht ein Abrieb, der im Lager bleibt und schmirgelnd wirkt. Solche Korrosionen entstehen nicht allein durch ätzende Flüssigkeiten und Dämpfe, sondern auch

Abb. 86. Profilschnitt von der Innenringrollbahn eines Zylinderrollenlagers.

durch Schwitzwasser, das sich im Lagerinnern bei starken Temperaturschwankungen bildet. Die Größe des Verschleißes hängt zweifellos in entscheidendem Maße von diesen Umweltbedingungen ab bzw. davon, wie gut ein Lager sich gegen solche schädlichen Einflüsse schützen läßt und wie sicher dieser Schutz während der gesamten Einsatzzeit erhalten bleibt.

Aber selbst wenn es gelänge, ein Lager unter idealen Verhältnissen in Betrieb zu halten, so bleibt trotzdem die Frage offen, ob es dann wirklich verschleißlos läuft. Diese Frage soll zunächst einmal untersucht werden. Es liegt dabei nahe, das Reibungsverhalten des Wälzlagers zu betrachten. Wie auf S. 61 dargelegt ist, setzt sich der gesamte Reibungswiderstand, der in einem Wälzlager auftritt, zusammen

1. aus der durch die Hysteresis des elastischen Werkstoffes bedingten Rollreibung;

2. aus den Gleitbewegungen in der Kontaktfläche, die durch die unterschiedliche elastische Verformung der aufeinander abrollenden Körper entstehen;

3. aus der sogenannten Bohrreibung;

4. aus der Reibung zwischen Rollenstirnflächen und Bord;

5. aus der Reibung an den Gleitflächen des Käfigs;

6. aus dem Widerstand, den der Schmierstoff der Bewegung der Lagerteile entgegensetzt.

Dabei kann vorausgesetzt werden, daß die Reibungsanteile *1* und *6* sicher zu keinem Verschleiß an den Gleit- und Rollflächen führen. Anders steht es aber mit den Anteilen *2* bis *5*. Im Schrifttum findet sich eine Reihe von Arbeiten, die sich mit diesen verschiedenen Arten der Roll- und Gleitreibung befassen (vgl. S. 62ff.). Bei den theoretischen Untersuchungen müssen die Ansätze mit vereinfachenden Annäherungen gemacht werden, um das Problem überhaupt rechnerisch behandeln zu können. Die experimentellen Untersuchungen werden dadurch erschwert, daß eine Vielzahl variabler Faktoren die Reibung beeinflußt. Die Versuche müssen deshalb immer unter stark vereinfachten Bedingungen durchgeführt werden, weshalb das Ergebnis nur mit Einschränkung zur Beurteilung der in der Praxis wirklich gegebenen Verhältnisse herangezogen werden darf. Zudem befassen sich diese Arbeiten in erster Linie mit der Reibung und bringen zu dem Verschleiß keine ausreichenden quantitativen Angaben. Man kann in der nächsten Zeit wohl kaum eine erschöpfende Lösung dieses Fragenkomplexes erwarten. Immerhin findet sich aber im Schrifttum als Ergebnis theoretischer und experimenteller Untersuchungen eine Reihe von Feststellungen, die sich im grundsätzlichen mit den Erfahrungen, die in der Praxis auf breiter Basis gemacht wurden, decken und die auch sonst gut in den Rahmen der Vorstellungen über den Verschleiß passen.

Zu 2 und 3. In den Flächen, in denen die Wälzkörper die Rollbahnen der Laufringe berühren, entstehen Gleitbewegungen. Diese Feststellung gilt für die Gleitverhältnisse in der Kontaktfläche, soweit sie nach *2* durch die unterschiedliche elastische Verformung von Rollkörpern und Laufringrollbahn bedingt sind oder nach *3* mit der Bohrreibung zusammenhängen. Der Reibwert dieser Bewegung wird im Schrifttum in unterschiedlicher Größe angegeben, und zwar für die üblichen Belastungen mit 0,04 bis über 0,1 [*33, 35, 60, 64*]. Dieser Reibwert weist auf Mischreibung hin. Nur bei gering belasteten Lagern und größeren Werten für die Viskosität und Drehzahl kann sich eine hydrodynamische Schmierung einstellen. Daß in den Kontaktflächen zwischen Wälzkörpern und Laufringen mindestens zeitweise Mischreibungsverhältnisse bestehen, darf man wohl auch daraus schließen, daß sich, vor allem bei den Wälzlagerringen, schon nach kurzer Laufzeit eine Laufspur erkennen läßt, die sich von den nicht überrollten Nachbargebieten unterscheidet. Für den häufigen Zustand der Mischreibung sprechen auch die Feststellungen auf S. 64. Die stets wiederholte Behauptung, daß das Wälzlager bis zur vollen Betriebsfähigkeit keinen Einlaufvorgang notwendig habe, steht dazu nicht im Widerspruch. Denn die Praxis beweist, daß richtig eingebaute und angestellte Wälzlager bei einwandfreier Schmierung sofort mit der vollen Drehzahl und Belastung in Betrieb genommen werden können. Auch wenn sich geringe Veränderungen an den Roll und Gleitflächen ergeben, so sind sie jedenfalls zur Erzielung günstigster Roll- oder Gleitverhältnisse nicht notwendig, wie es sonst bei einem Einlaufvorgang der Fall ist. Durch radiometrische Untersuchungen [12] konnte nachgewiesen werden, daß tatsächlich von Anfang an ein gewisser Verschleiß an den Roll- und Gleitflächen des Lagers auftritt, der allerdings so gering ist, daß ihm praktisch keine Bedeutung zukommt.

So wurden Schrägkugellager *7208* (40 mm Bohrungsdurchmesser) und Schulterkugellager *E 20* (20 mm Bohrungsdurchmesser) — jeweils allerdings nur ein Lagerteil, d.h. Außenring, Innenring oder Wälzkörpersatz — in einem Atomreaktor aktiviert. Solche Lager liefen dann in einem Spezialprüfstand unter reiner Axiallast. Die Lager wurden mit Fett oder Öl geschmiert, wobei besonders Wert darauf gelegt werden mußte, daß während der gesamten Laufzeit kein Schmiermittel aus dem Gehäuse ausfließen konnte. Der während des Laufes entstehende Abrieb setzte sich teilweise im Lager oder im Gehäuse fest, teilweise im Schmiermittel. Nach beendetem Versuchslauf wurden Lager und Gehäuse sorgfältig ausgewaschen. Der sowohl im Waschmittel als auch im Schmiermittel enthaltene Abrieb konnte dann bezüglich seiner Strahlungsintensität gemessen und in Gewichtseinheiten umgerechnet werden. Es zeigt sich dabei, daß der aus einer Vielzahl von unter gleichen Betriebsbedingungen gewonnenen Meßwerten ermittelte mittlere Verschleiß V etwa in der Form

$$V = at^b$$

von der Laufzeit t (in Stunden) abhängt, wobei a und b Konstanten sind. Bei den Schulterkugellagern *E 20*, die bei einer Drehzahl von 10000 U/min mit 100 kp axial belastet waren, lag a in der Größenordnung von 20, wenn V in μp (Millionstel Pond) gemessen wird. Die Größe von b lag zwischen 0,1 und 0,25. Weiterhin war zu erkennen, daß unter den genannten Betriebsbedingungen der Verschleiß am Innenring etwa doppelt so groß war wie am Außenring. Aus der Form der Zeitabhängigkeit des Verschleißes erkennt man, daß es sich hierbei um einen typischen Einlaufvorgang handelt, bei dem der Verschleiß allerdings so klein ist, daß er bisher nur radiometrisch gemessen werden konnte.

Es liegt nahe, die Gleitbewegungen in den Kontaktflächen — soweit sie sich im Gebiet der Mischreibung abspielen — als Ursache für einen Verschleiß anzusehen. Der Zusammenhang zwischen der Größe der Gleitbewegungen in der Kontaktfläche und dem Verschleiß läßt sich quantitativ an einer Wälzpaarung nachweisen, bei der besonders ungünstige Abwälzverhältnisse vorliegen. Es handelt sich um eine Kupplung, die im Prinzip der Abb. 87 entspricht. Diese Kupplung ist aufgebaut wie ein zweiseitig wirkendes Axial-Rollenlager, dessen beide Wälzkörperreihen von Federelementen unter einer gewissen Vorspannung gehalten werden.

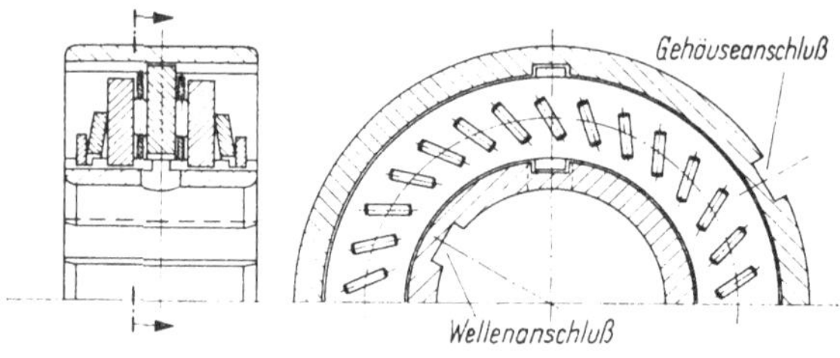

Abb. 87. Rollkupplung (DBP 1 064 352).

Jeder Rollensatz ist in einem Käfig gehalten; die Drehachse der Rollen ist zum Radialstrahl geneigt. Dadurch ergibt sich in allen Kontaktstellen ein erhöhter Bewegungswiderstand. Diese Kupplung wurde als Versuchsobjekt benutzt, wobei der Winkel, unter dem die Rollenachsen zum Radialstrahl angeordnet sind, bei 0°, 10° und 30° lag. Gemessen wurden der Reibungswiderstand und der Verschleiß an den Rollen und an den Laufscheiben. Nachdem eine Durchmessermessung an den Rollen bei den verhältnismäßig kurzen Prüfläufen und wegen der Toleranzen innerhalb der Rollensätze keine sicheren Ergebnisse brachte, wurde später jeder Rollensatz vor und nach dem Prüflauf gewogen. Abb. 88, 89 und 90 zeigen, daß mit der Schrägstellung und mit der Größe der Gleitbewegungen in den Kontaktflächen nicht nur der Reibungsbeiwert, sondern auch der Verschleiß größer wird.

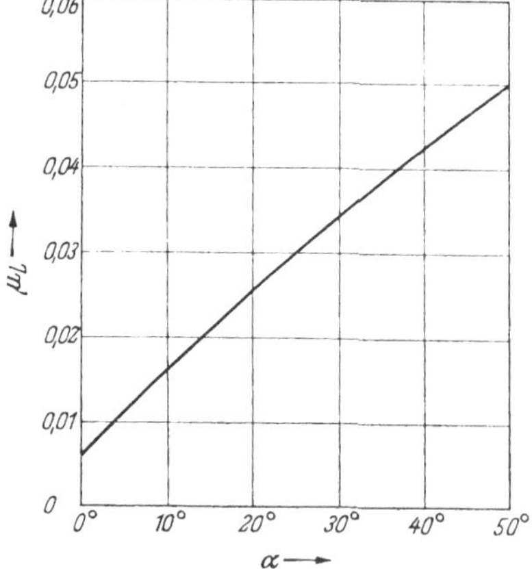

Abb. 88. Reibungsbeiwert der Kupplung nach Abb. 87 in Abhängigkeit vom Schränkwinkel der Rollen.

Zu 4. Auf S. 63 ist der Begriff der Bordreibung bei Rollenlagern erläutert. Danach kann schon beim Zylinderrollenlager die Bordreibung im Verhältnis zur Gesamtreibung beträchtlich sein. Eine noch größere Bedeutung hat aber die Bord-

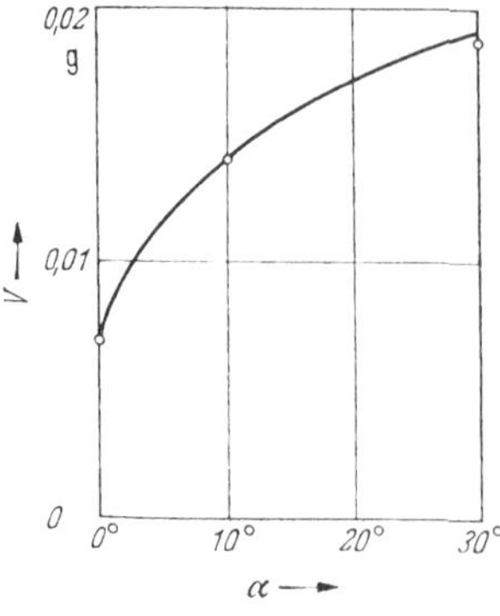

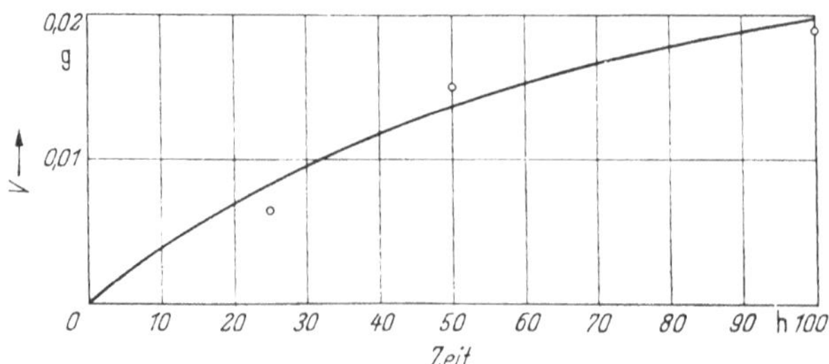

Abb. 90. Verschleiß der Rollen einer Kupplung nach Abb. 87 (Schränkwinkel 30°) in Abhängigkeit von der Laufzeit.

Abb. 89. Verschleiß der Rollen einer Kupplung nach Abb. 87 in Abhängigkeit von dem Schränkwinkel.

reibung bei den Kegelrollenlagern. Die an der Rollenstirnfläche wirksamen Kräfte stehen wegen des Kegelwinkels der Rollen in einem bestimmten Verhältnis zu den an der Mantelfläche der Rolle angreifenden Normalkräften. Die Reibungskräfte, die bei der Relativbewegung zwischen Rollenstirn- und Bordseitenflächen entstehen, hängen weiterhin ab von Form, Größe und Oberflächenbeschaffenheit dieser Berührstellen. Es ist das Ziel, hier solche Verhältnisse zu schaffen, daß sich im Betrieb ein Schmierfilm aufbauen kann, der einen metallischen Kontakt so gut wie irgend möglich verhindert. Nun sind aber die Voraussetzungen für den Aufbau und die Erhaltung eines Schmierfilms an dieser Stelle nicht besonders günstig, so daß auch hier mit Mischreibung gerechnet werden muß. In bezug auf den Verschleiß kommt der Mischreibung am Bord eine größere Bedeutung zu als in den Rollflächen, weil die Gleitwege auf der Stirnfläche der Rollen wesentlich größer sind als in der Kontaktfläche von Rollenmantel und Rollbahn. Daß die Verhältnisse am Bord ungünstiger sind als auf der Rollbahn, darf man auch daraus schließen, daß ein überlastetes oder zu stark vorgespanntes Kegelrollenlager immer zuerst an den Berührstellen zwischen Rollenstirn und Bord heißläuft und frißt. Hier darf man das Fressen wohl als katastrophalen Ausgang eines Verschleißvorganges ansehen.

Zu 5. Der Wälzlagerkäfig verschleißt an seinen Gleitflächen. Ist der Käfig auf den Wälzkörpern geführt, so sind die Wände der Käfigtaschen Gleitflächen. Bei manchen Lagern wird der Käfig auf den Schultern eines der beiden Laufringe geführt, wodurch dann weitere Gleitflächen hinzukommen. Der Käfig soll eigentlich nur die Aufgaben haben, die Wälzkörper im Abstand zu halten und den Wälzkörpersatz bei auseinandernehmbaren Lagern während der Montage zusammenzuhalten. Daher werden im Normalfall die Gleitflächen nur gering belastet. Allenfalls bei einer hohen Anfahrbeschleunigung oder bei einem schnellen Wechsel der Drehrichtung können größere Kräfte in den Gleitflächen auftreten. Andererseits kann der Käfig aus konstruktiven Gründen nicht immer so ausgebildet werden, daß in schmiertechnischer Hinsicht günstige Verhältnisse für die Relativbewegung in den Gleitflächen gegeben sind. Besonders bei Fettschmierung ist der Zustand der Mischreibung oft unvermeidbar, weshalb mit einem allmählichen Verschleiß in den Gleitflächen gerechnet werden muß. Solange die Kräfte klein bleiben, bleibt auch der Verschleiß in erträglichen Grenzen. Jedenfalls führt er in der Regel nicht zu einem Ausfall des Käfigs und damit des Lagers; der Abrieb, der im Lager bleibt, wirkt aber schmirgelnd.

Man sollte Rollenlager so konstruieren, daß der Käfig nicht zusätzlich die Aufgabe hat, das Schränken der Rollen zu verhindern, — wenn sie z.B. aus der entlasteten Zone in die Druckzone eingeführt werden — weil sonst erhebliche Kräfte in den Gleitflächen entstehen können. Bei Mischreibung in den Käfigtaschen kann es dann zu einem Verschleiß kommen, durch den sich die Form der Gleitflächen verändert. Mit den ungenauer werdenden Führungsflächen werden die Führungskräfte immer größer. Damit nimmt wiederum der Verschleiß zu. In extremen Fällen kann der Käfig durch Verschleiß so geschwächt werden, daß er bricht.

Zu 6. Die Widerstände, die in einem Wälzlager dadurch entstehen, daß der Schmierstoff von den umlaufenden Wälzkörpern durchgewalkt wird, können sehr groß werden, wenn sich bei hohen Umlaufgeschwindigkeiten zuviel Schmierstoff im Lager befindet. Unter Umständen tritt dadurch sogar ein Heißlauf ein. Im Normalfall ist aber der Anteil der Schmierstoffreibung an der Gesamtreibung des Lagers gering. Natürlich führt diese Art der Schmierstoffreibung zu keinem Verschleiß.

Zusammenfassend kann man also sagen, daß beim Wälzlager an den Berührstellen zwischen Rollen und Laufringen und Käfig der Zustand der Mischreibung und damit Verschleiß oft nicht vermeidbar ist. Von dem gesamten Reibungswiderstand eines Wälzlagers ist der Anteil, der von der Mischreibung in den Kontaktflächen herkommt, sicher der größte. Die Reibungsanteile nach Ziffer *2, 3, 4* und *5* machen also den größten Teil des gesamten Laufwiderstandes eines nicht überschmierten Lagers aus. Der gesamte Laufwiderstand ist — vergleichbare Laufbedingungen vorausgesetzt — bei den verschiedenen Lagerbauarten wegen ihrer unterschiedlichen Kraft- und Bewegungsverhältnisse verschieden groß. Die in Abb. 70 bis 76 angegebenen Reibwerte geben damit auch einen Anhaltspunkt für den Vergleich der „Verschleißneigung" der verschiedenen Wälzlagerbauarten.

Bei guten Schmier- und Abdichtverhältnissen bleibt der Verschleiß so klein, daß er die Laufeigenschaften der Lager auf lange Zeit hin nicht merklich beeinträchtigt. Auch die unterschiedliche Verschleißneigung der einzelnen Lagerbauformen spielt dann keine entscheidende Rolle, wenn man die Fälle außer Betracht läßt, bei denen eine hohe Führungsgenauigkeit verlangt wird. Solche Laufbedingungen sind in der Praxis aber nicht die Regel. Schmutz und Korrosion vervielfachen den Verschleiß; dabei spielen dann auch Unterschiede in der Bauform der Lager und in ihren Bewegungsverhältnissen eine Rolle.

Die Größe des Verschleißes der Wälzlager im praktischen Einsatz

Außer den auf S. 80 gebrachten Beispielen zeigen Erfahrungen an vielen Einbaustellen, daß Wälzlager durch Verschleiß funktionsuntüchtig werden, bevor ihre Ringe und Wälzkörper ermüden. Es ist deshalb sehr erwünscht, die Laufzeit eines Wälzlagers auch im Hinblick auf diese offensichtlich wichtige Ausfallursache im voraus abschätzen zu können. Dazu müßte man wissen, welcher Zusammenhang zwischen dem Verschleiß und der Laufzeit besteht bei den unterschiedlichen Umweltbedingungen, unter denen Wälzlager in der Praxis laufen.

Man könnte daran denken, diese Zusammenhänge auf Prüfständen zu untersuchen. Tatsächlich ist aber der Prüfstand in diesem Fall kaum dazu geeignet, eine Grundlage zu finden, nach der sich der Einbaufall in der Praxis beurteilen läßt. Wollte man den Versuch bei sehr günstigen Betriebsbedingungen (die Lager sind gut gegen Schmutz und Korrosion geschützt und laufen einwandfrei geschmiert bei mäßigen Drehzahlen und Belastungen) durchführen, dann würden Jahrzehnte vergehen, bis an den Roll- und Gleitflächen ein Verschleiß auftritt, der die Laufgüte des Lagers merklich beeinträchtigt. Erst bei weniger guten Betriebsverhältnissen, so, wie sie in der Praxis häufig vorkommen, tritt bei kürzeren Laufzeiten ein störender Verschleiß auf. Solche Betriebsverhältnisse lassen sich aber auf Prüfständen kaum so nachahmen, daß sie wirklich praxisnahe sind. Denn die verschleißfördernden Einflüsse treten in der Praxis an den vielen Wälzlagereinbaustellen in einer solchen Mannigfaltigkeit auf, was ihre Art, Größe und Wirkungsdauer angeht, daß unübersehbar viele Versuchsvarianten gefahren werden müßten. Es besteht daher wenig Aussicht, durch Prüfstandsversuche dieses Problem auch nur einigermaßen befriedigend und mit einem erträglichen Aufwand an Zeit und Versuchseinrichtungen zu lösen.

Bei dem entscheidenden Einfluß der Umweltbedingungen erscheint es viel aussichtsreicher, solche Verschleißuntersuchungen an Wälzlagern durchzuführen, die im praktischen Einsatz laufen oder gelaufen sind. Man verfügt damit über eine sehr breite Basis, auf der nicht nur repräsentative Wälzlagerkollektive sondern auch für typische Einbaustellen repräsentative Laufbedingungen erfaßt werden können. Die Untersuchung kann sich auf Lager aller Bauarten und Größen, aber auch auf Lager verschiedener Herkunft erstrecken [15]. Dabei gewinnt man neue Kenntnisse über den Einfluß des Schmierstoffes (z. B. aktivierter Öle) und über die Wirksamkeit der unterschiedlichen Dichtungen, die Wälzlager vor Verschmutzung schützen sollen. Darüber hinaus zeigen solche Untersuchungen, daß längere Stillstandszeiten, wie sie bei manchen Fahrzeugen oder Geräten und Maschinen üblich und unvermeidbar sind, den Lagerverschleiß fördern, weil in den Betriebspausen Korrosion an den Rollflächen auftritt. Bei Getrieben, vor allem bei den spezifisch hochbelasteten Fahrzeuggetrieben, wirkt der Abrieb an den Zahnflanken, der mit dem Schmieröl in die Lager gelangt, dort verschleißfördernd. Auch dieser wichtige Einfluß wurde erst durch Untersuchungen in der Praxis in seiner ganzen Bedeutung erkannt.

Bis jetzt wurden über 7000 Wälzlager untersucht, die zum Teil bis nahezu 30 Jahre in Betrieb waren. Es handelte sich dabei um Lager aus folgenden Maschinen, Fahrzeugen und Geräten:

große Walzwerksgetriebe	Kurbelwellen von Zweitakt-Otto-Motoren
Kammwalzgerüste	kleine Elektromotoren
andere große Getriebe	mittlere Elektromotoren
kleinere und mittlere Universalgetriebe	große Elektromotoren
Walzgerüste kontinuierl. Warmbandstraßen	Getriebe aus Schienenomnibussen
Papiermaschinen	PKW-Schaltgetriebe
Großlüfter	PKW-Hinterachsantriebe
Seilscheiben von Fördergerüsten	Fahrmotoren elektrischer Lokomotiven
Unwuchterreger	Lauf- u. Treibachsen von Vollbahnfahrzg.
Ringwalzenpressen für Braunkohlenbriketts	Propellerwellen von Schiffen
Drehbänke und Drehautomaten	Eisenbahndrehscheibe
kleine Innenschleifspindeln	Schaufelradwelle eines Großbaggers
Schleudergußmaschinen	Förderbandrollen

Die Radialspielvergrößerung als Maßstab für den Verschleiß

Bei der Beurteilung der Funktionstüchtigkeit des Wälzlagers muß beachtet werden, daß sich durch einen Verschleiß der Rollflächen das ursprüngliche Spiel des Lagers allmählich vergrößert. Die dadurch geringer werdende Führungsgenauigkeit beeinträchtigt die Laufeigenschaften des Lagers. Mit dem größer werdenden Spiel nimmt ganz allgemein die Laufruhe ab. Das Laufgeräusch wird allmählich größer. Werkzeugmaschinenspindeln laufen ungenauer. Bei Getrieben werden die Eingriffsverhältnisse an den Zahnflanken schlechter — mit allen sich daraus ergebenden Nachteilen. Auch die Druckverteilung auf die Rollkörper wird ungünstiger, weil im Querlager mit größer werdendem Spiel sich die Belastung immer stärker auf die Wälzkörper in der Scheitelzone konzentriert. Es liegt daher nahe, diese Veränderung des Lagerspiels wegen ihrer entscheidenden Folgen als Maßstab für den Verschleiß zu wählen.

Bei den betrachteten Lagern wurde daher die Radialspielvergrößerung ermittelt, die gegenüber dem ursprünglichen Einbauzustand aufgetreten war. Bei den axial anstellbaren Schrägkugellagern und Kegelrollenlagern ist die Messung des Verschleißes schwieriger, weil es bei dem Einzellager ein Radialspiel im eigentlichen Sinne nicht gibt. Bei Kegelrollenlagern, die an bestimmten Einbaustellen mit einer gewissen Vorspannung eingebaut waren, konnte der Verschleiß aus der Abnahme dieser Vorspannung bzw. aus dem Axialspiel, das sich im Laufe des Betriebes ergeben hatte, durch Umrechnung ermittelt werden. Mitunter wurde auch die Profilveränderung, die durch den Verschleiß der Rollbahnen eingetreten war, durch Tastschriebe bestimmt. Um Zufälligkeiten auszuschalten, wurden nach Möglichkeit größere Mengen gleicher Lager erfaßt und die Verschleißwerte gemittelt.

Bei größeren Lagern lagen sehr oft die Meßberichte von der Erstmontage noch vor, in denen das ursprüngliche Lagerspiel festgehalten war. Bei kleineren Lagern, die z.B. in Kraftfahrzeugen serienmäßig eingebaut waren, wurde der Mittelwert des für das Radialspiel vorgeschriebenen Toleranzfeldes mit dem mittleren Radialspiel verglichen, das an einer größeren Menge ausgebauter Lager gemessen worden war. Da bei längeren Laufzeiten durch eine Alterung des Werkstoffes mitunter geringe Maßänderungen auftreten, wurden bei den ausgebauten Lagern in jedem Fall die Istmaße von Bohrungs- und Manteldurchmesser kontrolliert und Veränderungen entsprechend berücksichtigt. Bei der Auswertung wurden alle Lager ausgeschieden, die im Vergleich zu anderen Lagern des Kollektives einen übermäßig großen Verschleiß zeigten. Denn in diesen Fällen mußte man grobe Einbau- und Abdichtungsfehler vermuten, die aus dem Rahmen fallen und nicht verallgemeinert werden dürfen.

Ein gewisser Käfigverschleiß ist bei jedem Lager, das eine längere Zeit gelaufen ist, festzustellen. Er wurde bei diesen Untersuchungen jedoch nicht ausgewertet, da man die Beeinträchtigung der Funktionstüchtigkeit des Käfigs heute noch nicht in einen zahlenmäßigen Zusammenhang mit dem Verschleiß bringen kann. Es gibt zweifellos Fälle, in denen ein Käfig infolge eines sehr starken Verschleißes bricht. Bei schnellaufenden Lagern kann der Käfigverschleiß auch zu einer unzulässigen Laufunruhe führen. Heute können aber solche verhältnismäßig selten vorkommenden Fälle noch nicht in Betracht gezogen werden.

Bei der Auswertung wurde der als Radialspielvergrößerung gemessene Verschleiß V in den Verschleißfaktor f_v umgerechnet, um Lager verschiedener Größe miteinander vergleichen zu können, und zwar nach der Beziehung

$$f_v = \frac{V}{e_0},$$

wobei e_0 eine von der Lagerbohrung abhängige Konstante ist (Abb. 91).

Die in dieser Weise gewonnenen Verschleißfaktoren f_v sind in Abb. 92 über der Laufzeit in Stunden eingetragen. Jeder Punkt stellt die gemittelten Verschleißwerte einer Gruppe von Lagern gleicher Größe und Bauform dar, die entweder in ein und derselben Maschine oder in verschiedenen Maschinen eines Baumusters dieselbe Laufzeit erreicht hatten. Das Diagramm, in dem mehr als 7000 Lager erfaßt sind, läßt folgendes erkennen:

Die Punkte, die auf der Abszisse liegen, entsprechen Lagern, bei denen mit den heute gebräuchlichen Werkstattgeräten eine Radialspielvergrößerung nicht festgestellt werden konnte. Die Behauptung, daß Wälzlager bei günstigen Betriebs-

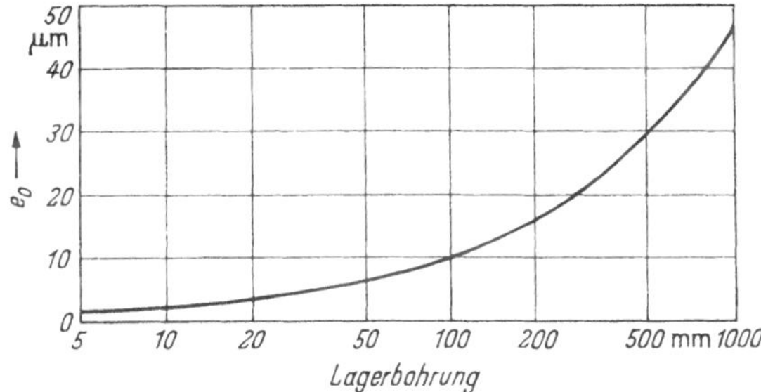

Abb. 91. e_0 in Abhängigkeit vom Bohrungsdurchmesser.

bedingungen *praktisch* verschleißlos laufen, ist damit mindestens für eine Laufzeit bis etwa 50000 Stunden bestätigt. Es ist sogar denkbar, daß bei der weiteren Untersuchung noch Lager gefunden werden, die eine noch längere Laufzeit hinter sich haben, ohne daß ein meßbarer Verschleiß vorliegt. Die Feststellung, daß bei Wälz-

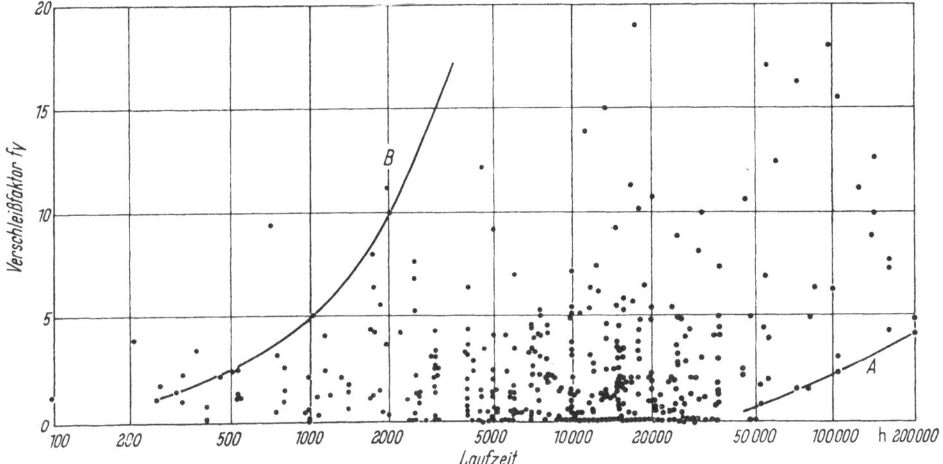

Abb. 92. Ergebnis der Verschleißmessungen an über 7000 Lagern.

lagern sofort nach ihrer Inbetriebnahme ein Verschleißvorgang beginnt (vgl. S. 85), steht damit nicht im Widerspruch. Nur entwickelt sich unter günstigen Laufbedingungen der Verschleiß so langsam, daß er als Radialspielvergrößerung mit Werkstattgeräten lange Zeit nicht gemessen werden kann.

Von günstigen Bedingungen kann man sprechen, wenn das Lager einwandfrei geschmiert wird und wenn während der gesamten Betriebszeit auch vorübergehend keine Mangelschmierung vorliegt. Vor allem muß das Lager auch gegen Verschmutzung jeder Art sicher geschützt sein, und zwar während seiner gesamten Betriebszeit. Stillstandszeiten und stärkere Temperaturschwankungen, die eine Korrosion der Rollflächen zur Folge haben können, müssen ebenfalls ausgeschlossen sein.

Das Diagramm erfaßt Lager aus den verschiedensten Maschinen, Geräten und Fahrzeugen, also aus einem weiten Anwendungsbereich für Wälzlager aller Größen und Bauarten. Da bei der überwiegenden Zahl der Lager ein mehr oder minder großer Verschleiß festgestellt wurde, darf man wohl sagen, daß an den meisten Wälzlagereinbaustellen diese günstigsten Betriebsbedingungen nicht vorliegen.

Der entscheidende Einfluß der Umweltbedingungen soll an einem Beispiel gezeigt werden. Nach Abb. 92 liegt ein Verschleißfaktor $f_v = 5$ bei einer Laufzeit von 30000 Stunden durchaus noch im normalen Rahmen. Er bedeutet bei einem Lager von 100 mm Bohrung eine wirkliche Radialspielvergrößerung von $f_v \cdot e_0 = $

$= 5 \cdot 10 = 50$ μm. Dieser Wert ist in das Schaubild Abb. 93, das eine lineare Abszissenteilung hat, eingetragen. Bei einem Lager dieser Größe wird eine Radialspielvergrößerung von vielleicht 2 μm mit Werkstattgeräten noch gerade meßbar sein. Wenn es aufgrund der bisherigen Feststellungen Lager gibt, die nach 30000 Laufstunden noch keine meßbare Radialspielvergrößerung hatten, so kann man wohl sagen, daß in diesem Fall ein Verschleiß von mindestens 48 μm allein auf die Umweltbedingungen zurückzuführen ist.

Es wäre nun freilich wünschenswert zu wissen, wie sich — über die gesamte Betriebszeit betrachtet — der Verschleiß eines Lagers entwickelt, bis er den Betrag

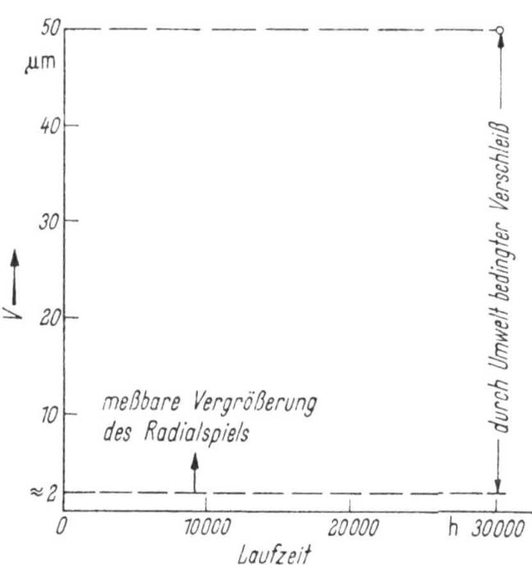

Abb. 93. Einfluß der Umweltbedingungen auf den Verschleiß.

erreicht hat, der beim Ausbau festgestellt wurde und in das Diagramm eingetragen ist. Da die hauptsächlichen Ursachen für den Verschleiß bei den vielen betrachteten Einbaustellen jedesmal in unterschiedlicher Art, Größe und Wirkungsdauer gegeben sind, läßt sich nicht für den Einzelfall eine Verschleißkurve im voraus bestimmen. Das folgende Beispiel soll anschaulich machen, daß je nach den Betriebsbedingungen der Verschleiß einen ganz unterschiedlichen Verlauf nehmen kann, bis er eine bestimmte Größe erreicht.

In Abb. 94 liegt der Punkt C sowohl auf der Kurve a als auch auf der Kurve b. Nach a wird sich der Verschleiß bei einer gut abgedichteten Lagerstelle entwickeln, bei der so hohe Temperaturen auftreten, daß die Schmierwirkung des Fettes nachläßt, wodurch der Verschleiß stärker zunimmt als bei idealen Betriebsbedingungen. Nach einer Laufzeit entsprechend Punkt 1 wird das verbrauchte Schmierfett entfernt und in das gereinigte Lager neues Fett eingefüllt. Bei Wiederinbetriebnahme entwikkelt sich der Verschleiß bis zu Punkt 2 in ähnlicher Weise wie im ersten Betriebsabschnitt. Nach einer wiederholten Erneuerung des Fettes in Punkt 2 kommt das Lager wieder in Betrieb und muß endgültig ausgebaut und ersetzt werden, wenn die Radialspielvergrößerung in Punkt C die zulässige Grenze erreicht hat.

Die Kurve b ist charakteristisch für eine Lagerstelle, die gegen die Einflüsse einer nicht sauberen Umgebung durch schleifende Dichtungen geschützt ist. Weil normale Lauftemperaturen vorliegen, genügt eine Schmierstoff-Füllung für die gesamte Betriebszeit. Im ersten Abschnitt der Laufzeit ist die Dichtung voll wirksam, so daß die Verschleißkurve nur langsam ansteigt. Nach einer Betriebszeit entsprechend Punkt *1* ist die Dichtung so weit verschlissen, daß allmählich Schmutz in das Lagerinnere gelangt. Von diesem Zeitpunkt ab nimmt der Verschleiß in immer größeren Raten pro Zeiteinheit zu, weil durch die stärker werdende Abnut-

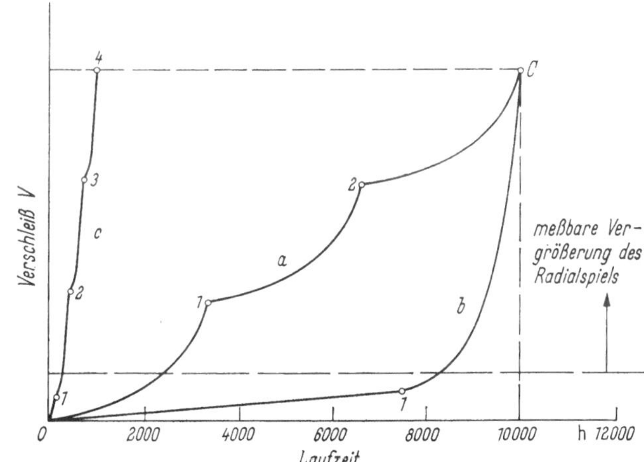

Abb. 94. Typische Entwicklung des Verschleißes infolge unterschiedlicher Umweltbedingungen.

zung der Dichtung immer mehr Schmutz in das Lager kommt, bis die Radialspielvergrößerung den Punkt *C* erreicht hat, in dem das Lager ausgewechselt werden muß.

Die Kurve *c* ist typisch für den Verschleiß, wie er sich bei einem Lager in einem Kraftfahrzeuggetriebe entwickelt. Wegen der Schmierung mit aktivierten Ölen und wegen des Zahnradabriebs, der mit dem Öl in die Lager kommt, entwickelt sich der Verschleiß verhältnismäßig rasch, auch wenn das Getriebe nach außen gut abgedichtet ist. Besonders ungünstig sind die Verhältnisse während des Einlaufvorganges des Getriebes. Nach dem ersten Ölwechsel (Punkt *1*) sind die Betriebsbedingungen zunächst günstiger, aber dann entwickelt sich wiederum der Verschleiß stark progressiv bis zum nächsten Ölwechsel (Punkt *2*) usw.

Die Gebrauchsdauer in Abhängigkeit vom Verschleiß

Die Zeit, die ein Lager in Betrieb bleiben kann, bis der Verschleiß seine Laufeigenschaften in unzulässiger Weise verschlechtert, hängt einerseits ab von der Geschwindigkeit, mit der der Verschleiß zunimmt, andererseits von einem Größtwert des Verschleißes, bei dessen Überschreitung das Wälzlager seine Aufgabe nicht mehr erfüllen kann.

Die Verschleißgeschwindigkeit

Aus dem Diagramm Abb. 92 kann man erkennen, daß Wälzlager im praktischen Einsatz unterschiedlich schnell verschleißen. Denn die Laufzeiten, bis zu denen ein bestimmter Verschleiß eingetreten ist, schwanken in einem Verhältnis von 200 : 1 und mehr. Zieht man bei den einzelnen Meßwerten die Einbaustellen, an denen sie gewonnen wurden, in Betracht, so erkennt man den entscheidenden Einfluß der Umweltbedingungen auf die Verschleißgeschwindigkeit. Das gesamte

Feld der Meßpunkte im Diagramm Abb. 92 läßt sich durch zwei Kurven grob begrenzen, die auch in Abb. 95 eingezeichnet sind. Die Verschleißwerte in der Nähe der Grenzkurve A stammen von solchen Einbaustellen, bei denen die günstigsten Umweltbedingungen vorliegen. Typisch dafür sind z.B. die Verhältnisse an den Hauptspindeln von Drehmaschinen, die in Räumen ohne große Temperaturschwankungen laufen, keiner wesentlichen Verschmutzungsgefahr ausgesetzt sind, einwandfrei geschmiert und durch einen guten Maschinendienst, der auch regelmäßige Lagerkontrollen einschließt, gewartet werden. Entsprechend gilt der Bereich in der Nähe der Grenzkurve B für Lager, die unter sehr ungünstigen Bedingungen laufen, wie z.B. die Lager in Kraftfahrzeuggetrieben, Landmaschinen u.ä. Einige Meßwerte lagen um wesentliche Beträge links der Grenzkurve B. Sie blieben

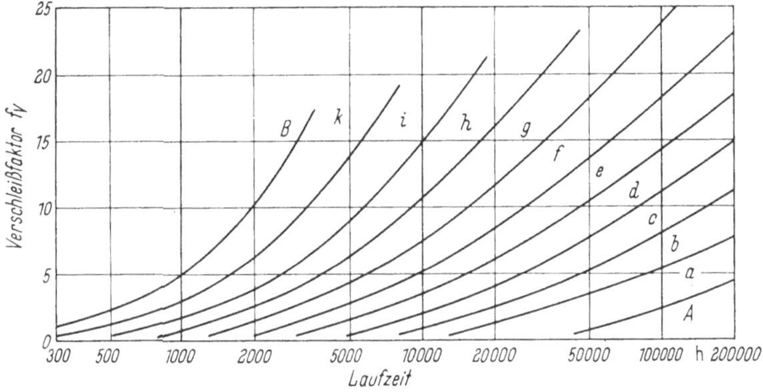

Abb. 95. Verschleißdiagramm.

jedoch unberücksichtigt, weil man vermuten konnte, daß der außergewöhnlich hohe Verschleiß eine Folge von groben Einbau- und Wartungsfehlern war. Es konnte auch festgestellt werden, daß bei Lagern, die gegen starke Verschmutzung schlecht geschützt sind, die Verschleißgeschwindigkeit weitgehend vom Zufall abhängt, so daß ein Zusammenhang kaum mehr erkennbar ist. Solche Verhältnisse lagen teilweise bei Lagern in Landmaschinen und primitiven Fördergeräten vor. Sie ließen sich ebenfalls nicht auswerten.

Die Grenzkurven A und B kennzeichnen also extrem gute und extrem schlechte Betriebsbedingungen, die aber in wichtigen Anwendungsgebieten des Wälzlagers tatsächlich vorkommen. An vielen anderen, ebenfalls wichtigen Einbaustellen des Wälzlagers sind weniger extreme Betriebsverhältnisse die Regel. Bei der Auswertung der Verschleißmessungen ließ sich feststellen, daß die Verschleißwerte von Lagern bestimmter Einbaustellen sich auf bestimmte Gebiete zwischen den Grenzkurven A und B konzentrieren. Um diese Gebiete beschreiben zu können, wurde das Gesamtfeld zwischen den Kurven A und B in Einzelfelder a bis k aufgeteilt, die in Abb. 96 den verschiedenen Einbaustellen zugeordnet sind. Man kann daraus erkennen, mit welchem Verschleißverhalten man bei den verschiedenen Einbaustellen im allgemeinen zu rechnen hat. Nicht aus allen in Abb. 96 angegebenen Einbaugebieten standen Wälzlager für die Verschleißuntersuchung zur Verfügung. Es lassen sich aber auch in diesen Fällen die Betriebsverhältnisse mit den Feldern a bis k beschreiben, wenn man die jeweiligen, den Verschleiß fördernden Einflüsse in dem gegebenen Rahmen zum Vergleich heranzieht.

Selbstverständlich gibt es für eine solche Beurteilung keine scharfen Grenzen, denn auch Maschinen des gleichen Baumusters laufen an ihrer Einsatzstelle nicht immer unter gleichen Umweltbedingungen. Auch werden die Lager von Maschinen, die für die gleiche Aufgabe eingesetzt sind, unterschiedlich verschleißen, wenn sie z. B. unterschiedlich wirksame Dichtungen haben. Eine unterschiedliche Schmierung, unterschiedliche Drehzahlen und Belastungen und natürlich auch eine bessere oder schlechtere Wartung und Pflege haben ebenfalls auf die Verschleißgeschwindigkeit einen Einfluß. Die in Abb. 96 angegebenen Felder sind daher Richtwerte für den allgemeinen Fall. In Sonderfällen können die Betriebsverhältnisse auch durch Nachbarfelder gekennzeichnet sein.

Der zulässige Verschleiß

Die Größe des Verschleißes, die bei einem Wälzlager nicht überschritten werden darf, hängt von den Forderungen ab, die man an die Führungsgenauigkeit des Lagers stellt. Bei den Lagern der Hauptspindel von Werkzeugmaschinen führt jede Vergrößerung des Radialspiels zu einer Minderung der Arbeitsgenauigkeit, weshalb hier nur sehr niedrige Verschleißwerte zugelassen werden dürfen, wobei natürlich auch Unterschiede zwischen einer Werkzeugmacherdrehbank und einer Produktionsdrehbank gemacht werden. Bei manchen Schleifspindeln wird das Lagerspiel durch eine Nachstellung, z. B. mit Federn, automatisch aufgehoben, so daß die mittige Führung der Spindel erhalten bleibt, auch wenn ein Verschleiß an Rollbahnen und Wälzkörpern auftritt. Trotzdem wird man auch hier nur einen geringen Verschleiß zulassen, weil er eine Aufrauhung der Rollbahnen zur Folge hat und damit die Schliffgüte beim Werkstück herabsetzt. Oft darf ein gewisser Lagerverschleiß auch mit Rücksicht auf schleifende Dichtungen nicht überschritten werden, weil bei einer ungenauen Wellenführung die Dichtung nicht voll wirksam ist und überdies selbst stärker verschleißt. Dies gilt z. B. für Lagerstellen, die gegen Wasser oder gegen starken Schmutz abgedichtet werden müssen.

Große Verschleißwerte sind dagegen zulässig bei Lagerungen, bei denen es auf eine genaue Führung der Welle nicht ankommt. Dies gilt für Transmissionen, für viele untergeordnete Lagerstellen im Maschinenbau, weiterhin für viele Lagerstellen in Landmaschinen und in Fördergeräten.

Abb. 96 führt für typische Lagerstellen die zulässigen Verschleißfaktoren auf, und zwar mit einer oberen und einer unteren Grenze, denn die Ansprüche an die Führungs- und Arbeitsgenauigkeit sind auch innerhalb bestimmter Maschinengruppen unterschiedlich. Diese Feststellung gilt auch für das Laufgeräusch, das mit dem Lagerspiel in der Regel größer wird. Ob nach einer bestimmten Laufzeit das Laufgeräusch noch zulässig oder bereits nicht mehr tragbar ist, wird allerdings nach recht subjektiven Maßstäben beurteilt. Dies ist durch die Angabe eines größeren Bereiches für den zulässigen Verschleißfaktor f_v berücksichtigt, wobei die untere Grenze den höchsten Ansprüchen, die z. B. an die Laufruhe gestellt werden, Rechnung trägt.

Zusammenfassend läßt sich wiederholen, daß der Verschleiß in vielen Fällen die Gebrauchsdauer eines Wälzlagers beendet und deshalb bei der Beurteilung einer Wälzlagerstelle in Betracht gezogen werden muß. Die Untersuchung einer großen Anzahl von Lagern zeigt, daß der bei sehr günstigen Betriebsverhältnissen entstehende Verschleiß gering ist und die Funktionstüchtigkeit des Lagers auch bei langen

Verschleißfaktor — Kennzeichnung der Betriebsverhältnisse.

Einbaustelle	f_V	Felder zur Kennzeichnung der Betriebsverhältnisse
Getriebe	Die kleineren Werte gelten für schnelllaufende Getriebe sowie für spiralverzahnte Räder. Für Stirnradgetriebe kann der größere Wert zugelassen werden.	
Kleines Universalgetriebe	3— 8	e—g
Mittleres Universalgetriebe	3— 8	d—e
Große Schiffsgetriebe	5—10	c—d
Schienenfahrzeuggetriebe	3— 6	c—d
Walzwerksgetriebe	6—12	c—d
Kraftfahrzeuge		
Vorderrad	4— 8	h—i
	Der Verschleiß kann durch Nachstellen ausgeglichen werden.	
Schaltgetriebe	5—10	i— > k
	Die kleineren Werte gelten für höhere Ansprüche an Geräuscharmut.	
Achsantrieb	3— 6	i— > k
E-Motoren		
E-Motoren für Haushaltsgeräte	3— 5	i—k
	bei automat. Spielregulierung	
Kleinere Serienmotoren	3— 5	e—g
	bei automat. Spielregulierung	
Mittlere Serienmotoren	3— 5	d—e
	der kleinere Wert für Loslager in Senkrechtmaschinen	
Stationäre elektr. Masch.	3— 5	c—d
Elektr. Fahrmotoren	4— 6	d—e
Achslager	Für Fahrzeuge im Werksverkehr sind die höheren Werte zulässig.	
Förderwagen	12—15	f—h
Straßenbahn	8—12	e—f
Reisezugwagen	8—12	c—d
Güterwagen	8—12	c—d
Abraumwagen	8—12	c—d
Triebwagen	6—10	d—e
Lokomotiven (Außenlager)	6—10	d—e
Lokomotiven (Innenlager)	6—10	d—e
Allgemeiner Maschinenbau		
Drehmaschinen und Fräsmaschinen	0,5— 1,5	a—b
	je nach der geforderten Arbeitsgenauigkeit	
Innenschleifspindel	bis 0,5	c—d
	je nach der geforderten Schliffgüte	

Abb. 96. Bewertung der Umweltbedingungen und zulässiger Verschleiß
für typische Einbaustellen des Wälzlagers.

Verschleißfaktor — Kennzeichnung der Betriebsverhältnisse.

Einbaustelle	f_V	Felder zur Kennzeichnung der Betriebsverhältnisse
Holzfräsen	1,5 — 3	e—f
Walzwerke	6 —10	e—f
Schiffsdrucklager	6 —10	e—f
Schiffslauflager	15 —20	e—f
Kleine Ventilatoren	5 — 8	f—h
	bei Federanstellung	
Mittlere Ventilatoren	3 — 5	d—f
Großlüfter	3 — 5	c—d
Kreiselpumpen	3 — 5	d—f
	je nach Drehzahl	
Zentrifugen	2 — 4	d—e
Förderseilscheiben	8 —12	c—d
Förderbandrollen	10 —30	h—k
	je nach Bandgeschwindigkeit	
Bandtrommeln	10 —15	e—f
Schaufelradbagger	12 —15	e—g
Schaufelrad und Aufnehmer		
Steinbrecher	8 —12	f—g
Schlägermühlen	4 — 6	c—d
	der kleinere Wert bei fliegend angeordnetem Schlagrad	
Schwingsiebe	4 — 6	e—f
Vibrationswalzen, größere Unwuchterreger	3 — 4	g—i
Rüttelgeräte	3 — 4	g—i
Brikettpressen	8 —12	e—g
Größere Rührwerke	8 —15	g—h
Rohrmühlen	12 —18	f—g
Drehofen-Laufrollen	12 —18	f—g
Sägegatter (Stelzen)	3 — 4	e—g
Papiermaschinen		
Naßteil	7 — 10	b—c
Trockenteil	10 — 15	a—b
Refiner	5 — 8	b—c
Kalander	4 — 8	a—b
Landwirtschaftliche Maschinen		
Mähdrescher	10 —30	k und schlechter
	je nach Drehzahl	
Dreschmaschine stationär	10 —30	i— > k
	je nach Drehzahl	
Getriebe mit geschliffenen Zahnrädern	6 —10	i—k

Abb. 96. (Fortsetzung).

Laufzeiten nicht beeinträchtigt, sofern nicht sehr hohe Ansprüche an die Führungsgenauigkeit einer Lagerung gestellt werden und sofern nicht durch sehr hohe Umlaufgeschwindigkeiten die kinematischen Verhältnisse im Lager gestört werden. Die Untersuchung zeigt aber auch, welch entscheidenden Einfluß die Umweltbedingungen auf den Verschleiß haben. Aus dieser Erkenntnis ergibt sich die Forderung, eine Lagerstelle so gut wie irgend möglich gegen alle schädlichen Einflüsse der Umwelt zu schützen. Die bisherigen Untersuchungen zeigen, daß bei gleichen Umweltbedingungen die Lager gleichartiger Maschinen unterschiedlich schnell verschleißen, je nachdem, ob sie besser oder schlechter abgedichtet und gewartet werden. Das ist offensichtlich ein Hinweis darauf, daß heute in der Praxis noch nicht alle Möglichkeiten ausgenutzt werden, um den Verschleiß eines Lagers klein zu halten und damit seine Gebrauchsdauer zu steigern. Auch innerhalb der Grenzen, die bei einer wirtschaftlichen Fertigung nicht überschritten werden dürfen, lassen sich in vielen Fällen die Dichtungen noch verbessern. Es soll damit nicht die konventionelle Forderung wiederholt werden, daß Wälzlager einwandfrei abgedichtet, gewartet und geschmiert werden; diese Forderung kann bei den meisten Einbaufällen mit einem konstruktiv und wirtschaftlich tragbaren Aufwand nicht erfüllt werden. Gefordert werden kann aber, daß ein Lager *so gut wie möglich* vor schädlichen Einflüssen, die den Verschleiß fördern, geschützt wird, weil schon dem Aufwand nach geringe Verbesserungen sich in der Verschleißlaufzeit ganz erheblich auswirken.

Zur Frage des Laufgeräusches von Wälzlagern

Jede Maschine stellt infolge des elastischen Verhaltens ihrer Bauelemente ein schwingungsfähiges System dar. Je größer die Zahl der Bauelemente ist, um so verwickelter und unübersichtlicher sind die Formen der auftretenden Schwingungen, wenn dieses System erregt wird. Die Erregerkräfte wirken meistens periodisch. Größe und Frequenz dieser Erregerkräfte und die Steifigkeit, Masse und Dämpfung der Bauelemente des gesamten Systems bestimmen die Frequenzen und Amplituden der Schwingungen.

Es gibt Maschinen, die mit einer beabsichtigten Schwingung arbeiten (Wuchtförderer, Rüttelgeräte). Abgesehen von diesen Maschinen ist das Schwingungsverhalten auch dort von Interesse, wo es stört. Eine Störung ist gegeben, wenn die Funktion und die Haltbarkeit der betrachteten Maschine und benachbarter Maschinen beeinträchtigt wird oder wenn eine zu starke Belästigung von Menschen auftritt. Auswirkungen solcher schädlichen Schwingungen sind z. B. die ungenügende Schliffgüte eines Werkstückes bei schwingenden Bewegungen zwischen Werkstück- und Schleifscheibenachse, vorzeitige Ausfälle von Wälzlagern als Folge von Erschütterungen im Stillstand, Schädigung der Gesundheit und verminderte Leistungsfähigkeit bei Menschen, wenn sie in einer lauten Umgebung arbeiten müssen.

Störende Schwingungen werden erregt durch Zahnräder, Riementriebe, Lager, elektrische und magnetische Wechselkräfte, Unwuchten usw. Besonders ungünstige Verhältnisse ergeben sich dann, wenn die Frequenz der Erregerkraft mit irgendeiner der Eigenfrequenzen des Systems übereinstimmt.

Je nach der Art der vorliegenden Störung wird von zu großen Erschütterungen (Körperschall) oder von zu großer Lautheit (Luftschall) gesprochen. Angaben des Schwingweges, der Schwinggeschwindigkeit und der Schwingbeschleunigung betreffen den Körperschall, die Angabe der Größe und des zeitlichen Verlaufes der Luftdruckschwankung (der Lautstärke) den Luftschall.

Niedrige Werte für Luft- und Körperschall sind gleichbedeutend mit einem ruhigen Lauf der Maschine. Bei dem Bemühen, die Laufruhe einer Maschine zu verbessern, sind drei Punkte von Bedeutung:

1. Bei der Konstruktion ist man weitgehend auf praktische Erfahrungen angewiesen. Die kritischen Stellen sind nach den Gesetzen der Schwingungstechnik zu überprüfen.

Erhöht man z. B. bei einer Werkzeugmaschine die Steifigkeit, so ergeben sich bei gleichen Erregerkräften kleinere Verformungen. — Führt man bei einem E-Motor die Ankernuten schräg aus, so wird der Verlauf der magnetischen Wechselkräfte günstiger. — Bei E-Motoren sind gegossene Lagerschilde steifer als aus Blech gepreßte. — Bei Kolbenmaschinen ist der Massenausgleich eine Selbstverständlichkeit.

2. Die Erregerkräfte sollen so klein wie möglich gehalten werden. Dies ist vor allem eine Frage der Ausführungsgüte der Maschinenteile.

Verkleinert man bei Zahnrädern den Teilungsfehler, so werden die schwingungserregenden Stöße schwächer. — Bei umlaufenden Maschinenteilen hängt von den Schlagwerten die Größe der Unwucht ab. — Durch Fluchtfehler entstehen an Kupplungen Stöße. — Bei hochtourigen Wellen werden endlose Riemen verwendet, um den störenden Riemenstoß zu vermeiden.

3. Die störende Auswirkung unvermeidbarer Erregerkräfte auf das umliegende System soll durch Dämpfung abgeschwächt werden.

Ein Kraftfahrzeugmotor mit seinen nur z. T. ausgeglichenen Massenkräfte wird mit Gummifedern im Fahrzeugrahmen aufgehängt.

Unter diesen drei Gesichtspunkten soll nun das Wälzlager betrachtet werden.

Zu 1. Das normale Wälzlager besteht aus einem inneren und einem äußeren Laufring mit dazwischenliegenden Wälzkörpern — Kugeln oder Rollen. Durch die genormten Außenabmessungen liegt der Querschnitt des Lagers fest. Die Innenkonstruktion des Lagers, d. h. Wälzkörpergröße und -anzahl, die Stärke und Form der Laufringe, ist bei Kugel- und Rollenlagern so ausgelegt, daß vor allem eine hohe Tragfähigkeit erreicht wird. Dadurch besteht in der Innenkonstruktion von Lagern verschiedener Hersteller eine weitgehende Übereinstimmung. Als Werkstoff werden gehärtete Stähle verwendet. Konstruktive Änderungen der festliegenden Innenabmessungen oder eine Änderung des Werkstoffes mit dem Ziel, das Schwingungsverhalten zu beeinflussen, sind praktisch also nicht möglich und sollen hier nicht näher behandelt werden.

Zu 2. Selbst ein ideales Wälzlager, dessen einzelne Bauteile keinerlei Abweichungen von der Sollform haben, kann Schwingungen anregen. Das wirkliche Wälzlager hat Abweichungen von der Sollform, die eine zusätzliche Schwingungsanregung bewirken. Im folgenden soll dargelegt werden, wie weit bei dem heute als geräuscharm bezeichneten Lager die Annäherung an das ideale Lager gekommen ist.

Zu 3. In den meisten Einbaufällen wird eine Dämpfung des Luftschalles an sich schon durch die Verschlußteile wie Deckel, Dichtscheiben usw. erreicht. Zur

Körperschalldämpfung werden manchmal zwischen den Wälzlagerringen und den Umbauteilen Zwischenringe aus Gummi oder andere Federelemente vorgesehen. Die Anwendung ist wegen der verhältnismäßig großen Nachgiebigkeit der Zwischenelemente nicht allgemein möglich. Auch dieser Punkt soll hier nicht ausführlicher behandelt werden.

Das ideale Wälzlager

Neben Belastung, Drehzahl und Schmierung haben folgende Punkte einen Einfluß auf das Schwingungsverhalten:

1. die elastische Verformung der Laufringe und Wälzkörper an ihren Berührstellen,

2. die Wälzkörperanzahl,

3. die Lagerluft,

4. die Bewegung des Käfigs.

Zu 1. Wegen der elastischen Verformungen in den Kontaktstellen kann das Wälzlager als eine Feder mit einer nicht linearen Kennlinie angesehen werden. Die Kennlinie ändert sich mit der Richtung der äußeren Kraft. Im Abschnitt Federung (s. S. 30ff.) sind Federkennlinien für die verschiedenen Wälzlagerbauarten und -größen angegeben. Daraus sieht man, daß Wälzlager eine verhältnismäßig geringe elastische Nachgiebigkeit haben. Im Normalfall ist die elastische Nachgiebigkeit der Welle wesentlich größer. Deshalb ist — wieder für den Normalfall — die Federkennlinie des Wälzlagers bei der Berechnung der kritischen Drehzahl vernachlässigbar. Erst bei Wellen mit geringer Nachgiebigkeit, wie sie für hochtourige Maschinen verwendet werden, muß die Federkennlinie des Lagers berücksichtigt werden.

Zu 2. Bei Radialbelastung ändert sich wegen der endlichen Wälzkörperanzahl die Federkennlinie des Lagers mit der Stellung des Wälzkörpersatzes zur Richtung der äußeren Kraft. Deswegen bewirkt eine äußere Kraft während der Lagerdrehung eine im Takt des Wälzkörperdurchganges schwingende Bewegung der Drehachse. MELDAU [53] hat diese Verhältnisse in Abhängigkeit vom Radialspiel und von der Belastung rechnerisch untersucht.

Der innere Aufbau der zweireihigen Zylinderrollenlager der Reihen *NNU 49* und *NN 30*, die vor allem zur Lagerung der Hauptspindeln von Werkzeugmaschinen verwendet werden, ist in diesem Sinne günstig. Dadurch, daß das Verhältnis des Bohrungsdurchmessers zum Manteldurchmesser größer als 0,8 ist, ergibt sich bei diesen Lagern eine verhältnismäßig geringe Querschnittshöhe, ein kleiner Rolldurchmesser und damit eine große Anzahl von Wälzkörpern. Die beiden Rollenreihen sind in Umfangsrichtung um eine halbe Rollenteilung gegeneinander versetzt und werden in dieser günstigsten Stellung zueinander durch einen gemeinsamen Käfig fixiert.

Zu 3. Auch die Radialluft des eingebauten betriebswarmen Wälzlagers ist von Bedeutung. Es ist einleuchtend, daß mit einer geringer werdenden Radialluft beim idealen Wälzlager die Führung der Welle enger und genauer wird und daß außerdem unerwünschte Bewegungen, die zu Schwingungen Anlaß geben, unterdrückt werden. Beim wirklichen Lager sind aber dieser Einengung der Radialluft gewisse

Grenzen gezogen, weil kleine Fehler in der geometrischen Form der Lagereinzelteile während des Laufes zu ungewollten örtlichen inneren Verspannungen des Lagers führen können.

Zu 4. Der Käfig wird durch den umlaufenden Wälzkörpersatz mitgenommen. Der Drehbewegung des Käfigs sind unregelmäßige und unübersichtliche Bewegungen in radialer und axialer Richtung überlagert, deren größten möglichen Amplituden sich aus dem Spiel ergeben, das zwischen den Wälzkörpern und den Käfigtaschen oder dem Käfig und den Borden der Laufringe vorhanden ist. Schwingungen werden an den Käfiggleitstellen angeregt, wenn der aus der Mitte laufende Käfig gegen die Wälzkörper oder gegen die Lagerringe stößt. Dabei wird der Käfig zu Eigenschwingungen angeregt. Es ist verständlich, daß sich die Größe dieser Erregerkräfte rechnerisch nicht ermitteln läßt. Von ihrer im Verhältnis zu anderen Erregerkräften geringen Bedeutung kann man sich aber durch folgende Überlegung eine Vorstellung machen: An der Übertragung der äußeren Kräfte von einem Laufring über die Wälzkörper zum anderen Laufring ist der Käfig nicht beteiligt. Ist ein Wälzlager richtig konstruiert, so besteht die Aufgabe des Käfigs darin, die Wälzkörper während des Betriebes im vorgesehenen Abstand zueinander zu halten. Dabei können also am Käfig nur verhältnismäßig geringe Kräfte wirksam werden. Deshalb verliert die Tatsache an Bedeutung, daß die Bewegungsmöglichkeit des Käfigs gegenüber Wälzkörpern und Laufringen wesentlich größer ist als die Bewegungsmöglichkeit der Welle infolge des Lagerspiels und der elastischen Verformung im Lager. Auch die Bewegung des Käfigs läßt sich rechnerisch nicht erfassen. Eine genaue Kenntnis von dem Mechanismus der Schwingungsanregung und von dem Schwingungsverhalten des Käfigs ist wohl nicht zu gewinnen. Das schließt aber nicht aus, daß Aussagen darüber möglich sind, welche Maßnahmen getroffen werden sollten, um die Anregungskräfte zu vermindern und den vom Käfig herrührenden Anteil am Gesamtgeräusch klein zu halten. Es geht also darum,

> die Bewegungsmöglichkeit des Käfigs einzuengen,
> das Gewicht des Käfigs klein zu halten,
> die Steifigkeit und Dämpfung des Käfigs zu erhöhen.

Die praktischen Erfahrungen, die man mit schwingungsarmen Lagern gesammelt hat, liegen ganz in der Linie dieser Vorstellungen.

> Massivkäfige haben vor Blechkäfigen den Vorrang wegen ihrer größeren Steifigkeit und der höheren Eigenschwingungszahl.
> Die Führung der Käfige auf den Borden der Laufringe ist genauer als die Führung auf den Wälzkörpern, so daß durch den bordgeführten Käfig geringere Unwuchtkräfte entstehen.
> Besonders bei hohen Drehzahlen werden Leichtmetall- oder Kunststoffkäfige verwendet, weil ihr geringeres spezifisches Gewicht zu kleineren Unwuchtkräften führt.
> Bei manchen Lagertypen werden Preßstoffkäfige vorgezogen, weil der Preßstoff gegenüber metallischen Werkstoffen eine höhere Dämpfung hat.

Zusammenfassend läßt sich also feststellen, daß selbst ein ideales Wälzlager unter idealen Einbaubedingungen nicht schwingungsfrei läuft. Die wirklichen Einbaubedingungen sind aber nicht ideal im Sinne der angenommenen Voraussetzungen, so daß von den Betriebsbedingungen her eine weitere Schwingungsanregung erwartet werden muß, auch für das ideale Lager. Abgesehen davon, daß in der Praxis in den seltensten Fällen die Belastung der Größe und Richtung nach gleichbleibt, spielen die Einbauverhältnisse gerade in bezug auf das Schwingungsverhalten eine bedeutende Rolle.

Fertigungsfehler an den Wälzlagersitzstellen der Gegenstücke und Montagefehler verändern Form und vorgeschriebene Lage der Wälzlagerrollbahnen. Der Abstand zwischen Innen- und Außenrollbahn wird dadurch, über den Umfang betrachtet, unterschiedlich groß.

Solange beim Kugellager die Kugeln nicht unter Zwang kommen, werden die Schwingungen nur wenig stärker dadurch, daß die Kugeln nicht mehr auf einem Kreis, sondern in einer Raumkurve umlaufen. Tritt bei größerer Schrägstellung ein Zwang ein, dann werden infolge der elastischen Verformungen Kräfte wirksam, die zu einer starken Zunahme der Schwingungen führen.

Das wirkliche Lager

In der Praxis hat man es nicht mit einem idealen Lager zu tun, sondern mit einem Lager, dessen Einzelteile mehr oder minder große Abweichungen von der Sollform haben. Von diesen Abweichungen ist eine zusätzliche Schwingungsanregung zu erwarten, die das fühlbare und hörbare Laufgeräusch vergrößert. Es soll nun dargelegt werden, welcher Art beim wirklichen Lager die Abweichungen von der Sollform sind, soweit sie das Schwingungsverhalten beeinflussen, und wie diese Fehler gemessen werden.

Zur Beurteilung der Geräuschgüte eines Wälzlagers gibt es heute noch keine allgemein gültigen Verfahren und Toleranzen. Andererseits werden aber für bestimmte Einbaufälle sogenannte geräuscharme Lager gefordert und geliefert. Dabei ist „geräuscharm" ein mehr oder weniger subjektiver Begriff. Eine große Menge solcher geräuscharmer Lager wurde in bezug auf die nachstehend beschriebenen Fehler untersucht. Als Ergebnis dieser Untersuchungen können zulässige Fehler angegeben werden für Lager, die nach den heutigen Vorstellungen geräuscharm laufen.

Die folgenden Betrachtungen werden der besseren Anschaulichkeit wegen unter gewissen vereinfachenden Voraussetzungen angestellt. Die Fehler werden auf ihre Grundformen zurückgeführt, weil dann besser gezeigt werden kann, welcher Art die Schwingungen sind, die durch diese Fehler angeregt werden. Es wäre zu unübersichtlich, gleichzeitig alle Bewegungen der Achse in radialer und axialer Richtung aus den Form- und Lageabweichungen abzuleiten, die beide Laufringe und die Wälzkörper haben. Deshalb beziehen sich die folgenden Aussagen auf den Innenring eines Radiallagers, der fest auf einer genau runden Welle sitzt. Betrachtet wird dabei der unterschiedliche Abstand seiner Laufbahn von der Wellenmitte. Für die größeren Formabweichungen sind dann vier Fälle (Abb. 97—100) charakteristisch, die zunächst besprochen werden. Die Formabweichungen im Gebiet der Rauhigkeit werden anschließend behandelt.

Abb. 97 zeigt einen Ring, bei dem eine genau runde Laufbahn exzentrisch zur runden Bohrung liegt. Dreht man die Welle zwischen Körnerspitzen, dann zeigt eine auf die Laufbahn aufgesetzte Tastspitze T den größten Ausschlag $\triangle a_{Z=1}$ einmal bei einer Umdrehung an.

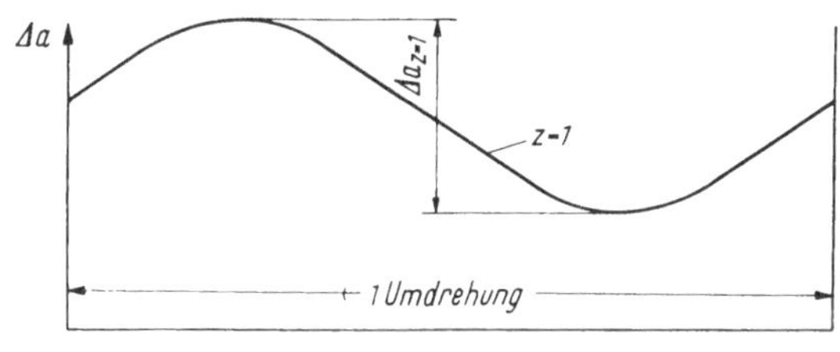

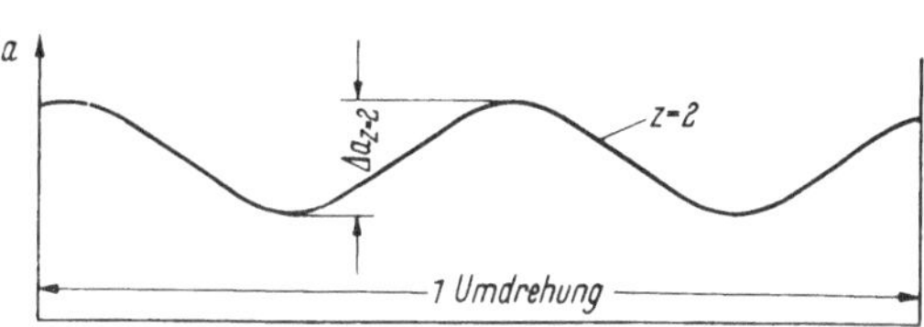

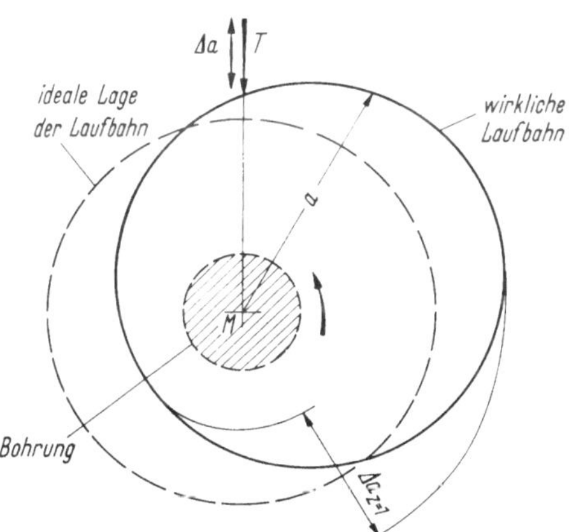

Abb. 97. Kreisrunde Laufbahn exzentrisch zur runden Bohrung.

Abb. 98. Elliptische Laufbahn zentrisch zur runden Bohrung.

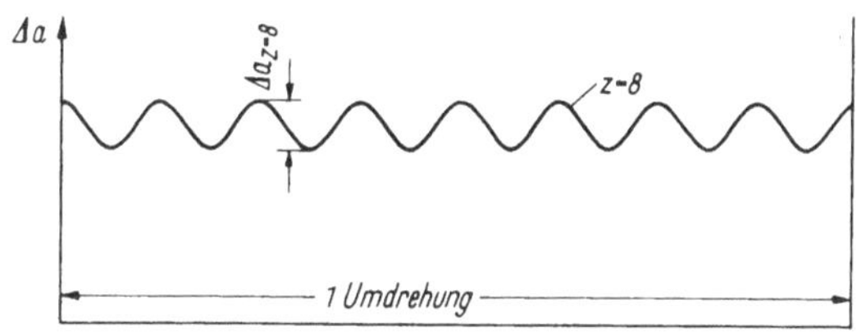

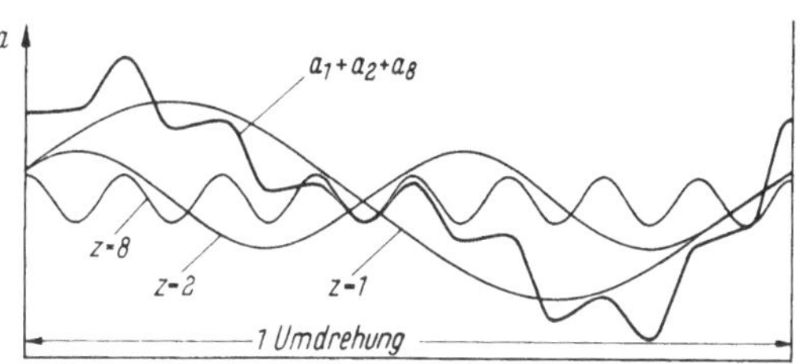

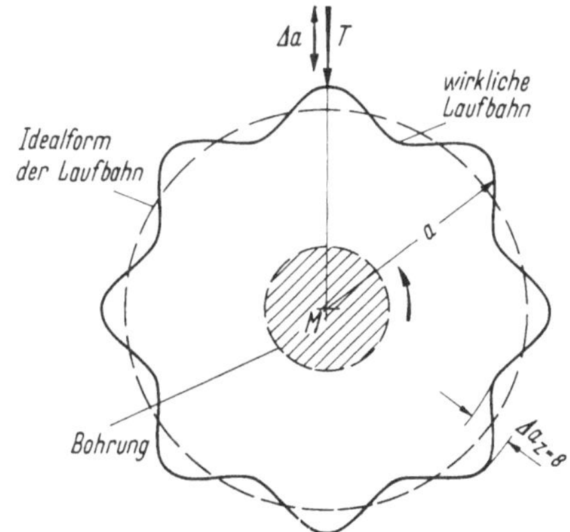

Abb. 99. Laufbahn mit 8 gleichmäßigen Wellen zentrisch zur runden Bohrung.

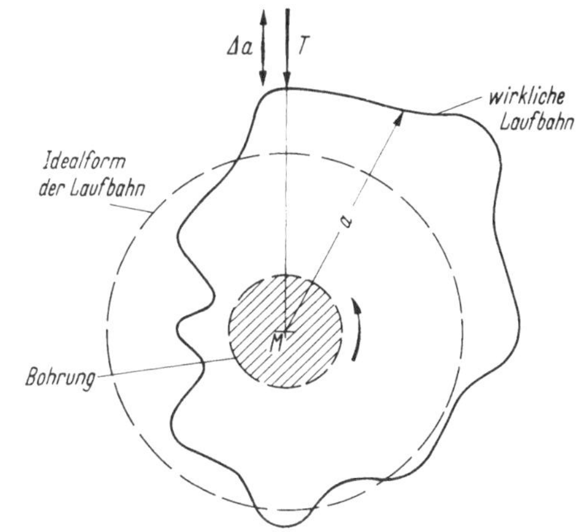

Abb. 100. Laufbahn mit Fehlern nach Abb. 97, 98 u. 99.

7a*

In Abb. 98 handelt es sich um einen Ring, bei dem eine elliptische Laufbahn zentrisch zur runden Bohrung liegt. In diesem Fall tritt der größte Ausschlag $\triangle a_{Z=2}$ zweimal bei einer Umdrehung auf.

Die Laufbahn nach Abb. 99 hat 8 Erhöhungen und Vertiefungen. Bei einer Umdrehung zeigt das Gerät 8-mal den maximalen Ausschlag $\triangle a_{Z=8}$.

Natürlich treten diese Abweichungen in der Praxis kaum in der dargestellten Form auf. Das Laufbahnprofil weicht in sehr vielen Varianten von diesen Grundformen ab; in Abb. 100 ist ein Laufbahnprofil dargestellt, das durch Überlagerung der Fehler in den Abb. 97, 98 und 99 entsteht.

Es ist leicht zu erkennen, daß der von der Tastspitze T angezeigte Schlag durch die unterschiedliche Ringdicke (Wandstärkendifferenz) bestimmt wird. Zu beachten ist auch, daß bei den bisherigen Überlegungen eine runde Welle und eine runde Ringbohrung vorausgesetzt waren. Wie weit sich Formfehler der Bohrung des nicht eingebauten Innenringes später auf die Form der Rollbahn übertragen, wird auf S. 133 behandelt.

Fehler nach Abb. 97 oder 98 erzeugen bei normalen Drehzahlen verhältnismäßig niederfrequente Schwingungen und haben deshalb kaum einen Einfluß auf das hörbare Laufgeräusch. Bedeutung haben sie jedoch bei den Lagern, die für die Hauptspindeln von Werkzeugmaschinen vorgesehen sind. Hier würden die Fehler nach Abb. 97 oder 98 die Führungsgenauigkeit beeinträchtigen. Bei einem Ring nach Abb. 99 werden durch die größere Anzahl der Formfehler höhere Frequenzen angeregt, die zu einem hörbaren Laufgeräusch führen, das in der Regel mit zunehmender Fehlerhäufigkeit (größere Werte von Z) störender wird.

In DIN 620 (auch in den einschlägigen Empfehlungen der ISO) sind die zulässigen Lauffehler (Radial- und Axialschlag) für verschiedene Genauigkeitsklassen festgelegt. Mit den üblichen Schlagmeßgeräten können diese Toleranzen genügend genau kontrolliert werden. Damit ist die Laufgenauigkeit eines Wälzlagers als Qualitätsmerkmal erfaßt. Die Frage, ob ein diesen Abnahmebedingungen entsprechendes Lager auch „geräuscharm" läuft, ist dagegen nicht beantwortet.

An sich war schon länger bekannt, daß ein Lager mit sehr hoher Rundlaufgenauigkeit nicht unbedingt auch geräuscharm laufen muß. Erst nachdem die Möglichkeit bestand, mit empfindlichen Meßgeräten die Formabweichungen in ihrer Größe und ihrem Verlauf über den Umfang genau zu vermessen und in einem Tastschrieb festzuhalten, kam man zu der Erkenntnis, daß gerade die häufiger — wenn auch mit verhältnismäßig kleinen Amplituden — auftretenden Formabweichungen in erster Linie das hörbare Laufgeräusch erzeugen.

Die Fehler nach Abb. 97 und 98 entstehen vor allem dadurch, daß die Ringe durch die Spannvorrichtungen in der Bearbeitungsmaschine verlagert oder elastisch verformt und in diesem Zustand bearbeitet werden. Sie verändern dann ihre Form, wenn sie aus der Maschine herausgenommen werden. Dazu kommt, daß sich die Eigenspannungen der Ringe während der Bearbeitung dadurch verändern, daß Werkstoff abgetragen wird. Fehler mit größerer Häufigkeit auf dem Umfang (Abb. 99) entstehen durch Störschwingungen, die während der Bearbeitung zwischen Werkzeug und Ring auftreten. Es ist deshalb das Ziel, die Bearbeitungsmaschinen und Fertigungsverfahren so zu verbessern, daß die Ursachen für das Entstehen dieser Fehler soweit wie möglich beseitigt werden. Mit dem Microcentric-Schleifverfahren z. B.

kann die Wandstärkenschwankung der Ringe in engeren Grenzen gehalten werden. Dabei bleibt auch der Ring während des ganzen Bearbeitungsvorganges in unverspanntem Zustand, so daß er seine Form nicht ändert, wenn er aus der Maschine herausgenommen wird.

Selbst wenn es im Zuge der fortschreitenden Fertigungstechnik gelingt, diese Formfehler immer kleiner zu halten und damit der Form des idealen Lagers immer näher zu kommen, können kleinste Formabweichungen nicht vermieden werden die von der körnigen Struktur des Schleifmittels herrühren. Das Ergebnis der Schleif- oder Honbearbeitung ist eine Oberfläche, die im Tastschnitt kurz aufeinanderfolgende Unregelmäßigkeiten mit sehr kleinen Amplituden zeigt, die in ihrer Gesamtheit als Oberflächenrauhigkeit bezeichnet werden. Diese Rauhigkeit ist den schon beschriebenen Formfehlern überlagert. In der Abb. 101 ist noch einmal die unrunde Laufbahn nach Abb. 100 dargestellt. Der Grundform sind die eben besprochenen unregelmäßigen Oberflächenrauhigkeiten überlagert.

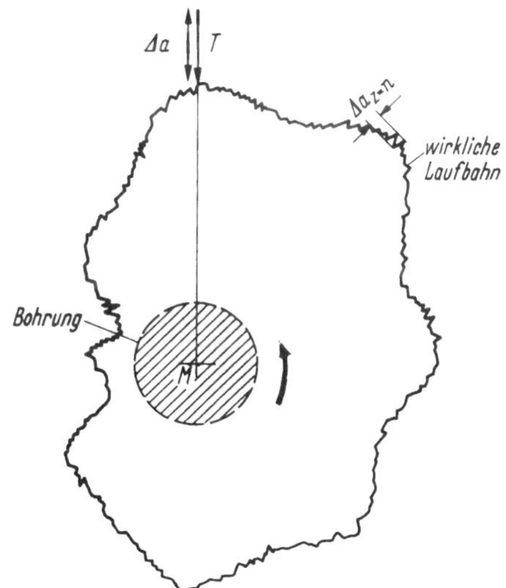

Abb. 101. Laufbahn mit Fehlern nach Abb. 100 und zusätzlicher Rauhigkeit.

Die bis jetzt für den Innenring getroffenen Feststellungen gelten sinngemäß auch für den Außenring. Auch bei der Kugel können grundsätzlich Form- und Oberflächenfehler auftreten. Allerdings ist bei dem heutigen Stand der Fertigungstechnik die Wälzlagerindustrie in der Lage, für geräuscharme Lager Kugeln herzustellen, deren Fehler praktisch nur noch im Bereich der Oberflächenrauhigkeit liegen.

Die Formprüfung von Wälzlagereinzelteilen

Zur Prüfung von Wälzlagerteilen werden heute Meßgeräte verwendet, deren Arbeitsweise aus den Abb. 102 bis 105 hervorgeht. Für die Rundlaufabtastung von Mantel, Bohrung und Laufbahnen hat sich eine Meßanordnung mit umlaufender Tastspitze gut bewährt (Abb. 102). Die Tastspitze T ist gelenkig an der sehr genau laufenden Meßspindel S befestigt. Das Meßobjekt, in der Abb. 102 z. B. ein Innenring, wird vor jeder Messung zur Meßspindel zentriert. Der Rundlauffehler der Meßspindel beträgt 0,01 μm. Die Bewegungen der Tastspitze T werden in elektrische Größen umgewandelt und registriert. Während des Umlaufes der Tastspitze werden die Abweichungen von der Kreisform in Form eines Polardiagrammes mit bis zu 20 000 facher Vergrößerung dargestellt (Abb. 102 unten). Abb. 103 zeigt das Gerät Talyrond der Firma Taylor-Hobson, das nach diesem Prinzip arbeitet. Rundlaufabtastungen an Kugeln werden häufig in einer Meßanordnung durchgeführt, die in Abb. 104 schematisch dargestellt ist. Die Kugel K wird in zwei Kegelflächen geführt; eine davon wird in langsame Drehung versetzt. Die stillstehende Tastspitze T folgt den Formabweichungen der Kugel. Nach Um-

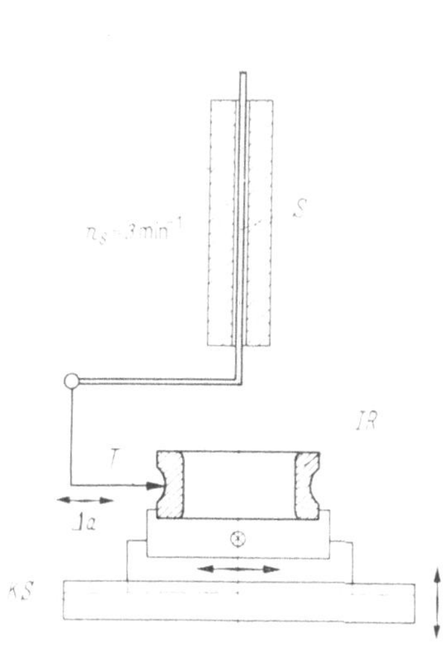

a

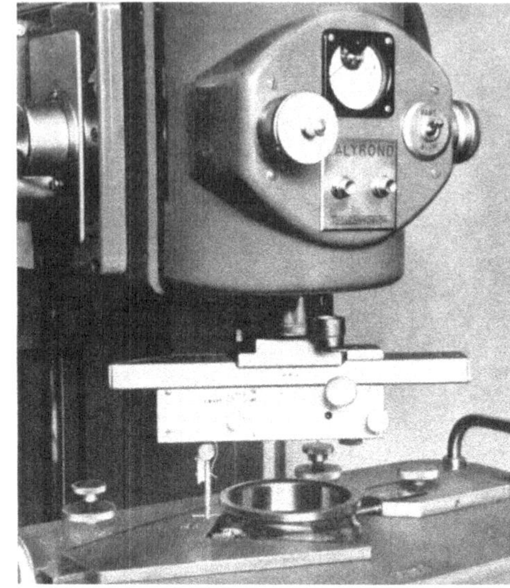

Abb. 103. Formprüfgerät Talyrond der Firma Taylor-Hobson.

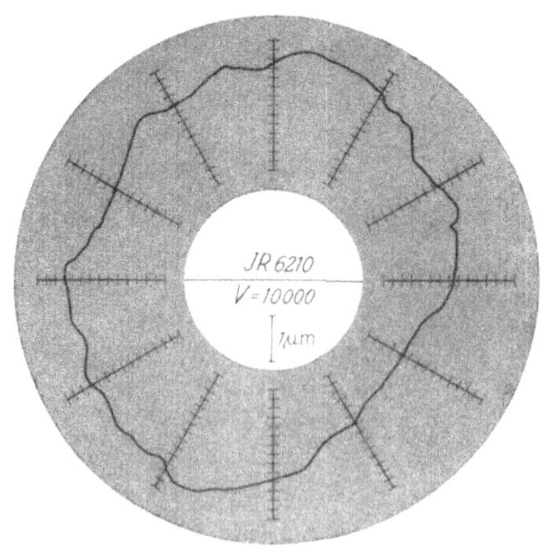

b

Abb. 102. Schema (a) und Diagramm (b) eines Formprüfgerätes mit umlaufender Tastspitze. Wiedergabe des Diagramms 1:2.
(IR Innenring; T Taster; KS Kreuzschlitten)

formung in elektrische Größen wird ihre Bewegung in vertikaler Richtung in einem Lineardiagramm in bis zu 50 000 facher Vergrößerung dargestellt (Abb. 104 unten). Der Radius der Tastspitze beträgt etwa $2-3\ \mu m$. Abb. 105 zeigt eine derartige Vorrichtung zum Abtasten der Kugeln. Die Formabweichungen werden dabei mit dem Gerät Talysurf der Firma Taylor-Hobson gemessen und registriert.

Die Abb. 106 bis 117 bringen eine Auswahl von Talyrond-Diagrammen. Sie wurden bei verschiedenen kleinen Kugellagerringen ermittelt und zeigen die Formabweichungen der Rollbahn in der Rillensohle. Es wurden Ringe ausgewählt, bei denen vor allem bestimmte Grundformen der Fehler zu erkennen sind, und zwar solche, wie sie in den Abb. 97 bis 101 zunächst schematisch dargestellt und beschrieben

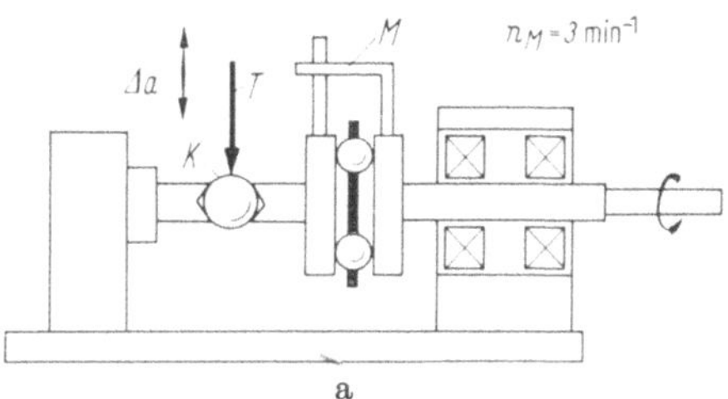

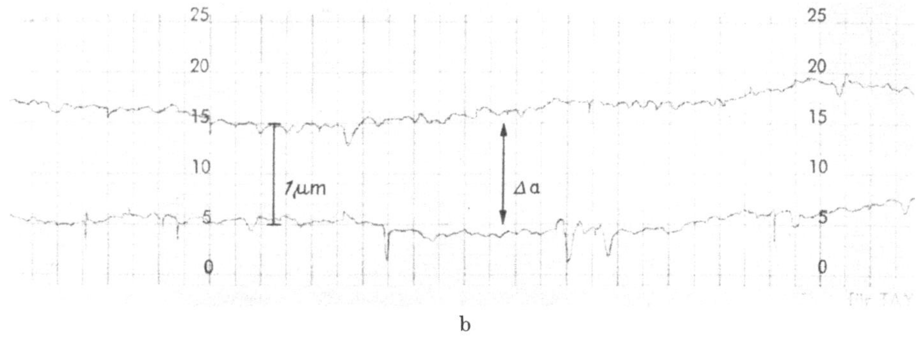

Abb. 104. Schema (a) und Diagramm (b) eines Formprüfgerätes für Kugeln.
(*K* Kugel; *T* Taster; *M* Mitnehmer)

Abb. 105. Formprüfeinrichtung für Kugeln.

wurden. Da für die Schwingungsanregung Größe und Häufigkeit der Formabweichungen entscheidend sind, ist es zweckmäßig, das Talyrond-Diagramm in dieser Hinsicht zu analysieren. Das Ergebnis ist jeweils in einem Schaubild unter dem Talyrond-Diagramm dargestellt. In diesem Schaubild ist über der Häufigkeit (Anzahl Z auf dem Umfang) der Formabweichungen ihre radiale Ausdehnung oder Amplitude aufgetragen.

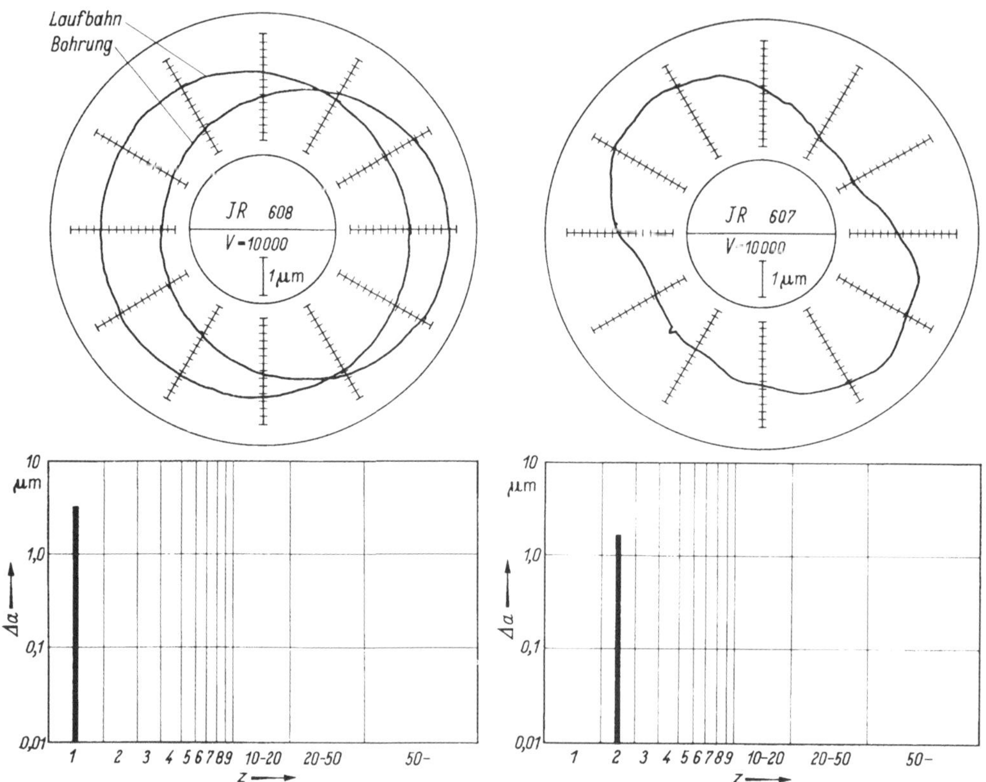

Abb. 106. Laufbahn exzentrisch zur Bohrung (vgl. Abb. 97). Wiedergabe 1:2.

Abb. 107. Ovale Laufbahn eines Innenringes. Wiedergabe 1:2.

Abb. 106. Innenring eines Rillenkugellagers 608 mit 8 mm Bohrung.
Die innere Kurve gilt für die Bohrung, die äußere für die Laufbahn; beide sind in derselben Aufspannung abgetastet. Beide sind praktisch kreisrund, jedoch um etwa 1,5 µm zueinander versetzt. Ein solcher Fehler kann z. B. dadurch entstehen, daß der Ring bei der Bearbeitung der Rollbahn zwar auf einem schlagfreien, runden Dorn aufgenommen ist, dessen Zentrierbohrungen aber verschmutzt sind.

Abb. 107. Innenring eines Rillenkugellagers 607 mit 7 mm Bohrung.
Die Laufbahn ist in ihrer Grundform oval. Meistens haben solche Ringe auch eine ovale Bohrung. Die Laufbahn wurde zwar rund bearbeitet; bei dem Herausnehmen aus der Spannvorrichtung führen frei gewordene Eigenspannungen zu dieser Verformung. Andere Fehler sind im Diagramm nicht erfaßt.

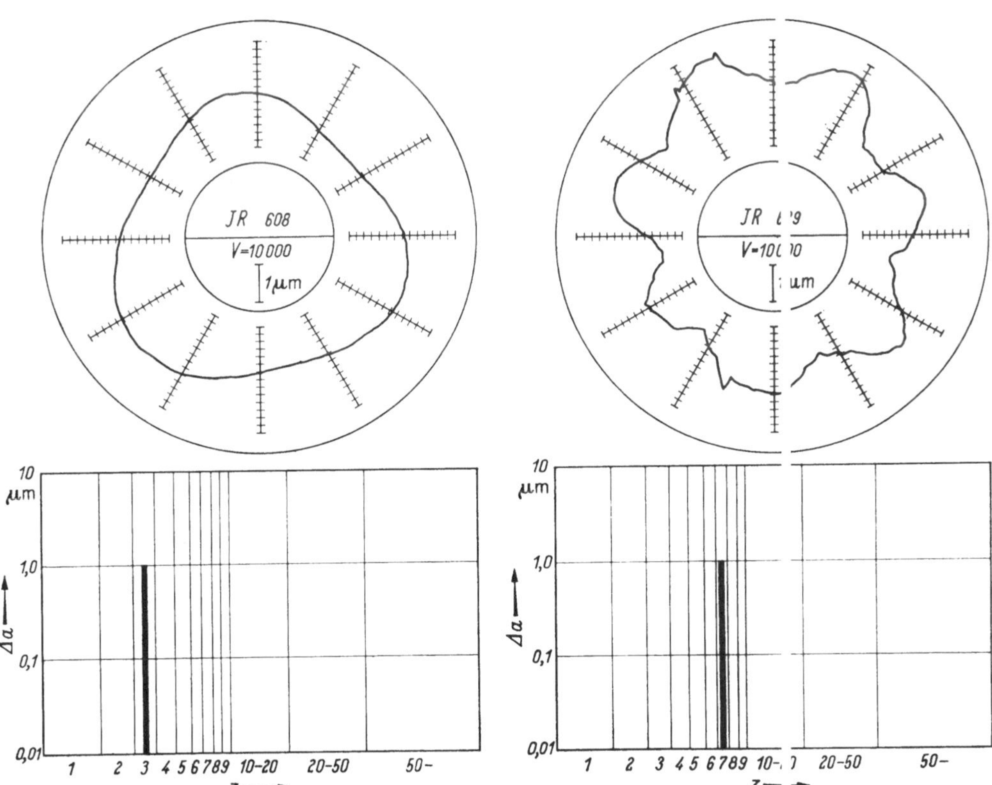

Abb. 108. Dreieckige Laufbahn eines Innenringes. Wiedergabe 1:2.

Abb. 109. Siebeneckige Laufbahn eines Innenringes. Wiedergabe 1:2.

Abb. 108. Innenring eines Rillenkugellagers 608 mit 8 mm Bohrung.
Die Rollbahn ist dreieckförmig. Hier wurde diese Form absichtlich dadurch erzeugt, daß der Ring bei der Bearbeitung auf einen entsprechend unrunden Dorn aufgesetzt wurde.

Abb. 109. Innenring eines Rillenkugellagers 629 mit 9 mm Bohrung.
Die Rollbahn ist ein Siebeneck infolge von Störschwingungen zwischen Werkstück und Schleifscheibe.

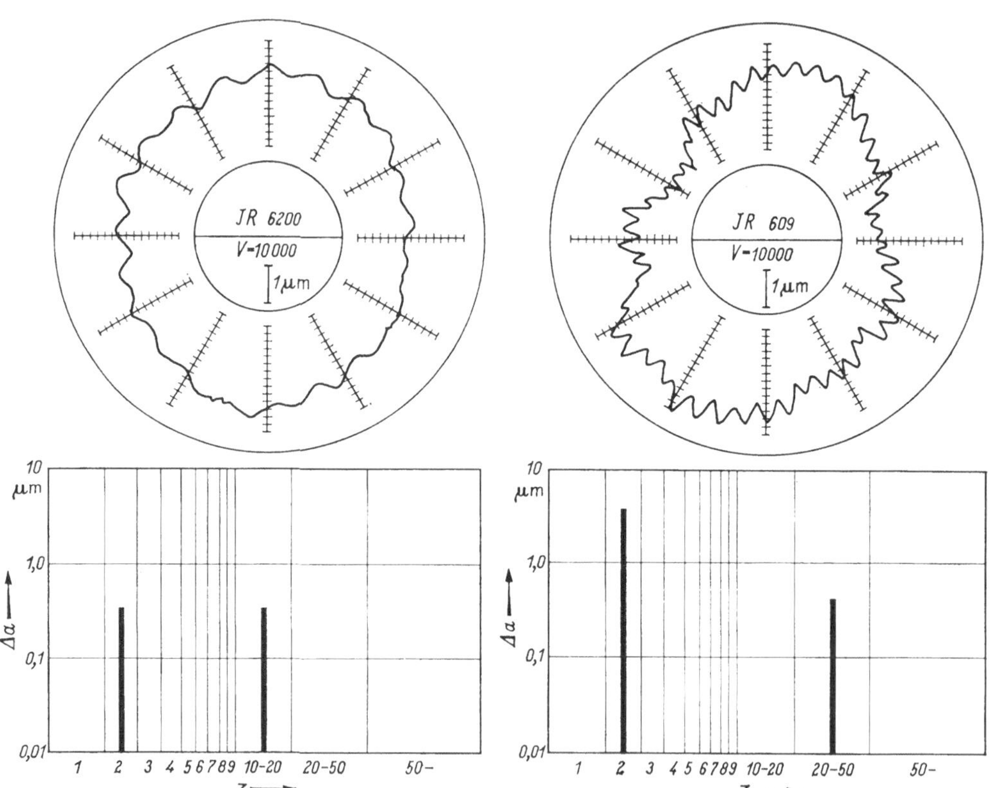

Abb. 110. Laufbahn eines Innenringes mit vielen kurzen Wellen. Wiedergabe 1:2.

Abb. 111. Laufbahn eines Innenringes mit überlagerten Formabweichungen. Wiedergabe 1:2.

Abb. 110. Innenring eines Rillenkugellagers 6200 mit 10 mm Bohrung
Die Störschwingungen zwischen Werkstück und Schleifscheibe haben hier eine höhere Frequenz als im vorhergehenden Bild. Die Amplituden sind aber geringer.

Abb. 111. Innenring eines Rillenkugellagers 609 mit 9 mm Bohrung
Die Formabweichungen der Laufbahn dieses Ringes stellen eine Überlagerung verschiedener Grundfehler dar. Man kann neben einer Ovalität nach Bild 107 eine schwach ausgeprägte — im Diagramm nicht dargestellte — Siebeneckform nach Bild 109 erkennen, die noch überlagert wird von einer Formabweichung geringer radialer Ausdehnung aber großer Häufigkeit.

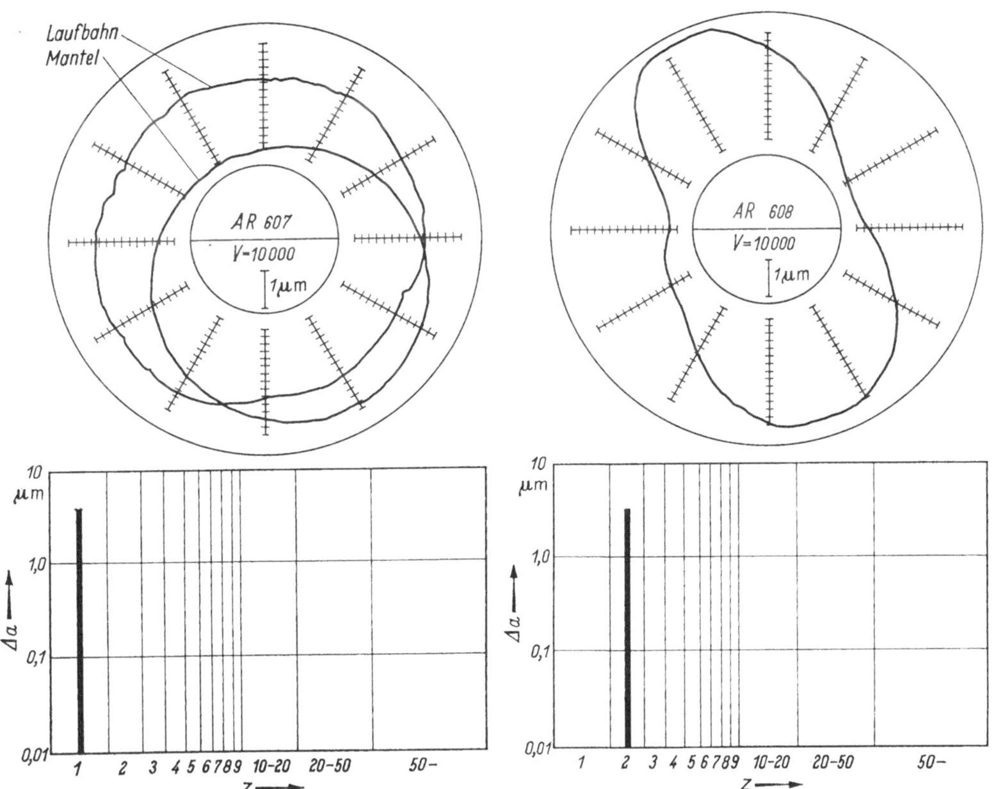

Abb. 112. Außenringlaufbahn exzentrisch zum Mantel. Wiedergabe 1:2.

Abb. 113. Ovale Laufbahn eines Außenringes. Wiedergabe 1:2.

Abb. 112. Außenring eines Rillenkugellagers 607 mit 19 mm Außendurchmesser. Die äußere Kurve gilt für die Laufbahn, die innere für den Mantel. Bei nahezu kreisförmiger Ausbildung von Laufbahn und Mantel beträgt der Radialschlag hier 4 μm.

Abb. 113. Außenring eines Rillenkugellagers 608 mit 22 mm Außendurchmesser. Hinsichtlich der Ursachen der Ovalität der Laufbahn gilt dasselbe wie bei dem Innenring nach Bild 107.

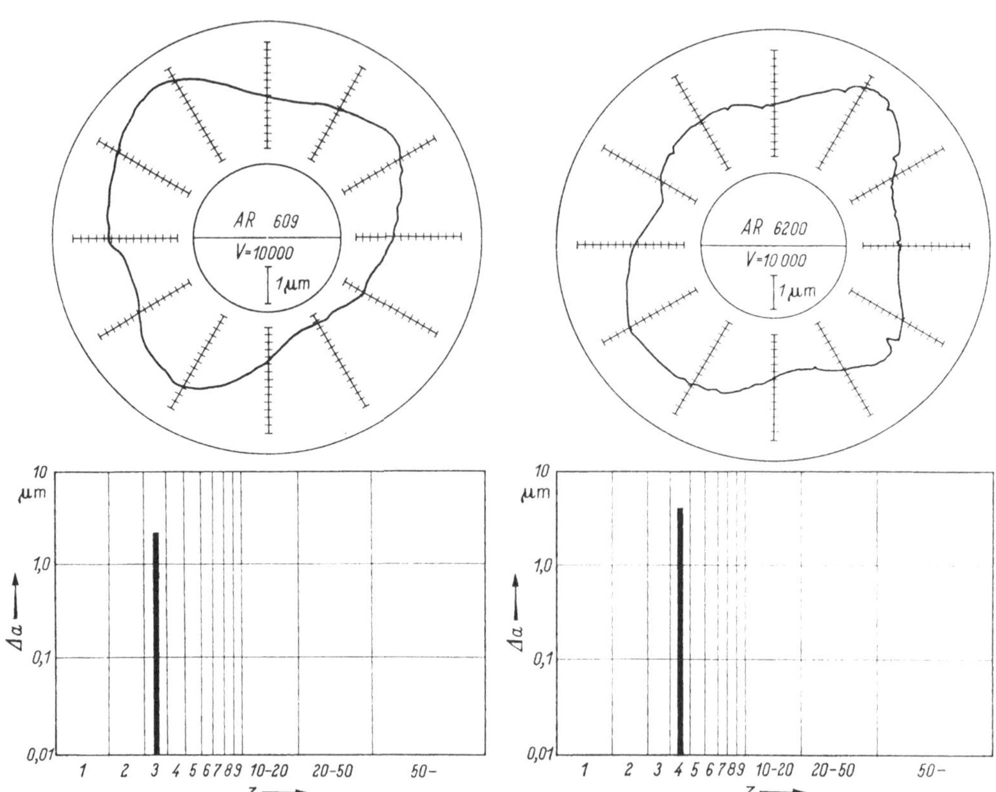

Abb. 114. Dreieckige Form der Laufbahn eines Außenringes. Wiedergabe 1:2.

Abb. 115. Viereckige Form der Laufbahn eines Außenringes. Wiedergabe 1:2.

Abb. 114. Außenring eines Rillenkugellagers 609 mit 24 mm Außendurchmesser.
Die Ursache für die aus der Abbildung ersichtlichen Formabweichungen werden
auf S. 120 ausführlicher besprochen.

Abb. 115. Außenring eines Rillenkugellagers 6200 mit 30 mm Außendurchmesser.
Die hier gezeigte Formabweichung ist die Folge einer absichtlich strammen Ein-
spannung in ein Vierbackenfutter.

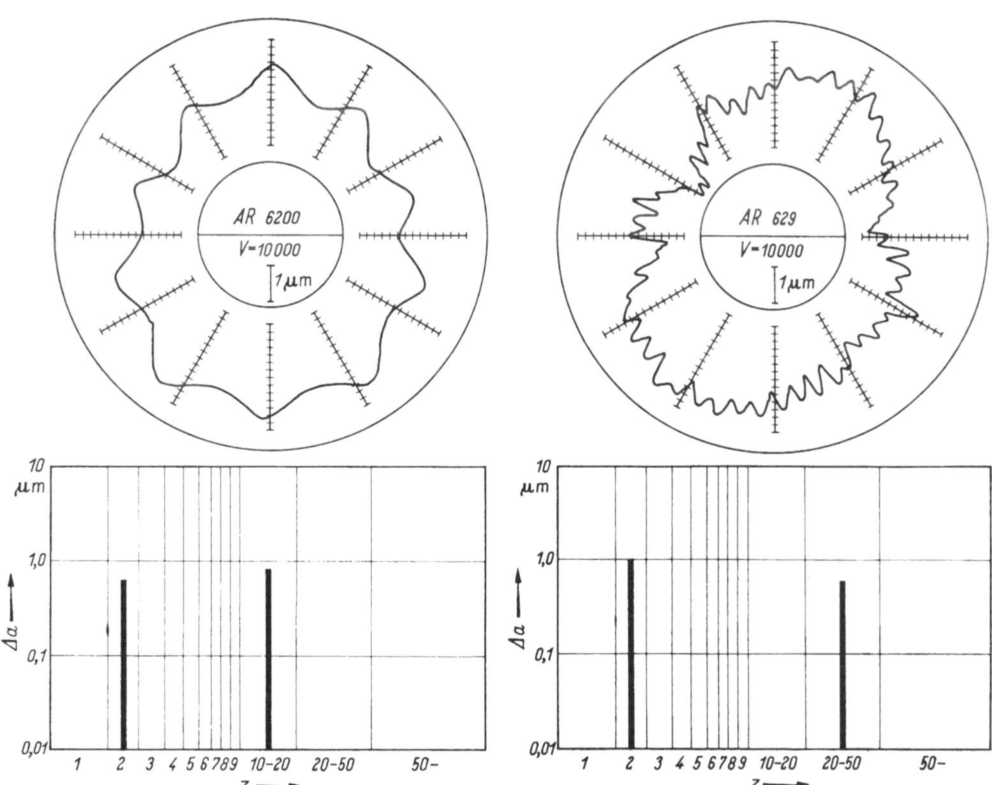

Abb. 116. Wellige Laufbahn eines Außenringes.
Wiedergabe 1 : 2.

Abb. 117. Laufbahn eines Außenringes mit überlagerten Formabweichungen. Wiedergabe 1 : 2.

Abb. 116. Außenring eines Rillenkugellagers 62 00 mit 30 mm Außendurchmesser.
Wie beim Innenring Abb. 109 und Innenring Abb. 110 entstehen auch diese
Formabweichungen durch Störschwingungen der Schleifmaschine.

Abb. 117. Außenring eines Rillenkugellagers 629 mit 26 mm Außendurchmesser.
Hier sind verschiedene Grundformen von Fehlern überlagert.

In Abb. 118 sind die Formabweichungen einer Kugel dargestellt. Aus dem
Tastschrieb erkennt man, daß gewisse Abweichungen von der Kreisform vorliegen. Diesen Formabweichungen sind weitere Unregelmäßigkeiten überlagert,
die im Gebiete der Rauhigkeit liegen.

Nun können aber bei der Kugel auch diese kleinen Formabweichungen mit den
heutigen Fertigungsverfahren noch weiter eingeengt werden. Diese weitere An-

näherung an die ideale Form wirkt sich in einer Verminderung des Laufgeräusches aus. Durch eingehendes Studium des Einflusses der Schleifgeschwindigkeit, des Schleifdruckes, der Schleifmittel und der Schleifzeit hat man Arbeitsbedingungen für die Fertigung von Hochgenauigkeits-Kugeln ermittelt. Für solche Kugeln ist der Tastschrieb nach Abb. 119 charakteristisch. Kugeln in dieser Qualität stehen heute für Lager zur Verfügung, an die besonders hohe Anforderungen an Geräuscharmut gestellt werden. Unter den Tastschrieben sind wiederum die entsprechenden Fehlerdiagramme gezeichnet. Die Formabweichungen im Gebiet der Rauheit können nur noch angenähert durch eine Zahl angegeben werden; für die Häufigkeit müssen Bereiche genannt werden.

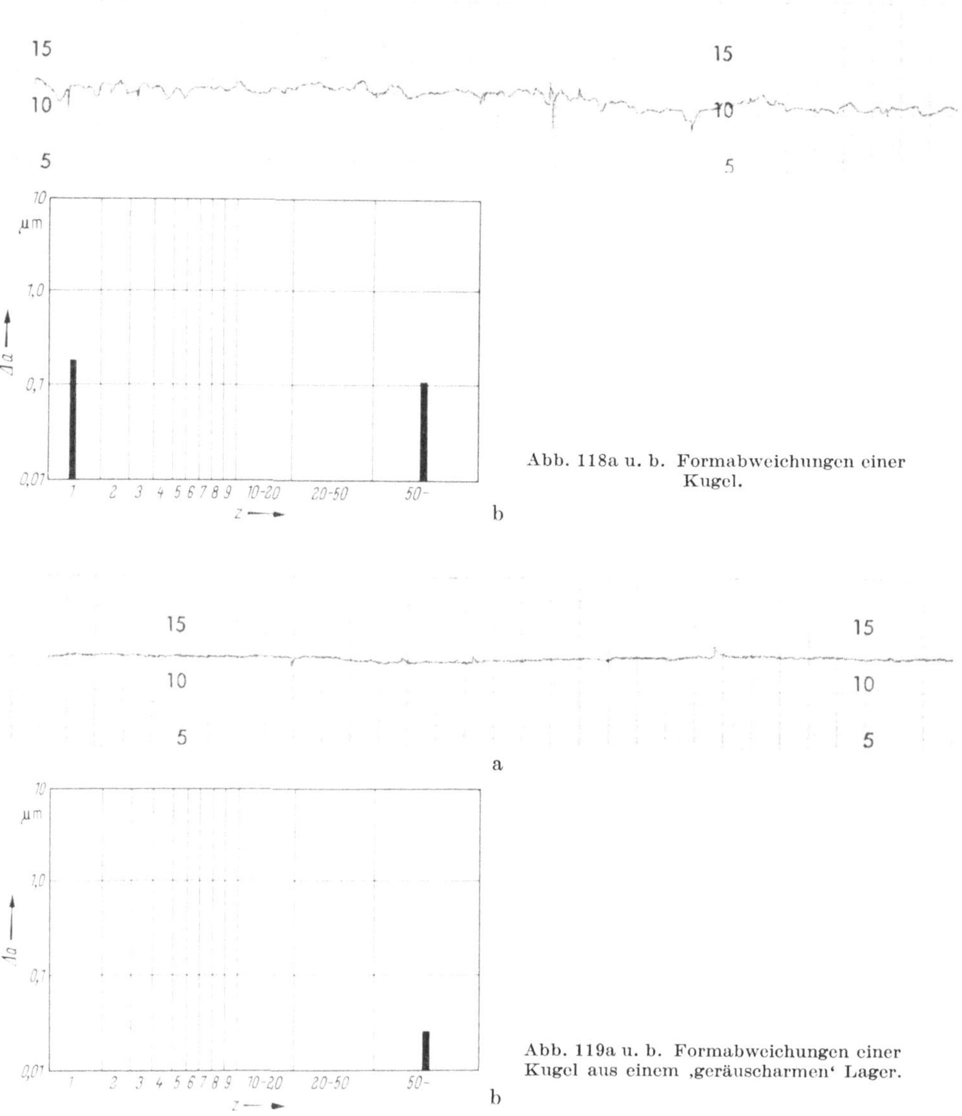

Abb. 118a u. b. Formabweichungen einer Kugel.

Abb. 119a u. b. Formabweichungen einer Kugel aus einem ‚geräuscharmen' Lager.

Ein Verfahren zur Beurteilung ‚geräuscharmer' Lager

Nach den bisherigen Ausführungen läßt sich folgendes feststellen: Ein ideales Wälzlager, d. h. ein Wälzlager, dessen Einzelteile keinerlei Abweichungen von der Sollform haben, gäbe die besten Voraussetzungen für einen geräuscharmen Lauf. Bei den Wälzlagern, die heute und auch in Zukunft hergestellt werden, muß immer mit gewissen Abweichungen von der Sollform gerechnet werden, die eine Erhöhung des Laufgeräusches zur Folge haben. Es gibt heute Geräte, mit denen diese Formabweichungen ausreichend genau und reproduzierbar aufgeschrieben werden können. Man kennt auch die wesentlichen Zusammenhänge zwischen diesen Formabweichungen und den Fertigungsverfahren. Größe und Art der Form-

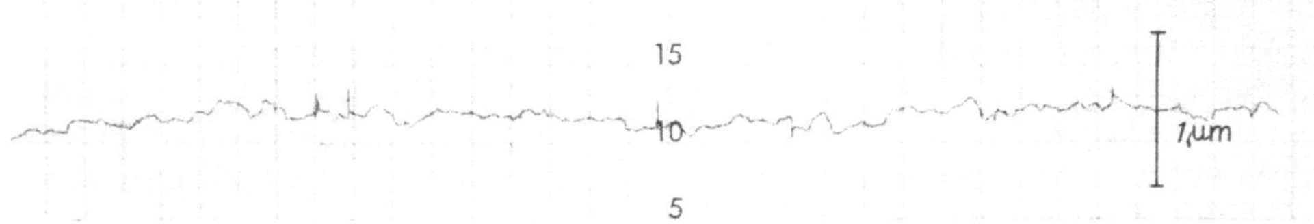

Fortsetzung des Diagrammes der Abb. 118a.

abweichungen, die das Schwingungsverhalten beeinflussen, können aus diesen Tastschrieben ermittelt werden. In der Regel liegen beim wirklichen Lager die Formabweichungen in den mannigfaltigsten Abwandlungen und Kombinationen vor. Da sie von Lager zu Lager verschieden sind, ist es sehr schwierig, einen allgemeinen Ansatz zu finden, mit dem man ihren Einfluß auf die Laufruhe des Lagers rechnerisch erfassen kann.

Andererseits war es aber möglich, die Geräuschgüte der Wälzlager Zug um Zug zu verbessern. Durch Versuche erkannte man zunächst, welche Formabweichungen sich besonders ungünstig auf das Geräuschverhalten auswirken. Der nächste Schritt zur Einschränkung der Fehler war dann eine Verbesserung oder Änderung der

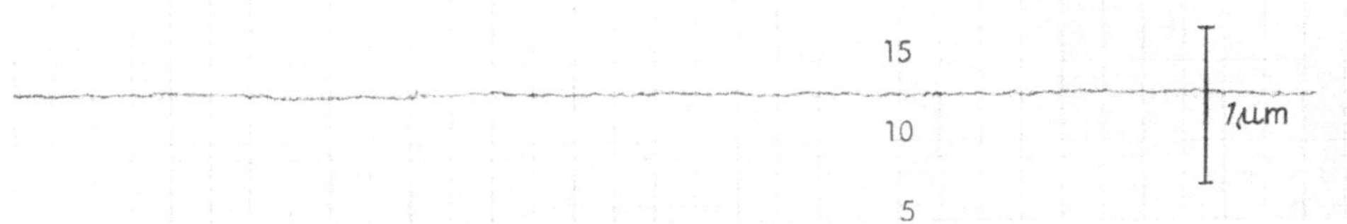

Fortsetzung des Diagrammes der Abb. 119a.

Fertigungsverfahren. Das Ergebnis waren bessere Lager mit geringeren Formabweichungen. In weiteren Untersuchungen wurde geklärt, welche Fehler überhaupt auftreten können, wie sie mit den Fertigungsverfahren zusammenhängen und wie sie sich auf die Laufruhe des Lagers auswirken. Dabei richtete sich das Bemühen immer darauf, durch verbesserte Fertigungsverfahren die am stärksten störenden Fehler einzuschränken. Es konnten dafür aber nur solche Fertigungsverfahren in Betracht gezogen oder eingeführt werden, die es ermöglichten, geräuscharme Lager in großen Serien wirtschaftlich herzustellen.

Man darf wohl annehmen, daß die Entwicklung des geräuscharmen Lagers sich auch in Zukunft in dieser oder einer ähnlichen Weise fortsetzt. Die Form-

8*

abweichungen werden immer geringer, d. h. die Wälzlager werden in ihrer Ausführung dem idealen Lager immer näher kommen, wenn auch die Idealform natürlich nie erreicht werden kann.

Man kann also zunächst einmal davon ausgehen, daß heute Wälzlager gefertigt werden, die in ihrem Geräuschverhalten den Ansprüchen der Verbraucher entsprechen und als „geräuscharme" Lager bezeichnet werden.

Da es heute, wie bereits erwähnt wurde, noch keine genormten Meßverfahren und Toleranzen zur Beurteilung des Geräuschverhaltens von Wälzlagern gibt, sollen die Einzelteile solcher sogenannten geräuscharmen Lager mit den beschriebenen Meßverfahren untersucht werden, um zu erkennen, in welchen Grenzen die Formabweichungen ihrer Laufringe und Kugeln liegen. Werden diese Untersuchungen auf einer genügend breiten Basis durchgeführt, so können die dabei gewonnenen Werte die Grundlage für eine Toleranzfestlegung werden. Mit einem solchen Verfahren könnte man dann unter Ausschluß aller das Geräuschverhalten beeinflussenden und oft recht subjektiv bewerteten Umweltbedingungen durch eine genaue und reproduzierbare Formkontrolle der Einzelteile entscheiden, ob ein bestimmtes Wälzlager geräuscharm ist oder nicht. Hier soll nun zunächst einmal berichtet wer-

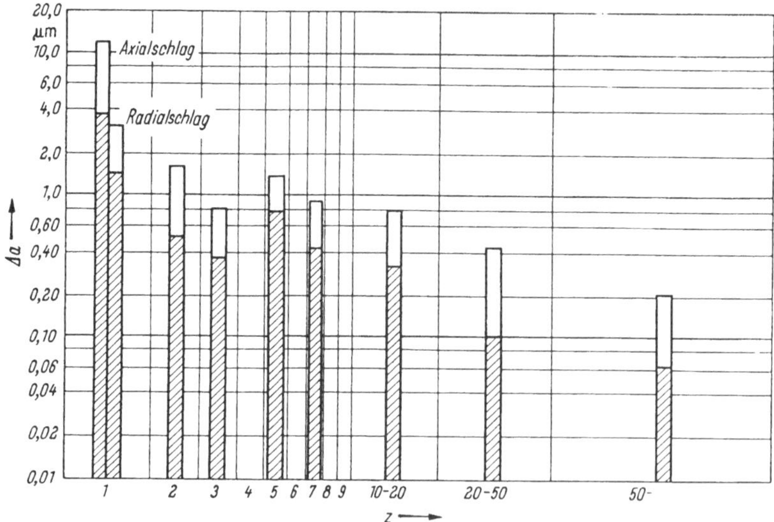

Abb. 120. Fehlerdiagramm für die Außenringe von ‚geräuscharmen' Lagern 6205.

den über das Ergebnis solcher Untersuchungen an je 100 Lagern der Typen 625 (5×16×5 mm), 6205 (25×52×15 mm) und 6210 (50×90×20 mm). Die Lager wurden dem Magazin entnommen und entsprechen in bezug auf das Laufgeräusch einem Qualitätsstandard, der sich aus dem Wettbewerb entwickelt hat und heute von den Verbrauchern, vor allem aus der Elektromotoren-Industrie, akzeptiert wird.

Abb. 120 zeigt das Fehlerdiagramm für die Außenringe der Lager 6205. Auf der Abszissenachse sind über einzelnen charakteristischen Werten oder Bereichen von „Z" Säulen gezeichnet, deren schraffierter Teil den Mittelwert der betreffenden Formabweichungen angibt und deren Gesamthöhe dem größten jeweils gemessenen Wert entspricht. Die Mittelwertbildung erstreckt sich nur auf den Anteil der Lager, die den betreffenden Formfehler überhaupt aufweisen.

Vor der Diskussion solcher Fehlerdiagramme ist noch eine Bemerkung notwendig. Die Laufbahnen der verhältnismäßig dünnwandigen Wälzlagerteile erleiden beim Einbau durch die Formabweichungen von Mantel und Bohrung und der Gegenstücke gewisse Verformungen. Das gilt im besonderen für den meist strammer gepaßten Innenring. Die verschiedenen möglichen Formabweichungen der Bohrung oder des Mantels dringen nicht in gleicher Stärke bis zur Laufbahn vor. Während z. B. ein ovaler Dorn fast im selben Ausmaß eine Ovalverformung der Laufbahn bewirkt, werden die auf dem Umfang häufiger auftretenden Formabweichungen mit den kleineren Amplituden in der Paßfuge flach gedrückt, ohne daß die Laufbahn wesentlich deformiert wird. Die Paßfuge wirkt wie ein Filter, das nur lange Wellen durchläßt. Nun spielen aber gerade die Formabweichungen geringer Häufigkeit, z. B. eine Ovalverformung der Laufbahn, im Hinblick auf das hörbare Laufgeräusch eine untergeordnete Rolle. Für die folgenden Auswertungen konnte daher darauf verzichtet werden, die Auswirkungen der Formabweichungen von Bohrung und Mantel mit einzubeziehen.

Nach dem Ergebnis der durchgeführten Messungen ist vor allem festzustellen, daß die Amplituden der Formabweichungen verhältnismäßig klein sind. Abgesehen vom Radialschlag und Axialschlag bei $Z = 1$ liegen die Amplituden aller anderen Fehler unter 1 μm, mitunter sogar unter 1/10 μm.

Es mag sein, daß bei einzelnen Lagern auch an den in Abb. 120 freien Stellen auf der Abszissenachse bei $Z = 4, 6, 8, 9$ Formabweichungen vorhanden sind. Die Amplituden sind dann aber so klein, daß sie in der weiteren Diskussion vernachlässigt werden können. Der Axialschlag der Außenringe wurde mit der in Abb. 121 im Schema dargestellten Meßeinrichtung ermittelt, in der auch der Radialschlag

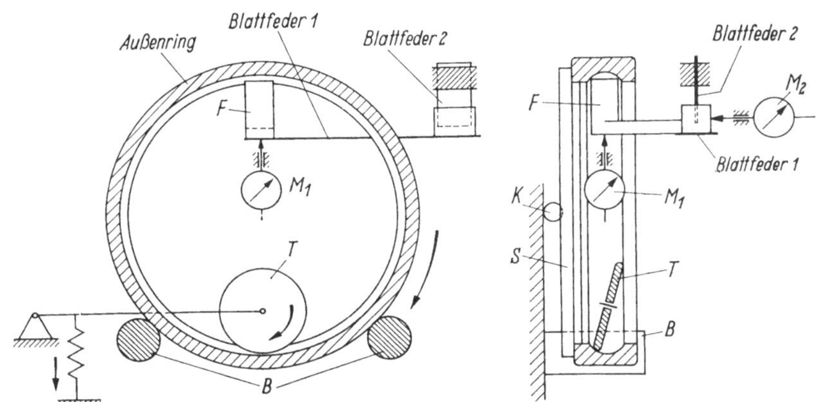

Abb. 121. Einrichtung zum Messen des Radial- und Axialschlages eines Kugellager-Außenringes.

kontrolliert wurde. Der Außenring wird zur Messung in der gezeichneten Weise auf zwei Bolzen B gelegt und ist damit radial festgelegt. Die axiale Festlegung geschieht durch eine Scheibe S, in derem Zentrum eine Kugel K eingedrückt ist. Über ein schräg angeordnetes Treibrad T wird der Außenring in langsame Drehung versetzt. Der Meßfühler F ist in den Blattfedern 1 und 2 gelagert, die so angeordnet sind, daß der Meßfühler der radialen und axialen Versetzung der Laufbahn gegenüber dem Mantel ungehindert folgen kann. Die Größe des Radialschlages und des Axialschlages der Laufbahn kann an den Meßuhren M_1 und M_2 direkt abgelesen werden.

Der Radialschlag und der Axialschlag der Innenringe wurde in der in Abb. 122 im Schema dargestellten Meßvorrichtung ermittelt. Hinsichtlich der Wirkungsweise der Vorrichtung gilt dasselbe wie für die Meßvorrichtung der Außenringe. Die Anzeigen der beiden Meßuhren M_1 und M_2 geben wiederum direkt den Radialschlag und den Axialschlag der Laufbahn gegenüber der Bohrung des Innenringes an.

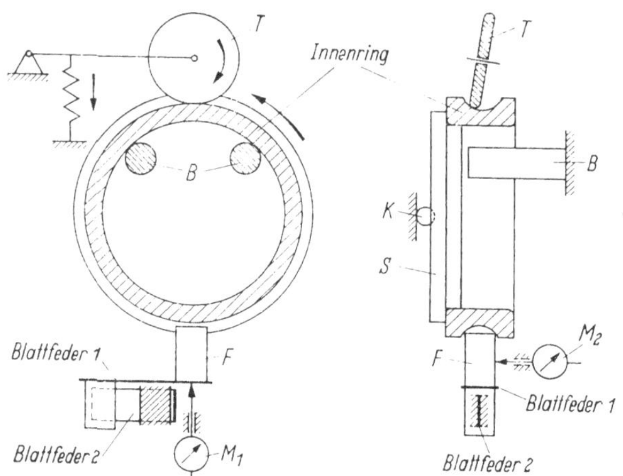

Abb. 122. Einrichtung zum Messen des Radial- und Axialschlages eines Kugellager-Innenringes.

Nahezu bei allen gemessenen Außenringen wurde neben dem Radialschlag und dem Axialschlag der Laufbahn ($Z = 1$) eine kleine Ovalität festgestellt ($Z = 2$), deren mittlere Amplitude $0{,}5\,\mu$m und deren Höchstwert $1{,}6\,\mu$m beträgt (Abb. 120). Die Ursache sind wohl in den meisten Fällen Eigenspannungen der Ringe, die beim Schleifvorgang frei werden.

Die im folgenden gezeigten Rundlauftastschriebe der Laufbahnen von Kugellagerringen weisen zwei Kurvenzüge auf, die an zwei verschiedenen Stellen der Laufbahn abgenommen wurden. Die Bezeichnungen SS und KS, siehe z.B. Abb. 123, bedeuten Schriftseite und Kontrollseite der Lagerringe. Auf der Schriftseite eines Lagerringes ist die Lagerbezeichnung eingeschlagen, von der Kontrollseite aus wird der Ring während der Fertigung und beim Meßvorgang aufgenommen. Die Lagen der Tastebenen I und II gehen aus Abb. 124 hervor. Die beiden Punkte 1 und 2 in der Tastebene sind die äußersten Berührpunkte der Kugeln und Laufbahnen, die sich ergeben, wenn unter Berücksichtigung des mittleren Lagerspiels die beiden Lagerringe durch axiale Verschiebung von der einen in die andere Endlage gebracht werden. Die Abwälzbahnen der Kugeln auf den Ringlaufbahnen werden im praktischen Einsatz der Lager in der überwiegenden Zahl von Einbaufällen in dem Abschnitt zwischen diesen beiden Punkten 1 und 2 liegen. Hierzu ist noch ergänzend zu bemerken, daß die Messung in den Ebenen I und II der Laufbahnen in Übereinstimmung steht mit der Handhabung auf den verschiedensten bekannten Kugellager-Geräuschprüfgeräten. Auch dort wird der stillstehende Lagerring gegenüber dem drehenden Lagerring so weit axial verschoben, bis die Berührung der Kugeln mit den Ringlaufbahnen in den Punkten *1* oder *2* stattfindet. Der gemessene Wert für das Laufgeräusch ist somit im wesentlichen eine Funktion der Güte der Laufbahnen in den Punkten *1* und *2*. An vielen Ringen wurden die Laufbahnen auch zwischen den Punkten *1* und *2* abgetastet. Dabei ergab sich, daß fast bei allen Ringen im Laufbahngrund die Rundheit geringfügig besser ist.

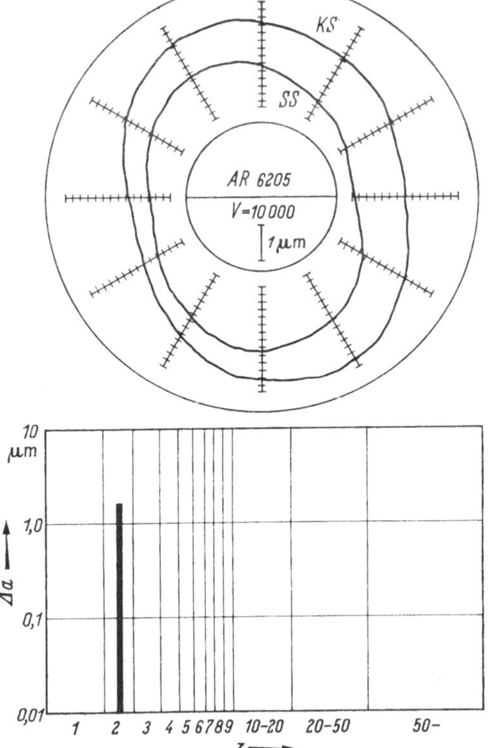

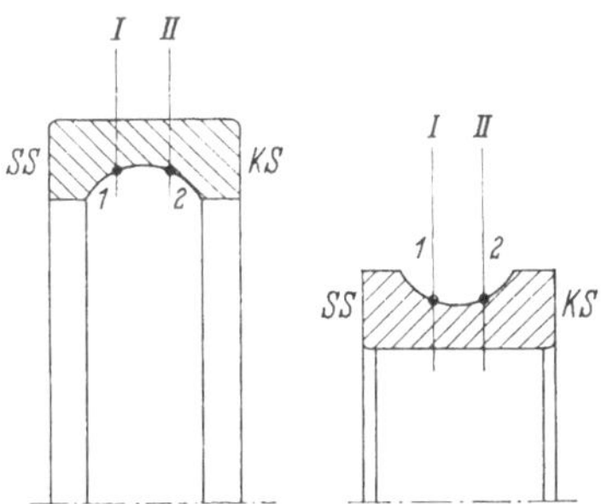

Abb. 124. Meßebenen bei der Formkontrolle.

Abb. 123. Tastschrieb eines Außenringes für die zwei Meßebenen nach Abb. 124. Wiedergabe 1:2.

Was sagen nun die Messungen an den Außenringen der 100 geräuscharmen Lager *6205* aus? In der Abb. 123 ist der Tastschrieb eines dem Kollektiv (vgl. Abb. 120) angehörigen Außenringes gezeigt, der eine ausgeprägte Ovalverformung aufweist. Radial- und Axialschlag sowie die Ovalität, die im Fehlerdiagramm an den Stellen $Z = 1$ und $Z = 2$ eingetragen sind, haben wegen der niedrigen Frequenzen, die sie anregen, einen verhältnismäßig geringen Einfluß auf das Geräusch von Lagern; bei den aus dem Diagramm ersichtlichen kleinen Werten der Amplituden ist es daher nicht notwendig, zur weiteren Einengung gerade dieser Fehler besondere Anstrengungen zu machen.

Weiterhin liegen bei allen Ringen in einem Gebiet, das etwa bei $Z = 50$ und darüber liegt, auch noch sehr kleine Formabweichungen im Gebiet der Oberflächenrauhigkeit vor, die nicht regelmäßig auftreten, sondern unregelmäßig aufeinanderfolgen und in der Amplitude stark schwanken. Die Amplituden der Rauhigkeit liegen im Mittel bei 0,06 μm, bei einzelnen Ringen wurden 0,2 und 0,3 μm festgestellt. Die sehr kleinen Werte sind das Ergebnis optimaler Arbeitsbedingungen beim Schleifen und Honen. Der Tastschrieb eines anderen dem Kollektiv angehörigen Außenringes in Abb. 125 ist in der Grundform ein Fünfeck, dem ein unregelmäßiges Gemisch von Formabweichungen mit einem Mittelwert von etwa 0,09 μm überlagert ist.

Die bisher besprochenen Formabweichungen werden — wenn auch mit unterschiedlicher Größe der Amplitude — unabhängig von dem jeweils angewendeten Schleifverfahren immer zu erwarten sein.

Diese letzte Aussage gilt nicht für die Formabweichungen, die in einem Gebiet $Z = 3 \div 10$ gefunden wurden. Bei der vorliegenden Untersuchung wurden bei einem Teil der Ringe 3-, 5- oder 7-Ecke festgestellt, deren mittlere Amplituden

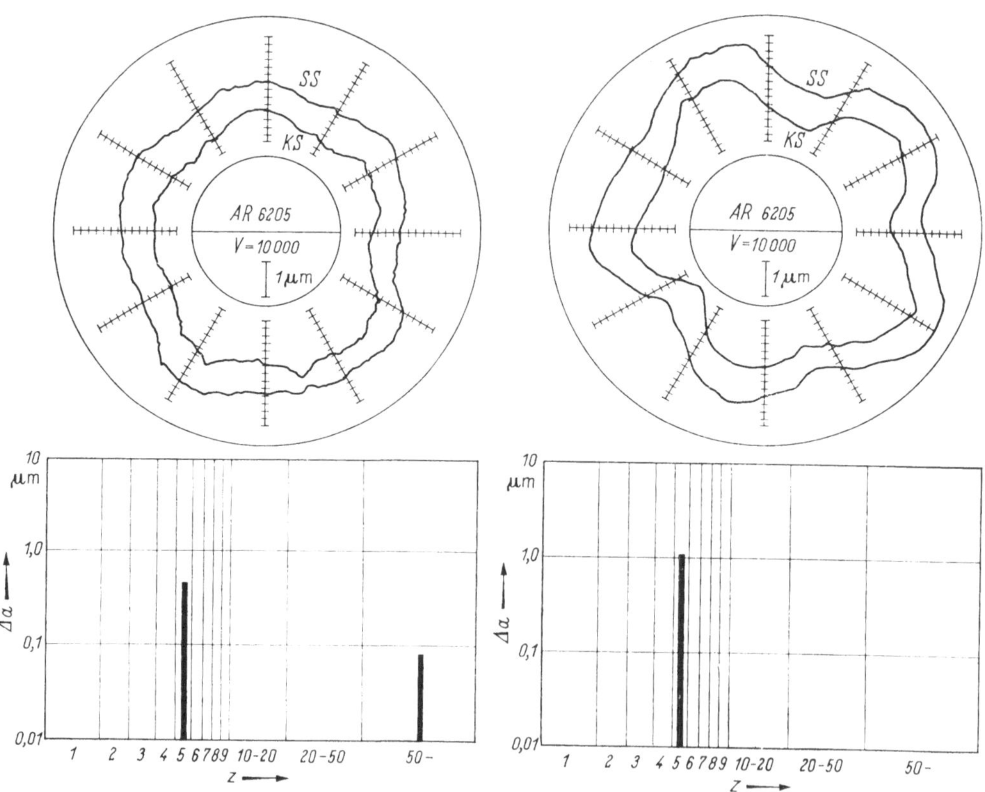

Abb. 125. Fünfeckige Laufbahn eines Außenringes — die Rauhigkeit liegt an der oberen Grenze. Wiedergabe 1:2.

Abb. 126. Fünfeckige Laufbahn eines Außenringes. Wiedergabe 1:2.

$0,4 \div 0,8$ μm und deren größte Amplituden 1,5 μm betrugen. Diese Formfehler rühren von den hier angewendeten Schleifverfahren der Ringe her. Nach dem spitzenlosen Schleifen des Mantels wird im Schuhschleifverfahren die Laufbahn geschliffen, wobei der Mantel auf zwei festen Schuhen aufliegt. Die beim spitzenlosen Schleifen besonders häufig auftretenden 3-, 5- und 7-Eck-Formen des Mantels werden dabei in die Laufbahn kopiert. Die gemessenen Amplituden sind schon sehr klein, trotzdem werden hier auch weiterhin Anstrengungen darauf verwendet werden, diese Formabweichungen noch weiter einzuengen und ihre Amplituden noch weiter zu verringern. Dabei wird aus den schon dargelegten Gründen besonderes Augenmerk auf den Arbeitsgang „spitzenloses Schleifen des Mantels" gelegt. In Abb. 126 ist der Tastschrieb der Laufbahn eines dem Kollektiv angehörigen Außenringes gezeigt, dessen 5-Eck-Form sehr ausgeprägt ist. Die Abb. 127 zeigt den Tastschrieb der Laufbahn eines ebenfalls dem Kollektiv zugehörigen Außenringes mit ausgeprägter 7-Eck-Form.

Würde man die Ringe zum Schleifen der Laufbahn in Backenfuttern aufnehmen, so würden infolge der elastischen Verspannung der Ringe Vieleckformen entstehen, deren Eckenanzahl abhängig ist von der Anzahl der Backen. Das Fehlerdiagramm für Ringe, die nach diesem Schleifverfahren bearbeitet werden, wird also gerade im mittleren Z-Bereich eine andere Belegung des Spektrums aufweisen.

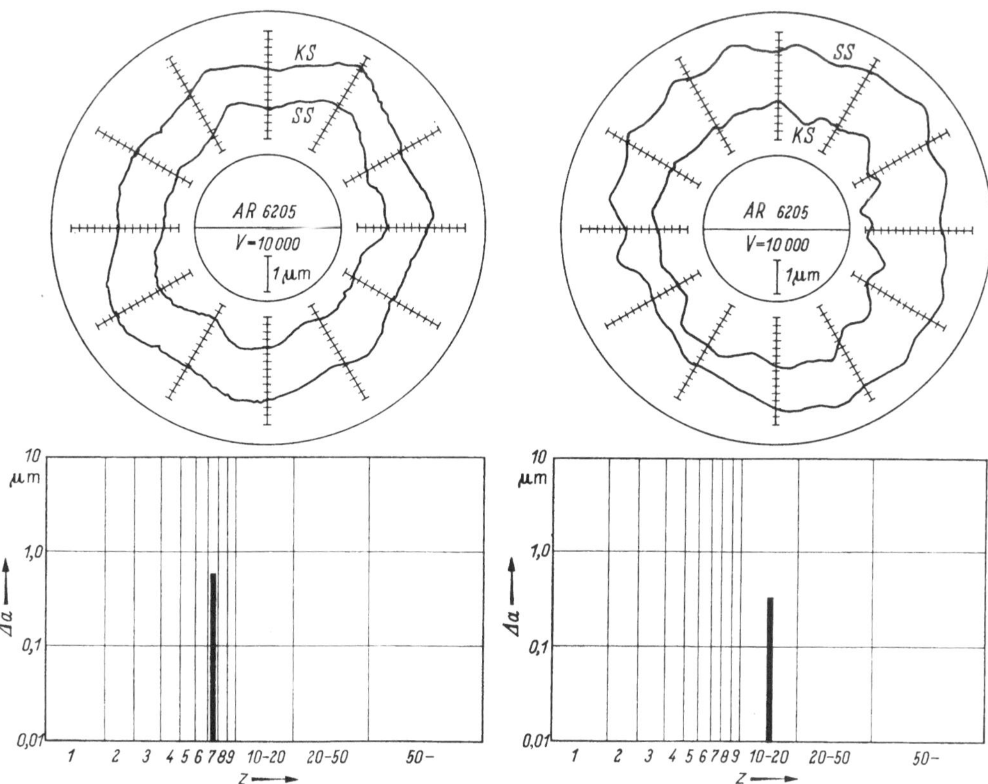

<table>
<tr><td>Abb. 127. Siebeneckige Laufbahn eines Außenringes.
Wiedergabe 1:2.</td><td>Abb. 128. Wellige Laufbahn eines Außenringes.
Wiedergabe 1:2.</td></tr>
</table>

Die mittleren und maximalen Werte für die Amplituden der Formabweichungen bei $Z=4$, $Z=6$ und $Z=8$, die bei geräuscharmen Lagern nicht überschritten werden sollen, können dann aus dem Fehlerdiagramm in Abb. 120 abgeschätzt werden.

Eine geringe Anzahl der Ringe weist Formabweichungen höherer Ordnung in einem Gebiet bei $Z = 10 \div 50$ auf. Während die Abweichungen bei

$Z = 10 \div 20$ immer noch in regelmäßigen Abständen auftreten, ist im Gebiet $Z = 20 \div 50$ die regelmäßige Aufeinanderfolge nicht mehr gegeben. In diesem Bereich findet der Übergang statt zu den für die Oberflächenrauhigkeit charakteristischen unregelmäßigen Formabweichungen. Die mittlere Größe der Abweichungen bei $Z = 10 \div 20$ und $Z = 20 \div 50$ ist mit $0,3\,\mu$m bzw. $0,1\,\mu$m sehr klein. Trotzdem werden gerade hier auch weiterhin Anstrengungen gemacht, diesen Fehler weiter einzuengen. Dabei sind vor allem die Maßnahmen zur Schwingungsentstörung der Maschinen zu beachten. In Abb. 128 ist der Tastschrieb eines dem Kollektiv angehörigen Ringes mit solchen Formfehlern dargestellt.

Aus der Abb. 129 ist das Fehlerdiagramm für die Innenringe der Lager *6205* ersichtlich. Auch hier ist festzustellen, daß die auftretenden Formabweichungen nicht wahllos über den ganzen Z-Bereich streuen, sondern daß im Gegenteil nur wenige, bestimmte Formabweichungen auftreten, und zwar bei $Z = 1, 2, 5$ und in dem

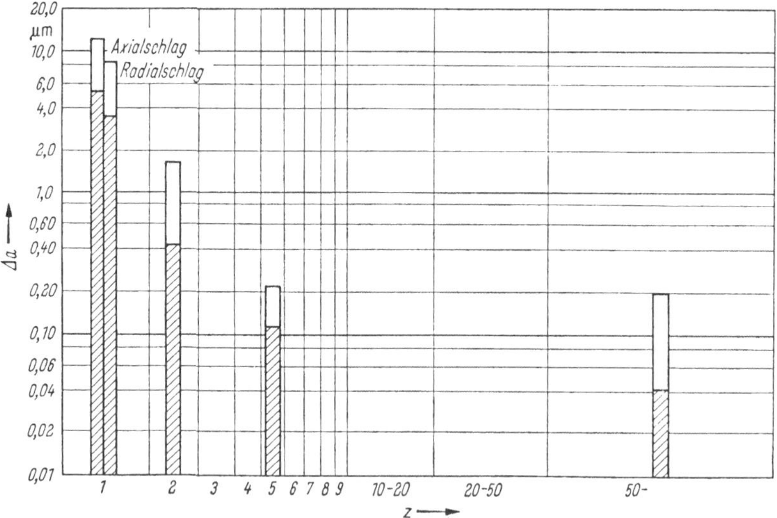

Abb 129. Fehlerdiagramm für die Innenringe von ‚geräuscharmen' Lagern *6205*.

Bereich von 50 und darüber. Hinsichtlich der Möglichkeit, daß im unteren Bereich des Spektrums noch weitere unbedeutende Fehler auftreten, dann allerdings mit sehr kleiner Amplitude, gilt dasselbe wie für die Außenringe. Insgesamt gesehen ist die Belegung der Abszissenachse weniger dicht als bei den Außenringen.

Auch bei den Innenringen treten, wie das nach den Ausführungen des vorigen Abschnitts auch zu erwarten ist, die Formabweichungen entsprechend $Z = 1$ und $Z = 2$ bei allen gemessenen Ringen des Kollektivs auf. Der Vergleich der Fehlerdiagramme für die Außenringe und Innenringe zeigt aber, daß die für den Radialschlag und Axialschlag gemessenen Werte bei den Innenringen größer sind als bei den Außenringen. Diese Erscheinung findet darin ihre Erklärung, daß bei der Schleifbearbeitung ausnahmsweise noch das Dornschleifverfahren angewendet wurde. Dabei wird der am Bord, an den Stirnseiten und in der Bohrung fertigbearbeitete Ring auf einen Dorn gesteckt und in dieser Aufspannung in der Laufbahn geschliffen. Die Hauptursache, warum das Dornschleifen zu größeren Werten für Formabweichungen bei $Z = 1$ führt, ist der vielfach nicht genügend feste Sitz des Ringes auf dem Schleifdorn. Der Ring kann dadurch beim Spannen um kleine Beträge zum Dorn versetzt werden, was beim Schleifen zu einer ungleichmäßigen Wanddicke führt. Die weiterhin bei allen Ringen festgestellte Ovalität beträgt im Mittel 0,5 μm, der Größtwert liegt bei 1,5 μm. Fast in derselben Größe liegen diese Formabweichungen beim Außenring vor. Auch bei den Innenringen ist es wahrscheinlich, daß die Hauptursache für die Ovalität in frei werdenden Eigenspannungen der Ringe liegt. In der Abb. 130 ist der Tastschrieb der Laufbahn von einem der untersuchten Ringe gezeigt, der diese charakteristische Ovalität deutlich aufweist.

Nur ein kleiner Anteil der untersuchten Ringe weist eine schwach ausgeprägte 5-Eck-Form auf; die mittlere Amplitude dieser Abweichung beträgt nur 0,1 μm. Diese Abweichung ist bei den Innenringen einfach zu erklären durch Unwucht-

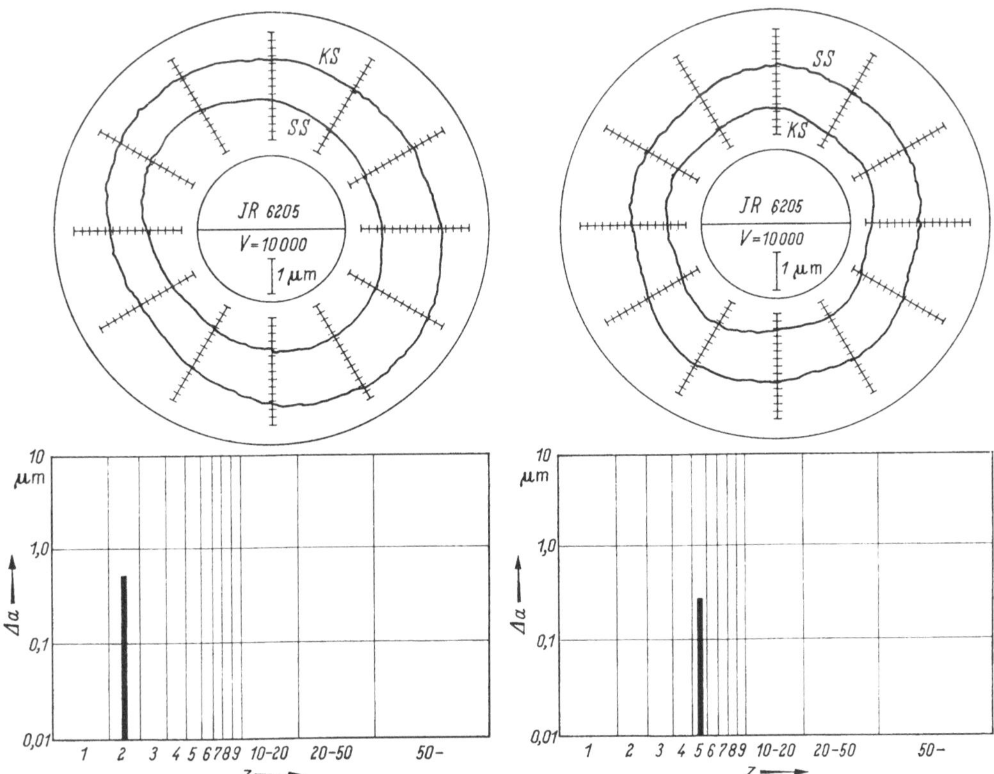

Abb. 130. Ovale Laufbahn eines Innenringes. Wiedergabe 1:2.

Abb. 131. Fünfeckige Laufbahn eines Innenringes. Wiedergabe 1:2.

schwingungen der Schleifscheibe während des Schleifens, die bei dem vorliegenden Drehzahlverhältnis zwischen Schleifscheibe und Werkstück von 5 : 1 diese Formabweichungen erzeugen. In der Abb. 131 ist der Tastschrieb der Laufbahn von einem der wenigen Ringe gezeigt, bei dem die 5-Eck-Form deutlich zu erkennen ist.

Formabweichungen entsprechend $Z = 3$ oder 7, die für die bei den Außenringen angewendete Schleifmethode typisch waren, sind hier nicht zu erwarten und fehlen auch.

Die kleinsten Formabweichungen, nämlich im Gebiet der Oberflächenrauhigkeit, treten bei den Innenringen etwa in demselben Z-Bereich auf wie bei den Außenringen. Die mittlere Amplitude der Rauhigkeit liegt gegenüber den bei den Außenringen festgestellten Werten noch etwas niedriger, und zwar bei etwa $0,05\,\mu$m, Höchstwerte bei etwa $0,2\,\mu$m. Die Abb. 132 zeigt den Tastschrieb der Laufbahn eines Innenringes, bei dem die Rauhigkeit verhältnismäßig große Werte

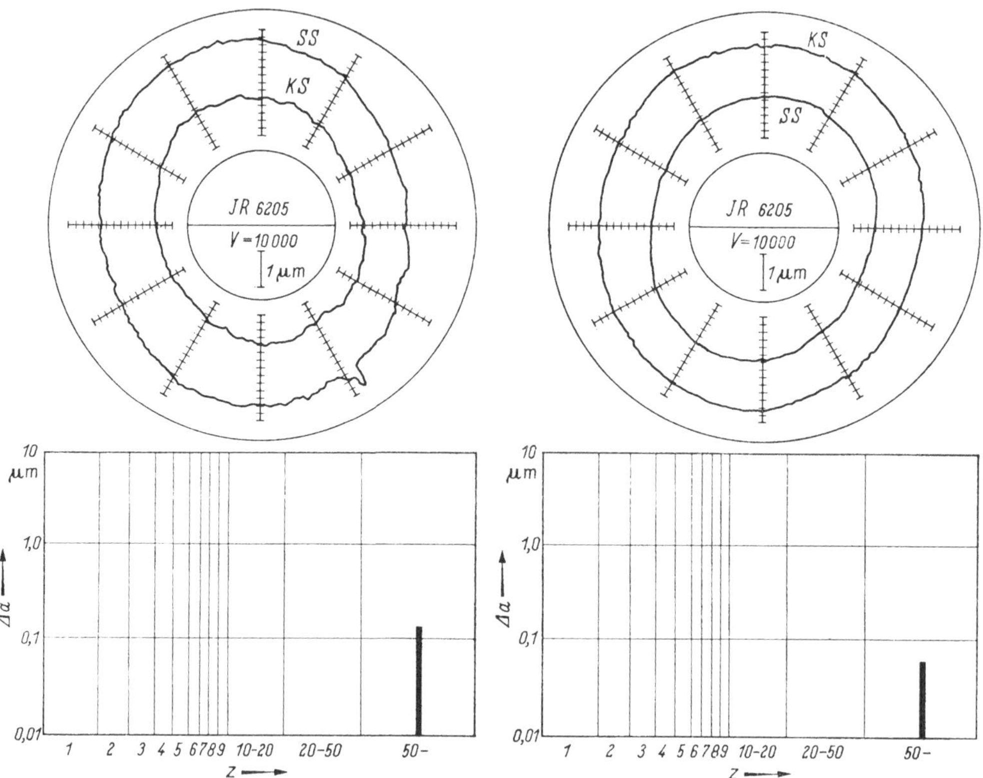

Abb. 132. Innenringlaufbahn mit größerer Rauhigkeit. Wiedergabe 1:2.   Abb. 133. Innenringlaufbahn mit geringer Rauhigkeit. Wiedergabe 1:2.

annimmt; in der Abb. 133 ist dagegen der Tastschrieb einer Innenringlaufbahn mit einer sehr geringen Rauhigkeit dargestellt. Für die Innenringe wie auch für die Außenringe gilt, daß die angegebenen Werte für die Rauhigkeit nach dem heutigen Stand der Technik für die Massenfertigung eine untere Grenze darstellen dürften.

Zusammenfassend kann für den Außenring und Innenring gesagt werden, daß nach den vorliegenden Fehlerdiagrammen die charakteristischen Formabweichungen der Laufbahnen gar nicht so vielfältig auftreten wie man das vermuten könnte. Die Amplituden der Formabweichungen in einem Gebiet $Z > 2$, auf die es im Hinblick auf die Geräuscharmut von Wälzlagern ankommt, sind schon sehr klein. Die Belegung der Abszissenachse ist bei den Innenringen weniger dicht als bei den Außenringen. Abgesehen von den Formabweichungen entsprechend $Z = 1$ liegen auch die Amplituden der Abweichungen bei den Innenringen etwas niedriger als bei den Außenringen. Besonders die Belegung im mittleren Teil des Spektrums ist offensichtlich stark von dem jeweils angewendeten Schleifverfahren und von den Arbeitsbedingungen abhängig.

In der Abb. 134 ist das Fehlerdiagramm für die Kugeln der untersuchten Lager *6205* gezeichnet. Dem Diagramm ist zu entnehmen, daß praktisch nur noch zwei Gruppen von Formabweichungen auftreten, beide mit sehr kleinen Amplituden.

Mit dem auf S. 107 beschriebenen Meßverfahren wurden an allen Kugeln sehr geringe Formabweichungen festgestellt, die ein- oder zweimal auf dem Umfang auftreten. Deshalb ist auch die Eintragung im Fehlerdiagramm im Bereich

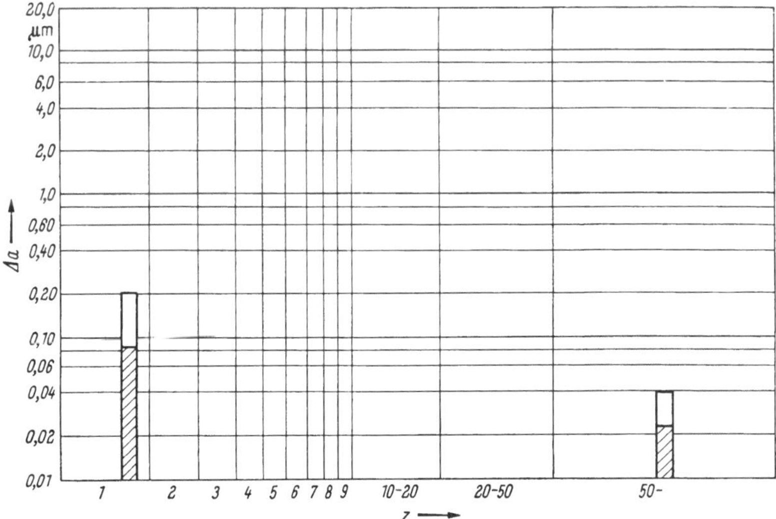

Abb. 134. Fehlerdiagramm für die Kugeln von ‚geräuscharmen‘ Lagern *6205*.

$Z = 1 \div 2$ vorgenommen. Die mittlere Amplitude dieser Formabweichung liegt bei 0,08 μm, der größte gefundene Wert bei 0,20 μm. In der Abb. 135 sind Tastschriebe von drei Kugeln gezeigt. Die Tastschriebe sind ein Beispiel für eine selten so deutlich ausgeprägte, einmal über den Umfang auftretende Welligkeit mit einer Amplitude von 0,1 $\div$ 0,2 μm.

Neben dieser regelmäßigen Unrundheit der Kugeln liegen im Bereich $Z > 50$ kleinste Formabweichungen vor, die die Oberflächenrauhigkeit der Kugeln kennzeichnen (vgl. Abb. 134). Sie treten in unregelmäßiger Aufeinanderfolge und mit unterschiedlich großer Amplitude auf. Die mittlere Amplitude dieser Abweichung ist sehr klein und liegt bei etwa 0,02 μm; größte Werte wurden mit etwa 0,04 μm festgestellt. In Abb. 136 sind Tastschriebe von einigen dem untersuchten Kollektiv entnommenen Kugeln dargestellt, denen zu entnehmen ist, daß man der Idealform schon sehr nahe gekommen ist.

Auch für die Kugeln gilt, daß die in dem Fehlerdiagramm angegebenen mittleren Amplituden der beiden Formabweichungen mit 0,08 μm und 0,02 μm in einer Größe liegen, die nach dem heutigen Stand der Fertigungstechnik für Kugeln als untere Grenze anzusehen ist.

Die Abb. 137 bis 142 zeigen die Fehlerdiagramme der Wälzlagerteile für Kollektive von Rillenkugellagern der Typen *625* mit 5 mm Bohrung und

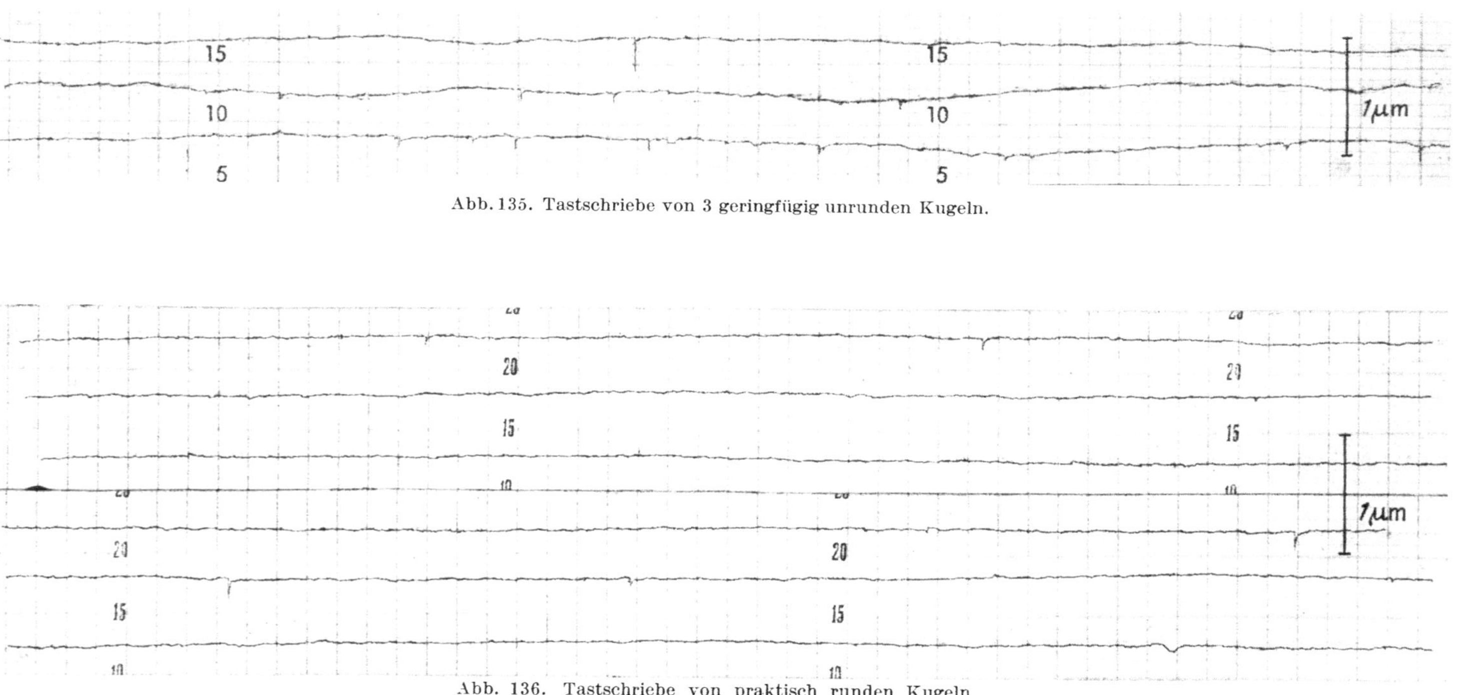

Abb. 135. Tastschriebe von 3 geringfügig unrunden Kugeln.

Abb. 136. Tastschriebe von praktisch runden Kugeln.

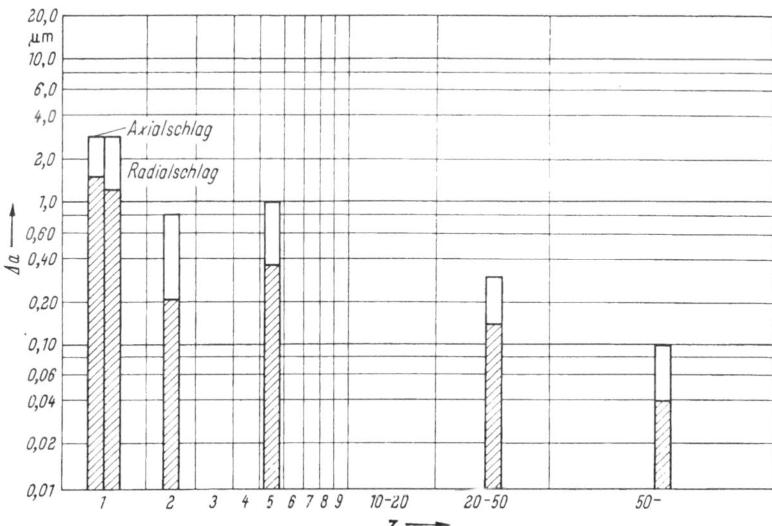

Abb. 137. Fehlerdiagramm für die Außenringe von ‚geräuscharmen' Lagern *625*.

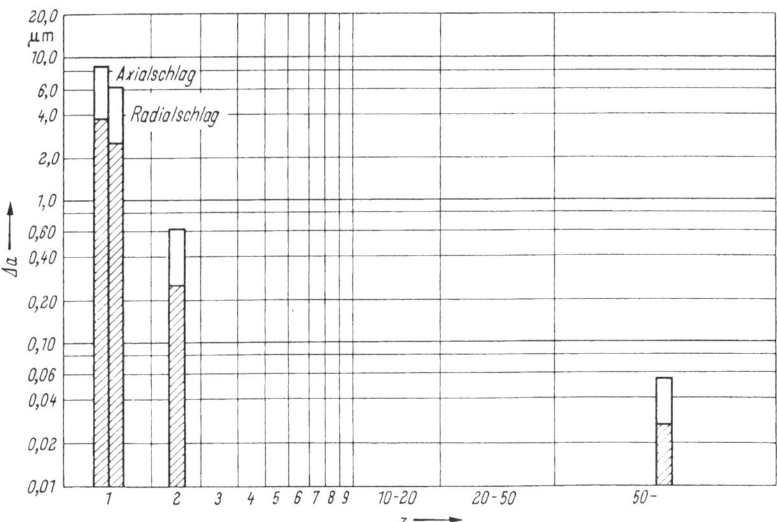

Abb. 138. Fehlerdiagramm für die Innenringe von ‚geräuscharmen' Lagern *625*.

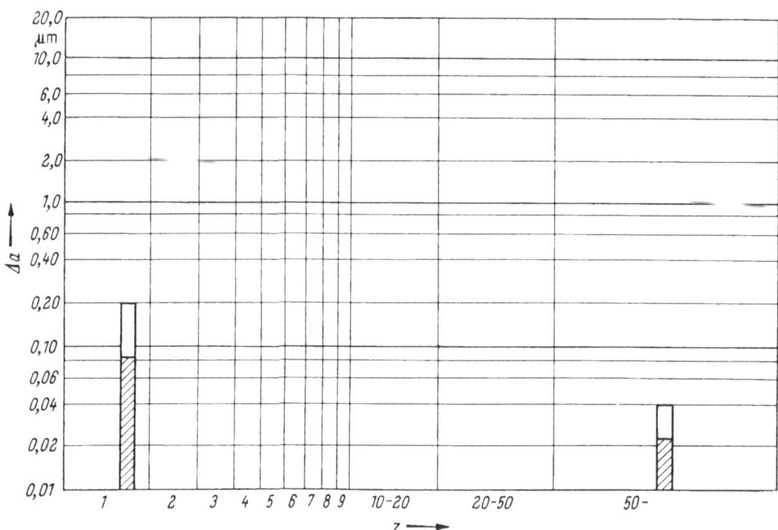

Abb. 139. Fehlerdiagramm für die Kugeln von ‚geräuscharmen' Lagern *625*.

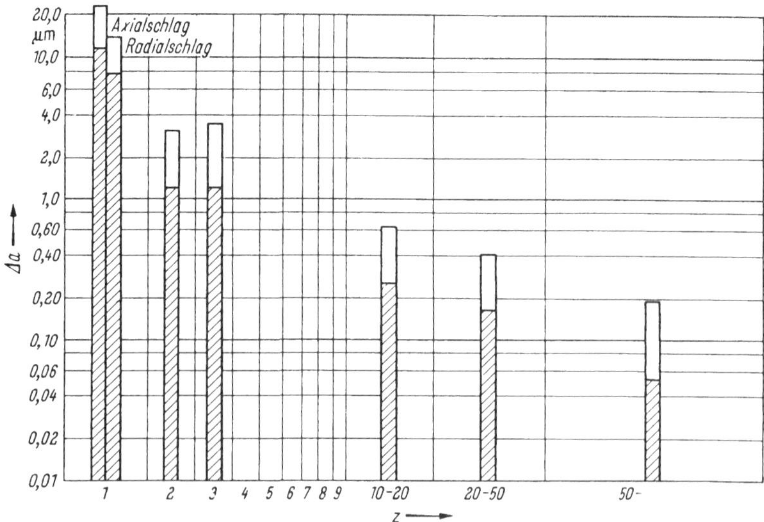

Abb. 140. Fehlerdiagramm für die Außenringe von ‚geräuscharmen' Lagern *6210*.

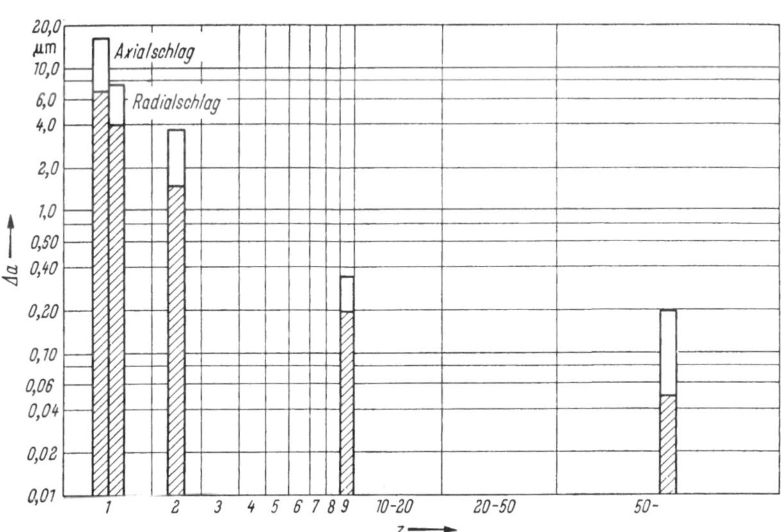

Abb. 141. Fehlerdiagramm für die Innenringe von ‚geräuscharmen' Lagern *6210*.

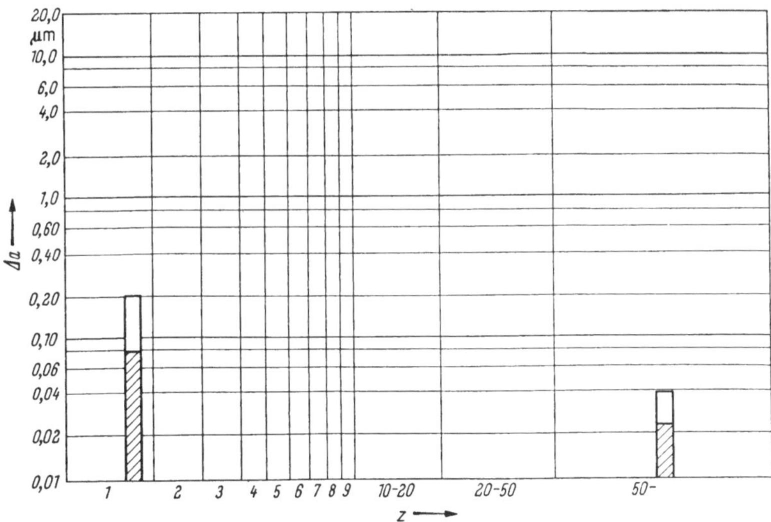

Abb. 142. Fehlerdiagramm für die Kugeln von ‚geräuscharmen' Lagern *6210*.

6210 mit 50 mm Bohrung. Die gemessenen Amplituden der Formabweichungen sind bei den Lagern *625* kleiner und bei den Lagern der Type *6210* größer als die entsprechenden Amplituden bei den bereits besprochenen Lagern *6205* mit 25 mm Bohrung. Die Größe und die Häufigkeit bestimmter Fehler hat in allen Fällen dieselben Ursachen.

Um zu zeigen, wie die Größe der Formabweichungen von der Lagergröße abhängt, sind in der Abb. 143 über dem Bohrungsdurchmesser d die Mittelwerte der

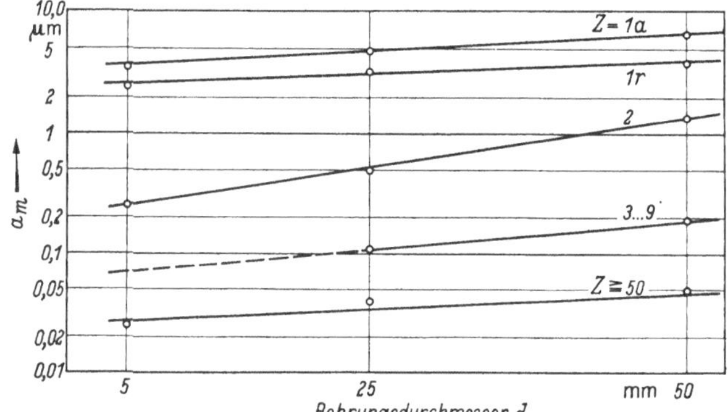

Abb. 143. Mittelwerte für die Formabweichungen bei den Innenringen geräuscharmer Kugellager im Bereich von 5 bis 50 mm Bohrung ($Z = 1a$ bedeutet Axialschlag; $Z = 1r$ bedeutet Radialschlag).

verschiedenen charakteristischen Formabweichungen z. B. für die Innenringe eingezeichnet. Die Abhängigkeit läßt sich in diesem Bereich im halblogarithmischen Netz durch eine Gerade annähern.

Wird weiterhin der jeweilige Mittelwert einer Formabweichung auf den Bohrungsdurchmesser d bezogen und dieser Verhältniswert über dem Bohrungsdurchmesser aufgetragen, dann ergibt sich eine Abhängigkeit wie sie, wiederum für die

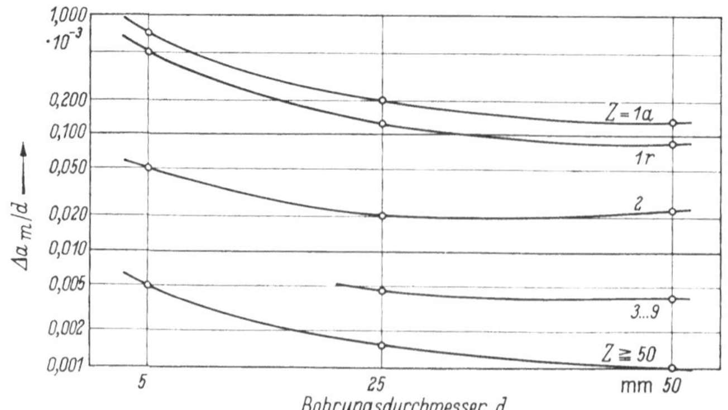

Abb. 144. Relative Formabweichungen bei den Innenringen geräuscharmer Kugellager im Bereich von 5 bis 50 mm Bohrung ($Z = 1a$ bedeutet Axialschlag; $Z = 1r$ bedeutet Radialschlag).

Innenringe, in der Abb. 144 dargestellt ist. Auf der Abszissenachse ist der Bohrungsdurchmesser aufgetragen, auf der Ordinate der Wert $\Delta a_m/d$, der angibt, wieviel Promille vom Bohrungsdurchmesser die jeweilige Formabweichung beträgt. Es ist gut zu erkennen, daß dieser Verhältniswert mit zunehmendem Bohrungsdurchmesser kleiner wird; d.h. die Amplituden der Formabweichungen der Teile von geräuscharmen Lagern werden mit zunehmender Lagergröße verhältnismäßig geringer.

Die Aufstellung der Diagramme muß nicht unbedingt nach den Auswertungen von vorliegenden Tastschrieben vorgenommen werden. Es gibt auch Geräte, bei denen unmittelbar nach der Abtastung die Amplitude bestimmter Gruppen von Formabweichungen als eine Zahl angegeben wird. Mit denselben Geräten kann man auch die von den Formabweichungen herrührenden Achsmittenbewegungen eines kompletten Wälzlagers analysieren [38]. Das Ziel der Messung bleibt dabei immer die Bestimmung von einzelnen Formabweichungen, ausgedrückt durch ihre Häufigkeit und Amplitude. Damit ist die Geräuschqualität eines Lagers beschrieben. Die Bestimmung der Geräuschqualität eines Lagers ist auf eine Längenmessung zurückgeführt; die Eichung der Meßgeräte kann ohne besonderen Aufwand durchgeführt werden.

Die verschiedenen heute im Einsatz befindlichen Geräuschmeßgeräte für Wälzlager oder für Teile von Wälzlagern messen nicht die Formabweichungen, sondern das von ihnen herrührende Geräusch. Das Lager läuft während des Meßvorganges mit einer Drehzahl von 1000 ÷ 2000 U/min um; während der Lagerdrehung werden Geräuschmessungen am Lager selbst oder in der Umgebung des laufenden Lagers vorgenommen. Die Werte, die mit den verschiedenen Geräten gemessen werden, lassen sich meistens nicht miteinander vergleichen. Diese Einschränkung ist allerdings für die Geräuschkontrolle von Wälzlagern ohne besondere Bedeutung. Hier müssen über den Einfluß der Formabweichungen hinaus auch noch Verunreinigungen und z. B. von der Montage oder auch vom Einbau herrührende Beschädigungen an einzelnen Wälzlagerteilen erkannt werden können. Solange mit solchen Einflüssen zu rechnen ist, werden die heute üblichen Betriebsmeßgeräte unentbehrlich sein; ihr weiterer Vorteil ist der verhältnismäßig schnelle Meßvorgang.

Für die objektive Festlegung und Überprüfung der Geräuschqualität von Wälzlagern und von Wälzlagerteilen dürfte jedoch die Angabe von Fehlerdiagrammen viel besser geeignet sein. Ob ein Lagerteil für ein geräuscharmes Lager geeignet ist oder nicht, kann durch Vergleich seiner Formabweichungen mit bereits erstellten Fehlerdiagrammen von geräuscharmen Wälzlagern ermittelt werden, deren Ausführungsgüte dem vorliegenden Stand der Technik entspricht. Solche Fehlerdiagramme vermitteln weiterhin einen Überblick darüber, ob ein erreichter Qualitätsstand gehalten wird oder wie er sich ändert.

Die Umbauteile für geräuscharme Lager

Das Laufgeräusch einer Lagerung hängt natürlich nicht allein von der Geräuschgüte des verwendeten Wälzlagers ab. Selbst ein ideales Lager, wie es einleitend definiert und besprochen wurde, wird geräuschvoller laufen, wenn ungenaue Umbauteile die Idealform der Lagereinzelteile und ihre Lage zueinander so verändern, daß zusätzliche Schwingungen angeregt werden. Zusätzliche Laufstörungen können dann auftreten, wenn

1. bei strammen Passungen und zu geringem Ausgangsspiel die Lager im eingebauten und betriebswarmen Zustand unter einer schädlichen Vorspannung laufen,

9*

2. Formfehler der Gegenstücke auf die Wälzlagerrollbahnen übertragen werden,

3. Lagefehler an den Gegenstücken dazu führen, daß die beiden Laufringe des eingebauten Wälzlagers in axialer Richtung in einem unzulässigen Maße gegeneinander versetzt sind oder zueinander verkippt werden.

Zu 1. Einfluß der Passungen auf das Betriebsspiel

Durch Übermaße der Sitzstellen wird der Innenring aufgeweitet und der Außenring eingeschnürt, wodurch sich das Lagerspiel verringert. Abhängig von der Lage und Größe der Toleranzfelder für Wälzlagerbohrung, Wälzlagermantel, Wälzlagerradialspiel und für Wellendurchmesser und Gehäusebohrung schwankt beim eingebauten Lager das Spiel in gewissen Grenzen.

Bei kleineren Elektromotoren, bei denen die Verhältnisse hier beispielsweise betrachtet werden sollen, werden die Ankerwellen sehr oft nach j 5 und die Schildbohrungen nach H 5 bearbeitet. Dadurch erfährt der Innenring eine Aufweitung.

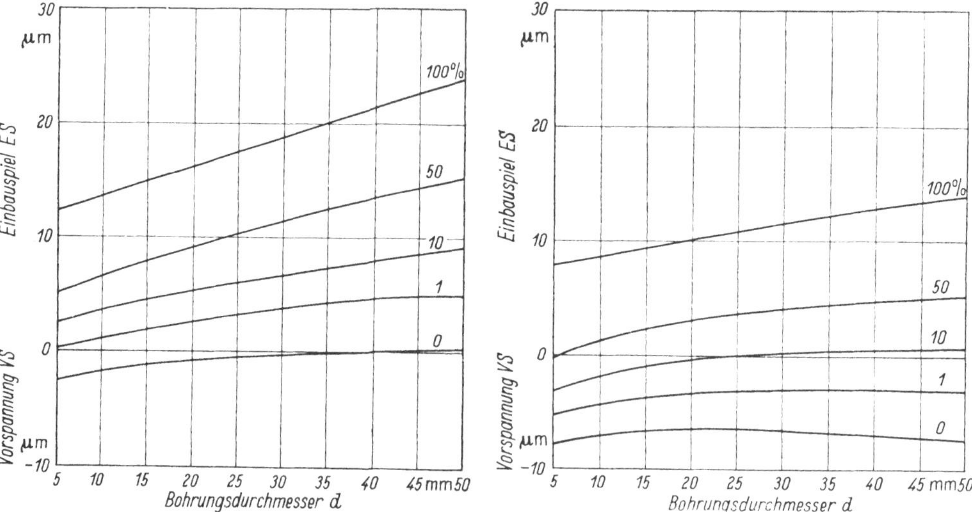

Abb. 145. Der Einfluß der Passungen j 5/H 5 auf das Einbauspiel bei ‚geräuscharmen' Kugellagern der Ausführung *C normal.*

Abb. 146. Der Einfluß der Passungen j 5 / H 5 auf das Einbauspiel bei ‚geräuscharmen' Kugellagern der Ausführung *C 2.*

Der Durchmesser der Außenringrollbahn ändert sich wegen der verhältnismäßig losen Passung nicht. Die bei diesen Passungsverhältnissen möglichen Grenzwerte für das Betriebsspiel sind für Kugellager von 5 bis 50 mm Bohrung in den Abb. 145, 146 und 147 dargestellt. Auf der Ordinate ist das Spiel ES des eingebauten Lagers, auf der Abszisse der Bohrungsdurchmesser aufgetragen. Bei der Verteilung der Toleranzen, wie sie bei der Untersuchung großer Kollektive festgestellt wurden, ergeben sich für das Radialspiel der eingebauten Lager Verhältnisse, wie sie in den Abb. 145 bis 147 dargestellt sind. Die auf der unteren Kurve *0* und der oberen Kurve 100% liegenden Punkte sind die möglichen Grenzwerte des Einbauspiels. Die dazwischenliegenden Kurven geben Aufschluß darüber, mit welcher Wahrscheinlichkeit irgendein zwischen den Grenzwerten liegender Wert des Einbauspiels nicht überschritten wird. Nach Abb. 145 fällt 1% der Lager mit 5 mm Bohrung in einen Bereich von 2,8 µm Vorspannung bis 0,3 µm Spiel. Bei 9% der Lager kann man ein Spiel erwarten zwischen 0,3 µm und 2,5 µm, 40% werden wahrscheinlich ein Spiel von 2,5 μm bis 5,2 μm haben. Die 50%-Linie gibt den Mittelwert von 5,2 μm für das gesamte Kollektiv. Abb. 146 zeigt, daß bei verringertem Spiel entsprechend $C2$ natürlich mehr Lager unter Vorspannung geraten. Der Abb. 147 ist zu entnehmen, daß bei erhöhtem Spiel ($C3$) keine Lagervorspannung mehr zu erwarten ist. Allerdings sind die Werte für das Einbauspiel bei erhöhten Ansprüchen an die Laufruhe durchweg zu groß.

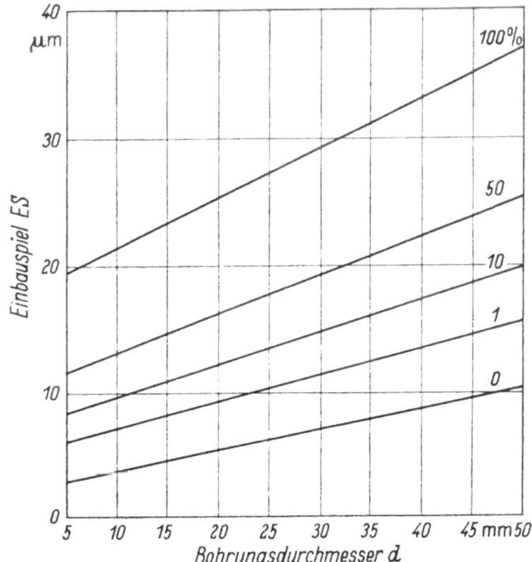

Abb. 147. Der Einfluß der Passungen j 5/H 5 auf das Einbauspiel bei ‚geräuscharmen‘ Kugellagern der Ausführung $C3$.

Mit Bezug auf das Laufgeräusch wären die günstigsten Verhältnisse dann gegeben, wenn das eingebaute betriebswarme Kugellager spielfrei läuft. Man könnte versuchen, dieser Forderung dadurch gerecht zu werden, daß man sowohl die Lager als auch die Umbauteile nach ihren Istmaßen in Gruppen unterteilt und so paart, daß man den optimalen Spielwert mit möglichst geringen Abweichungen erreicht. Natürlich könnte man auch daran denken, alle das Spiel beeinflussenden Toleranzfelder stark einzuengen. In Sonderfällen, in denen besonders hohe Ansprüche an die Laufruhe erfüllt werden mußten, hat man sogar Lager und Umbauteile einzeln ausgemessen, um beim Zusammenbau durch einen gezielten Ausgleich der Maßabweichungen möglichst nahe an das optimale Spiel heranzukommen. Diese drei Möglichkeiten sind aber mit einem erheblichen Montage- oder Fertigungsaufwand verbunden, der für den Regelfall unwirtschaftlich ist.

Wie an dem Beispiel auf S. 172 näher ausgeführt ist, läßt sich bei Elektromotoren, deren Ankerwellen in zwei Kugellagern laufen, das optimale Spiel bei der Serienmontage in wirtschaftlicher Weise dadurch erreichen, daß der eine Außenring in axialer Richtung z. B. durch Federn angestellt wird.

Zu 2. Veränderung der Form der Wälzlagerringe

Die verhältnismäßig dünnwandigen Wälzlagerringe können ihre Form verändern, wenn sie auf unrunde Wellen oder in unrunde Gehäusebohrungen gesetzt werden, vor allem bei festen Passungen. In welchem Ausmaß die ursprüngliche Rollbahnform durch Formfehler der Gegenstücke verändert wird, ist von

der Größe der Formfehler, ihrer Häufigkeit über den Umfang und von der Passung
abhängig. Wird bei Abb. 148 z. B. ein kreisrunder Ring auf einen ovalen Dorn ge-
schoben, so nimmt er mit zunehmendem Übermaß allmählich die Form des
Dornes an. Je größer der Winkel α zwischen den Punkten a und b ist (s.
Abb. 148), desto geringer wird der Widerstand, den der Ring seiner Verformung
entgegensetzt; je häufiger regelmäßige Formabweichungen über dem Umfang
auftreten, desto geringer wird ihre Auswirkung auf die Formgüte der Rollbahn.
Auch bei den Umbauteilen — wie bei den Lagern — nimmt aus fertigungsbeding-

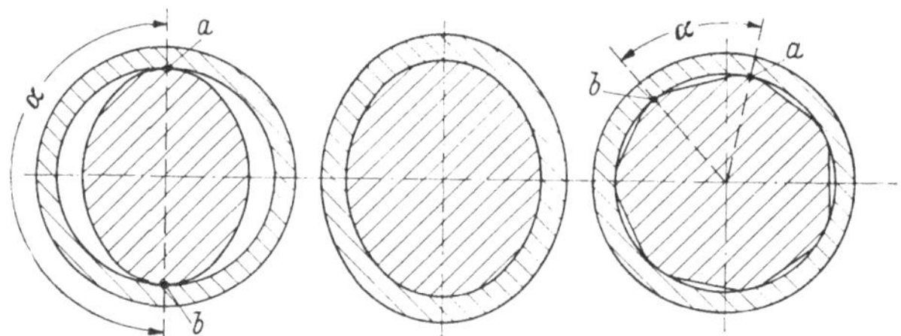

Abb. 148. Verformung eines Innenringes durch eine unrunde Welle.

ten Gründen die Größe der Formfehler mit ihrer Häufigkeit ab. Es darf daher erwartet werden, daß eine Beeinträchtigung der Rollbahnform bei den Wälzlagern
auf Fehler der Umbauteile beschränkt bleibt, die mit geringerer Häufigkeit auf
dem Umfang auftreten. Messungen an den verschiedensten Umbauteilen bestätigen diese Vorstellung. Die Schilde sind weniger steif und in der Form komplizierter
und lassen sich bei vergleichbarem Aufwand weniger genau bearbeiten als die
Wellen. Abb. 149 zeigt den Tastschrieb von der Außenringrollbahn eines Kugellagers *609*. Abb. 150 ist der Tastschrieb von der Schildbohrung, in die dieser
Außenring eingebaut werden soll. Die Unrundheit hat Dreieckform mit einer
Amplitude von etwa 15 μm. Abb. 151 bringt einen Tastschrieb von der Rollbahn
des Außenringes, nachdem er in den unrunden Schild nach Abb. 150 eingepreßt
ist. Während der freie Ring eine Unrundheit von höchstens 1 μm aufweist, beträgt
die Unrundheit beim eingebauten Ring 4 bis 8 μm. In einem weiteren Beispiel ist
die Verformung eines Innenringes *6200* durch einen Siebeneckfehler der Welle
gezeigt. Abb. 152 zeigt die Lagersitzstelle auf der Welle, Abb. 153 die Laufbahn
des aufgezogenen Innenringes. Die Siebeneckform dringt nur schwach bis zur
Laufbahn durch, weil der Winkel α zwischen zwei „Wellenbergen" verhältnismäßig klein ist.

Es erhebt sich nun die Frage, wie groß die Form- und Lageabweichungen
der Sitzfläche auf der Welle oder in der Gehäusebohrung sein dürfen, ohne daß die
sich daraus ergebenden Verformungen der Wälzlagerrollbahnen zu einem störenden Laufgeräusch führen. Durch Betrachtung der Formabweichungen allein ist
diese Frage nicht ohne weiteres zu beantworten, da die in diesem Abschnitt
behandelten Form-, Maß- und Lageabweichungen sich gegenseitig beeinflussen.
Bei der Vielfalt der möglichen Kombinationen, in denen diese Abweichungen
auftreten, lassen sich die Einzelmaße praktisch nicht tolerieren, um damit *den*
Einbauzustand sicherzustellen, der für einen geräuscharmen Lauf erforderlich ist.
Denn es besteht durchaus die Möglichkeit, daß ein Fehler durch einen Fehler an

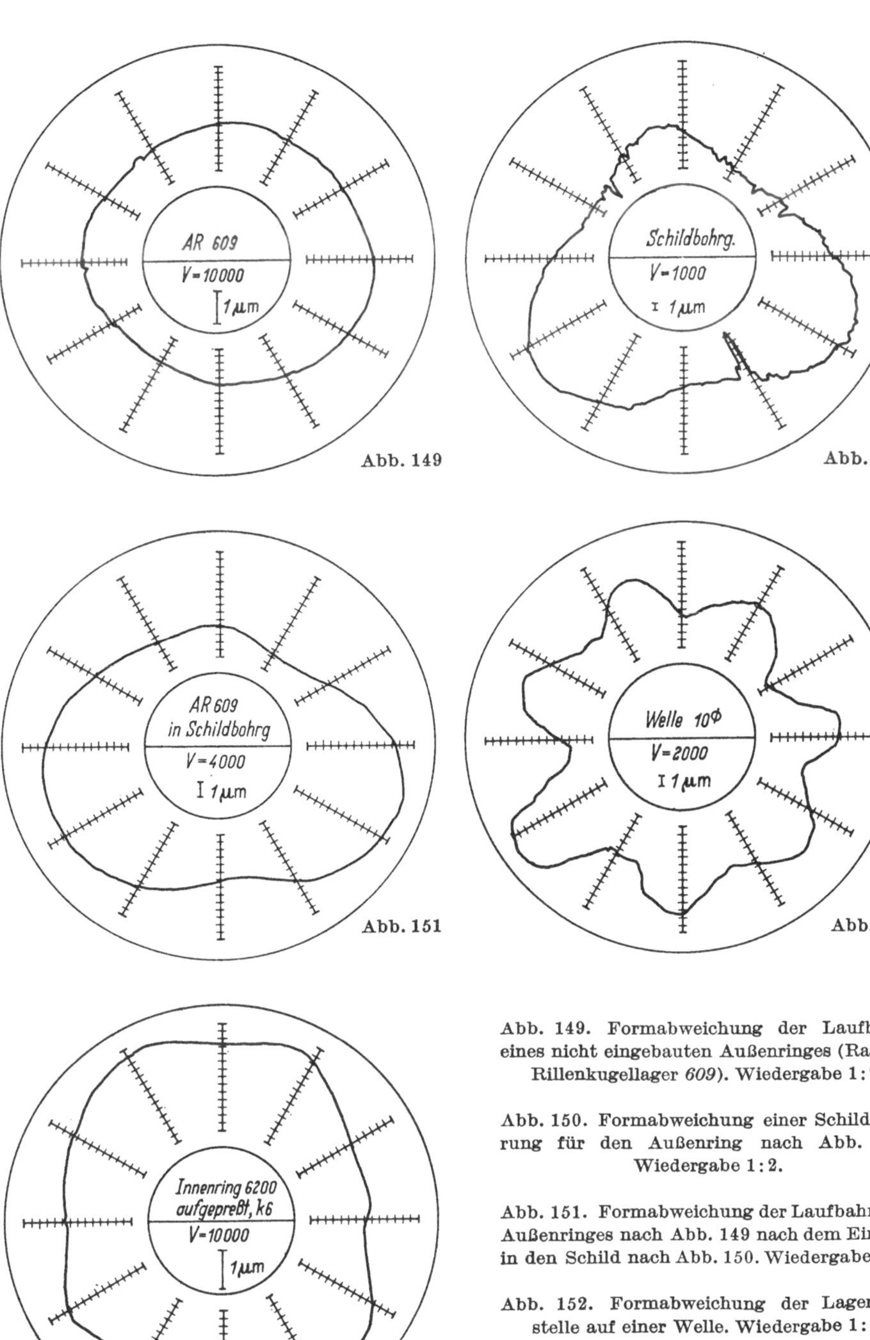

Abb. 149. Formabweichung der Laufbahn eines nicht eingebauten Außenringes (Radial-Rillenkugellager *609*). Wiedergabe 1:2.

Abb. 150. Formabweichung einer Schildbohrung für den Außenring nach Abb. 149. Wiedergabe 1:2.

Abb. 151. Formabweichung der Laufbahn des Außenringes nach Abb. 149 nach dem Einbau in den Schild nach Abb. 150. Wiedergabe 1:2.

Abb. 152. Formabweichung der Lagersitzstelle auf einer Welle. Wiedergabe 1:2.

Abb. 153. Formabweichung der Innenringlaufbahn eines Radial-Rillenkugellagers *6200* auf der Welle nach Abb. 152. Wiedergabe 1:2.

anderer Stelle ganz oder teilweise kompensiert wird. Ebenso besteht die Möglichkeit, daß sich Fehler an verschiedenen Stellen nicht kompensieren, sondern sich in ihrer Auswirkung auf die Rollbahn verstärken.

Um aber gewisse Anhaltspunkte zu bekommen, mit welchen Fehlern man bei dem heutigen Stand der Fertigungstechnik bei den Umbauteilen rechnen muß, wurden 50 kleinere Elektromotoren, die aus der Normalfertigung von acht verschiedenen Herstellern stammten, untersucht. Eingebaut waren Kugellager bis zu 25 mm Bohrungsdurchmesser. Nach der Beurteilung der Hersteller hatten 14 Motoren ein einwandfreies Laufgeräusch, die übrigen waren in ihrem Laufverhalten gerade noch ausreichend oder schlecht. Beurteilungsmaßstab waren dabei die Ansprüche, die von den Beziehern solcher Elektromotoren an die Laufruhe gestellt werden. Um eine Vorstellung zu gewinnen, in welcher Größenordnung die Form- und Lagefehler der Umbauteile liegen, wurden die Ankerwellen und Schilde der 50 Motoren vermessen. Für die Unrundheit wurde als Vergleichswert die Hälfte des Unterschiedes zwischen dem jeweils größten und kleinsten aufgefundenen Durchmesser gewählt. Die Meßergebnisse aller Schilde einer Herkunft ergaben jeweils Mittelwerte für diese Unrundheit von 2, 2, 3, 3, 4, 5, 6, 7 μm, bei den Wellen der verschiedenen Hersteller wurden Mittelwerte von 0,5, 0,5, 0,5, 0,5, 1, 1, 1, 2 μm festgestellt. Es leuchtet ein, daß sich bei den Wellen eine höhere Formgüte erreichen läßt. Sie ist bei der Wellensitzfläche auch wichtiger als bei der Lagerschildbohrung, weil wegen des Festsitzes des Innenringes (Welle nach j 5 bearbeitet) Formfehler auf die Innenringrollbahn stärker übertragen werden als die Formfehler der Lagerschildbohrung auf die Außenringrollbahn; der Außenring sitzt ja mehr oder weniger lose (Schildbohrung nach H 5 bearbeitet).

Die Meßergebnisse waren die Grundlage für die Kurven der Diagramme Abb. 154 und 155. Man gewinnt aus diesen Kurven einen Anhaltspunkt, in welchen Grenzen die Formgüte bei den Umbauteilen von Elektromotorenlagern heute schwankt. Werden bei der Formprüfung irgendeines Lagerschildes Abwei-

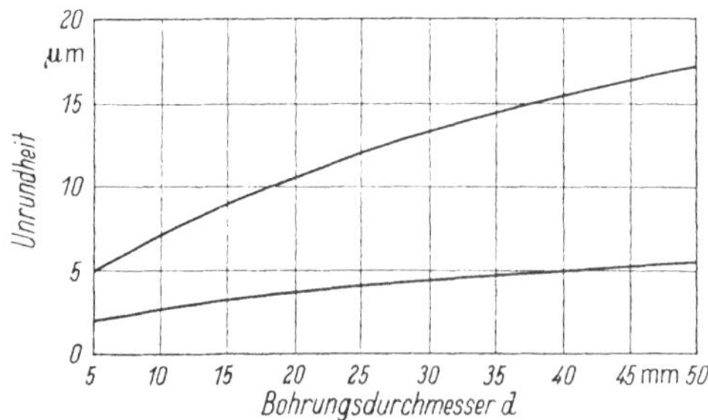

Abb. 154. Bei 50 Elektromotoren verschiedener Herkunft gemessene Grenzwerte für die Unrundheit der Schildbohrung.

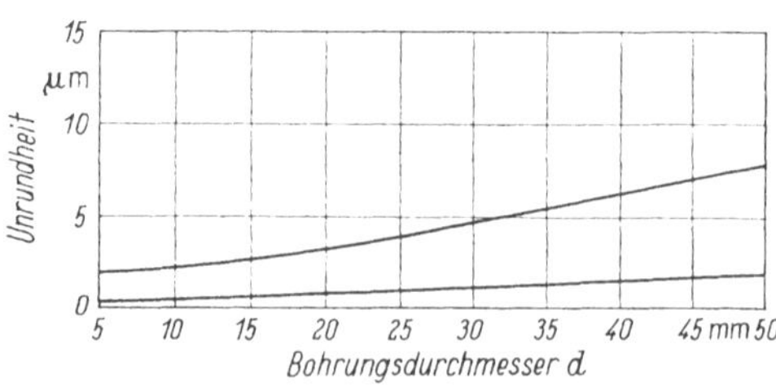

Abb. 155. Bei 50 Elektromotoren verschiedener Herkunft gemessene Grenzwerte für die Unrundheit der Welle.

chungen festgestellt, die in der Nähe der unteren Grenzkurve liegen, so darf man daraus schließen, daß hier wohl nicht die Ursachen für ein störendes Laufgeräusch zu suchen sind. Liegen die Werte aber in der Nähe der oberen Kurve, so sind sie verdächtig. Wenn hier auch zunächst nur Anhaltspunkte für eine erste Orientierung gegeben werden können, so lassen sich daraus schon wertvolle Schlüsse ziehen; eine genauere Aussage wird bei einer breiteren Versuchsbasis möglich.

Zu 3. Axiale Versetzungen und Winkelfehler zwischen den beiden Ringen eines Wälzlagers

Axiale Versetzungen entstehen bei der Montage, durch Wärmedehnungen und durch axiale Kräfte während des Betriebes. Das Zylinderrollenlager als Loslager ist unempfindlich dagegen. Bei allen anderen Lagertypen ändert sich der Abstand der Rollbahnen. Wird dabei das axiale Einbauspiel des Lagers aufgehoben, können störende Zwangskräfte auftreten. Eine weitere Gefahr liegt vor, wenn die beim Montagevorgang auftretenden Kräfte über die Wälzkörper geleitet werden. Da-

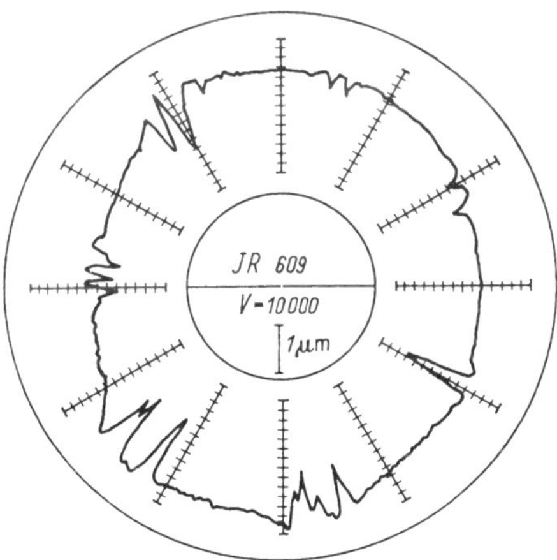

Abb. 156. Durch fehlerhafte Montage beschädigte Innenringlaufbahn eines Lagers *609* — die Eindrücke liegen im Kugelabstand.

bei werden die Laufbahnen sehr häufig durch Kugeleindrücke beschädigt. Ein Beispiel für solche Montageschäden ist der Tastschrieb des Innenringes eines Wälzlagers *609* in Abb. 156. Die Eindrücke im Kugelabstand sind gut zu erkennen.

Winkelfehler treten als Folge von Schlagfehlern der Wälzlager und der Umbauteile sowie der radialen Versetzungen der Lagersitzstellen auf. Ob bei einer bestimmten Verwinkelung bereits Laufstörungen auftreten, ist von der Einstellbarkeit des Wälzlagers abhängig. Bei Rillenkugellagern ist infolge des vorhandenen Einbauspiels ein geringer Winkelfehler der Lagerringe möglich, ohne daß eine wesentliche zusätzliche Schwingungsanregung auftritt.

Die Schlagfehler der stillstehenden Außenringe und ihrer Umbauteile ergeben einen der Größe und Richtung nach konstanten Winkelfehler zwischen den Ringachsen. Die Schlagfehler der umlaufenden Innenringe und ihrer Umbauteile führen zu einem der Größe, nicht aber auch der Richtung nach konstanten Winkelfehler. Die Fehler der stillstehenden Teile sollen durch den Index I, die der umlaufenden Teile durch den Index II gekennzeichnet werden; die entsprechenden Winkelfehler sind dann β_I und β_{II}.

Es soll nun auch hier untersucht werden, in welcher Größenordnung diese Fertigungsfehler bei dem heutigen Stand der Fertigungstechnik auftreten. Dazu wurden Motorteile verschiedener Herkunft ausgemessen. In der Abb. 157 ist ein E-Motor im Schnitt dargestellt. Die Achse der Bohrung D_I des Gehäuses ist die Bezugsachse. r_I bedeutet den Radialschlag zwischen den Durchmessern D_I und d_I,

a_I den Axialschlag der Stirnfläche S gegen die Bezugsachse. r_{II} ist der Radialschlag der beiden Lagersitzstellen auf der Ankerwelle gegeneinander, a_{II} der Axialschlag des Bundes an der Ankerwelle in bezug auf die Sitzstelle für das Lager. r_{IL},
a_{IL}, r_{IIL}, a_{IIL} sind die radialen bzw. die axialen Schlagfehler der Lageraußen- und

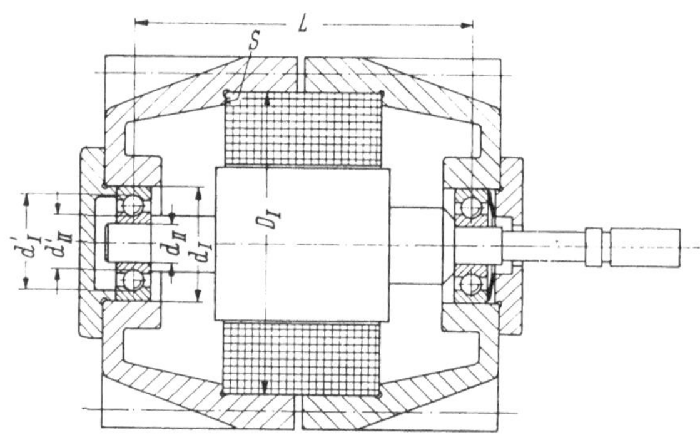

Abb. 157. Die Einbaumaße für die Lagerung eines kleinen Elektromotors.

-innenringe. Betrachtet werden die Schilde und die Motorankerwelle. Der Radialschlag r_I bewirkt auf die Länge L für sich allein einen Winkelfehler β_{Ir}, wobei
$\tan \beta_{Ir} = r_I/L$ ist. Der Axialschlag a_I ergibt einen Winkelfehler β_{Ia}, wobei $\tan \beta_{Ia}$
$= a_I/D_I$ ist.

In derselben Weise bewirkt der Radialschlag r_{II} einen Winkelfehler β_{IIr}, wobei
$\tan \beta_{IIr} = r_{II}/L$ ist, der Axialschlag a_{II} einen Winkelfehler β_{IIa}, wobei $\tan \beta_{IIa} =$
$= a_{II}/d_{II}$ ist. Um einen Begriff zu bekommen, in welchem Ausmaß die Schlagfehler
der Wälzlagerringe eine Verwinkelung herbeiführen, wurden auch noch die Werte
$\tan \beta_{IrL} = r_{IL}/L$, $\tan \beta_{IaL} = r_{IIL}/d_I{}'$, $\tan \beta_{IIrL} = r_{IIL}/L$ und $\tan \beta_{IIaL} = a_{IIL}/d_{II}'$
bestimmt. d_I' und d_{II}' sind die Laufbahndurchmesser der Lagerringe.

Aus diesen einzelnen Winkelfehlern ergibt sich der resultierende Winkelfehler
zwischen den beiden Laufbahnen des eingebauten Lagers. Je nach den Zufälligkeiten bei der Montage ergibt sich ein mehr oder weniger großer Fehlerausgleich
oder aber eine Fehlerverstärkung. Manche Motorhersteller vermessen die Einzelteile und paaren dann so, daß die Fehler möglichst gut ausgeglichen werden. Je
kleiner aber die verschiedenen Fehler an den Einzelteilen sind, um so kleiner ist
natürlich der Mittelwert und die Streuung des gesamten Winkelfehlers.

Die Diagramme in den Abb. 158—161 geben einen Überblick über die auf diese
Weise ermittelte Fertigungsgenauigkeit von Motorteilen der verschiedenen Hersteller. In der Abb. 158 sind die *Radialschlagfehler* r_I *der Schilde* ausgewertet. Auf
der Abszisse ist der Bohrungsdurchmesser d, auf der Ordinate der Tangens des
Winkels β_{Ir} aufgetragen. Die gleichartig eingetragenen Punkte bei einem Lager-
durchmesser stellen die Meßergebnisse an den Schilden *eines* Herstellers dar. Die
Unterschiede zwischen den Schilden verschiedener Herkunft sind beträchtlich.
Um die Werte auch nach ihrer absoluten Größe beurteilen zu können, ist mit der
oberen Kurve der Tangens des Winkels β_{Lm} angegeben, um den bei einem Lager
mit einem mittleren Einbauspiel, entsprechend der 50%-Kurve in Abb. 145, die
beiden Lagerringe zwanglos gegeneinander ausgeschwenkt werden können. Die

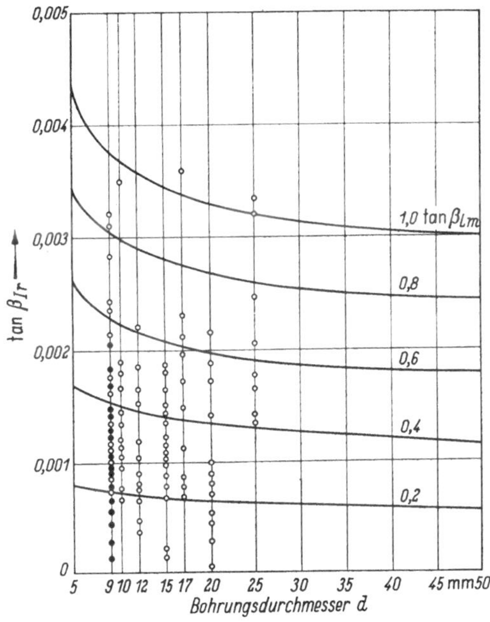

Abb. 158. Radiale Schlagfehler von Lagerschilden verschiedener Herkunft — dargestellt als Winkelfehler.

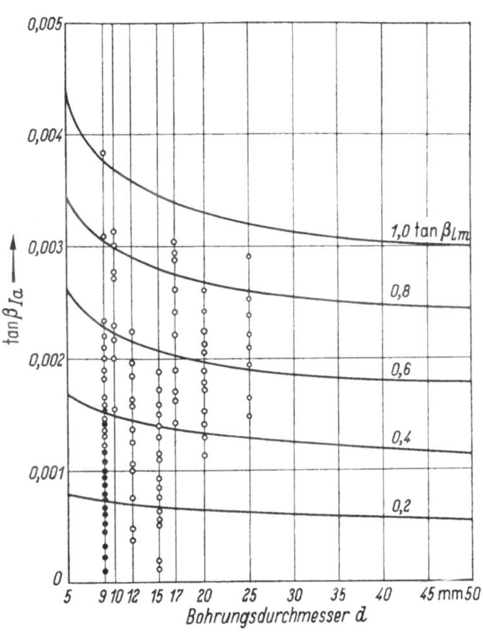

Abb. 159. Axiale Schlagfehler von Lagerschilden verschiedener Herkunft — dargestellt als Winkelfehler.

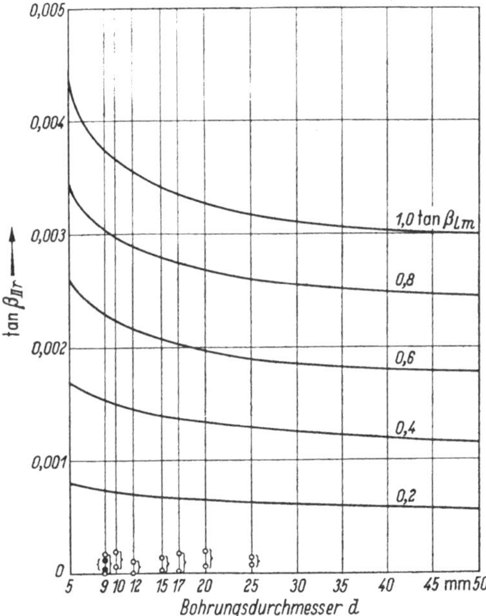

Abb. 160. Radialer Versatz der beiden Lagersitzstellen auf Ankerwellen verschiedener Herkunft — dargestellt als Winkelfehler.

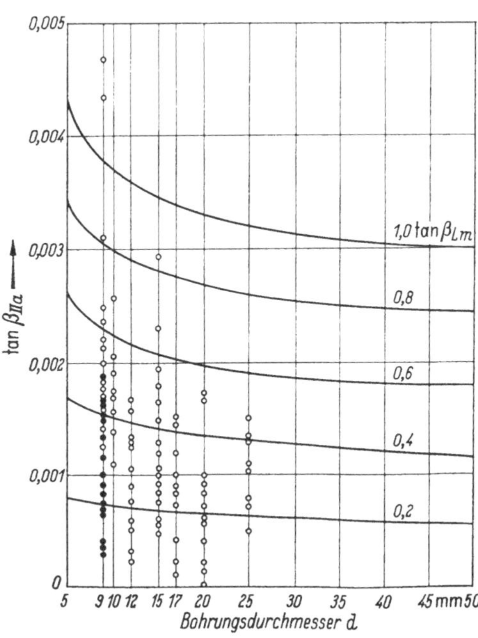

Abb. 161. Axialschlag der Anlagebunde auf Ankerwellen verschiedener Herkunft — dargestellt als Winkelfehler.

darunterliegenden Kurven stellen den 0,8-, 0,6-, 0,4 und 0,2-fachen Wert von $\tan \beta_{Lm}$ dar.

Gemessen an dem heutigen Fertigungsstand sind Schilde mit Radialschlagfehlern unter $0,2 \tan \beta_{Lm}$ als sehr gut zu bezeichnen.

Abb. 159 zeigt die *Axialschlagfehler a_I der Schilde*. Die Unterschiede sind auch hier verhältnismäßig groß. Der Winkelfehler ist insgesamt etwas größer als der Fehler, der von dem Radialschlag herrührt. Die Werte in der Nähe von $0,2 \cdot \tan \beta_{Lm}$ kennzeichnen auch hier eine gute Fertigungsqualität.

Die Abb. 160 zeigt die Auswirkung der *Radialschlagfehler r_{II} der Ankerwellen*. Die Fehler sind hier wesentlich kleiner als bei den Schilden, Unterschiede zwischen den verschiedenen Erzeugnissen existieren hier kaum. Die Fehler, die durchweg unter $0,05 \cdot \tan \beta_{Lm}$ liegen, sind so klein, daß sie auf die Verwinkelung kaum noch einen Einfluß haben.

Schließlich sind in der Abb. 161 die gemessenen *Axialschlagfehler a_{II} der Ankerwellen* ausgewertet. Sie führen offensichtlich zu einer größeren Verwinkelung als die Radialschlagwerte der Ankerwelle. Ihrem absoluten Betrag nach sind sie zwar klein, führen aber zu einem größeren Winkelfehler, weil sie eine kleinere Bezugsstrecke zur Basis haben. Allerdings ist zu berücksichtigen, daß sich die axialen Schlagfehler nur dann voll auswirken, wenn der Lagerinnenring gleichmäßig über den ganzen Umfang am Wellenbund anliegen würde. Die wirkliche Lage des Innenringes wird aber noch durch andere Einflüsse (Passungen, Montagevorgang) bestimmt.

Interessant ist nun auch der Vergleich der Fertigungsgüte, die bei den Umbauteilen festgestellt wurde, mit der Fertigungsqualität der Wälzlager. Der Vergleich zeigt, daß die vom Wälzlager herrührenden Winkelfehler bei den Fehlern I_r, I_a und II_a nur etwa 20% bis 40%, beim Fehler II_r allerdings etwa 100% der von dem Umbauteilen abhängigen Winkelfehler betragen. Berücksichtigt man aber, daß die Fehler II_r nur sehr klein sind, so wird aus diesem Zahlenvergleich ein verhältnismäßig geringer Einfluß der Wälzlagerfehler auf die Gesamtverwinkelung erkennbar.

Alle angegebenen Werte und Vergleiche basieren auf den Meßwerten von verhältnismäßig wenig Motorteilen; deswegen sind die mitgeteilten Ergebnisse vorerst nur als ein Anhalt aufzufassen. Durch eine Untersuchung einer größeren Anzahl von Motoren vieler Hersteller könnte der heute vorliegende Fertigungsstand sicherer erfaßt werden. Damit könnte man auch zu Toleranzen für die Umbauteile von geräuscharmen Motoren kommen.

Wirtschaftlichkeit

Betrachtet man die vielen Maschinen, Fahrzeuge und Geräte, in denen Wälzlager laufen, und vergleicht man bei gleichartigen Maschinen verschiedener Herkunft die Lagerungen, so findet man zum Teil erhebliche Unterschiede. Sie beziehen sich nicht allein auf die Bauform und Größe des Wälzlagers, sondern auch auf seine Laufgenauigkeit, die Art seiner Befestigung, Abdichtung und Schmierung, außerdem auf die umgebenden Anschlußteile wie Wellen, Gehäuse usw. Bei Lagerungen, die für die gleiche Aufgabe bestimmt sind, liegen also unterschiedliche Konstruktionen vor, die einen unterschiedlich großen technischen Aufwand erfordern.

Nun ist zweifellos ein Grund für diese Unterschiede darin zu suchen, daß der Konstrukteur oft vergleichbare, bereits bestehende Konstruktionen nicht kennt, daß er zudem in den meisten Fällen individuell gestalten will oder daß er sogar ganz bewußt einen anderen Weg gehen muß als der Wettbewerb. Hierzu kann er durch bestehende Patente gezwungen sein. Außerdem muß sich sein Entwurf in einen gegebenen Rahmen einfügen, der von Fall zu Fall seine besonderen Eigenheiten hat. Oft sind es auch bestimmte Kundenwünsche, die berücksichtigt werden müssen. Der Konstrukteur hat also einer ganzen Reihe von Bedingungen Rechnung zu tragen, wodurch dann die verschiedenen konstruktiven Lösungen entstehen.

Natürlich wird der gute Konstrukteur immer versuchen, seine Lagerungen so zu gestalten, daß sie sich wirtschaftlich fertigen lassen und einen wirtschaftlichen Betrieb ermöglichen. Die Maßstäbe, nach denen die Wirtschaftlichkeit beurteilt wird, sind verschieden. In Betracht gezogen werden dabei die Fertigungseinrichtungen, die zur Verfügung stehen, aber auch die Wünsche und die Gewohnheiten des Kunden, der die Maschine kauft und benutzt. Auch hier bestehen, über die ganze Welt betrachtet, erhebliche Unterschiede, so daß es nicht möglich ist, in einer Anweisung generell vorzuschreiben, wie man zu der wirtschaftlichsten Konstruktion kommt. Trotzdem gibt es aber einige Grundregeln, bei deren Beachtung sich Fehler vermeiden lassen, die — wie die späteren Beispiele zeigen — heute immer noch gemacht werden.

Wenn man die Wirtschaftlichkeit einer Lagerung beurteilen will, liegt es nahe, die Kosten zu betrachten, die bei der Fertigung und dem Zusammenbau und später im Betrieb durch die Unterhaltung und Wartung entstehen. Zunächst wird dabei der Preis des Lagers eine Rolle spielen. Die Preise für ein und dasselbe Lager sind aber nicht einheitlich, weil die verschiedenen Hersteller unterschiedliche Fertigungsverfahren benutzen und weil auch die Arbeitslöhne von Land zu Land nicht gleich sind. Dazu kommt der Einfluß des Wettbewerbes. Schwierig wird die Beurteilung, wenn der Konstrukteur Lager verschiedener Bauform und Größe miteinander vergleichen will. Vom technischen Standpunkt aus gesehen, kann er aber sehr wohl eine erste Beurteilungsgrundlage bekommen, wenn er den inneren Aufbau der verschiedenen in Frage kommenden Lager vergleicht, um abzuschätzen, bei welcher Type der niedrigste Fertigungsaufwand zu erwarten ist. Wenn auch die fortschreitende Fertigungstechnik zu engeren Toleranzen führt oder die Herstellungskosten senkt, kann sich das Verhältnis des Fertigungsaufwandes zwischen einfacheren und komplizierteren Lagern nicht wesentlich ändern. Damit kann der Konstrukteur eine erste Unterteilung treffen, nicht nur bei dem Wälzlager selbst, sondern auch bei den Anschlußteilen, die zu der Lagerung insgesamt gehören. Wenn auf diese Weise die einfachste konstruktive Lösung gefunden ist, die die gestellte Aufgabe erfüllt, muß anschließend geprüft werden, ob die tatsächlich entstehenden Kosten, bedingt durch die Einkaufspreise für die Lager bzw. durch die gegebenen Einrichtungen zur Fertigung der Anschlußteile, das Ergebnis bestätigen oder eine Korrektur notwendig machen.

Es sollten bei der Konstruktion einer Lagerstelle folgende Grundregeln beachtet werden:

1. Die Aufgabe, die eine Maschine oder ein Gerät hat, muß auch in Einzelheiten genügend genau bekannt sein. Aus unsicheren Annahmen können Lagerungen ent-

stehen, die sich später als zu stark oder auch als zu schwach, in anderen Fällen als zu genau oder als nicht genügend genau erweisen.

2. Unter der Voraussetzung, daß die gestellte Aufgabe erfüllt wird, ist die insgesamt einfachere Konstruktion der komplizierteren vorzuziehen.

3. Es sollen nach Möglichkeit Wälzlager ausgewählt werden, die in großen Serien gefertigt werden. Es genügt dabei nicht allein die Tatsache, daß ein genormtes Lager verwendet wird. Das Lager, das in größeren Serien gefertigt wird, hat vor den anderen den Vorzug.

4. Ersatzlager müssen leicht beschaffbar sein.

5. Der Aufwand bei der Montage, der Aufwand für die Schmierung und die laufende Unterhaltung ist in Betracht zu ziehen.

Die Genauigkeit der Aufgabenstellung

Die wirtschaftliche und zweckentsprechende Dimensionierung eines Lagers ist verhältnismäßig einfach, wenn die auf das Lager tatsächlich einwirkenden Belastungen aus der Arbeitsweise der Maschine oder des Gerätes ermittelt werden können. Nur bei wenigen, übersichtlichen Fällen lassen sich die Belastungen der Lager genau berechnen. Kompliziertere Belastungskollektive können durch Messungen an repräsentativen Arbeitsprogrammen erfaßt werden. Ein Beispiel hierfür sind die Walzkraftmessungen [24, 46], die man beim Kalt- und Warmwalzen von Stahl und Nichteisenmetallen nach festgelegten Stichprogrammen durchführt. Ähnliche Untersuchungen hat die Deutsche Bundesbahn an Rollenachslagern angestellt [30], um zu erkennen, wie weit die am Ausgangspunkt der Rechnung stehende statische Lagerbelastung beim laufenden Fahrzeug überschritten wird und welche zusätzlichen Axialkräfte durch den Sinuslauf oder beim Befahren von Gleisbögen und Weichen entstehen.

Die nur aus der Nennleistung oder Nennbelastung abgeleiteten Werte sind keine ausreichende Grundlage für eine wirtschaftliche Dimensionierung der Lagerstelle. Neben Betriebszeiten mit geringeren Beanspruchungen treten bei vielen Maschinen und Fahrzeugen Stöße und Schwingungen auf. Wenn Größe und Häufigkeit dieser zusätzlichen Beanspruchungen nicht genau bekannt sind, versucht man, ihnen durch allgemeine Zuschläge Rechnung zu tragen. Aus einem gewissen Sicherheitsbedürfnis heraus werden diese groben Zuschläge oft höher als notwendig angesetzt. Dadurch wird dann die Lagerung überdimensioniert und unwirtschaftlich.

Das Bestreben geht deswegen dahin, bei immer mehr Maschinen, Geräten und Fahrzeugen die Belastungskollektive an den Lagerstellen kennenzulernen. Die Fortschritte in der Meßtechnik und dabei vor allem die Möglichkeit, mit einfach zu handhabenden Meßgeräten den Beanspruchungsverlauf über eine längere Zeit aufzuschreiben, lassen erhoffen, daß das Belastungskollektiv mehr und mehr zur Grundlage der Lagerdimensionierung wird. Ansätze in dieser Richtung finden sich im Kraftfahrzeugbau [20, 21, 44], weiterhin auch bei einigen Großmaschinen wie Kreiselbrechern, Pressen, Pumpen usw. Im Abschnitt „Tragfähigkeit" ist auf S. 26 die Problematik aufgezeigt, die heute noch in einem wirklichkeitsnahen Ansatz für die Belastung und Drehzahl bei der Ermüdungsrechnung liegt.

Der Konstrukteur muß aber auch klare Vorstellungen haben, welche Laufqualitäten seine Maschine haben muß, um danach die Ausführung des Lagers zu bestimmen. Genauigkeit kostet Geld, und eine Präzision im Lager, die wegen ungenauer Anschlußteile ungenutzt bleibt, ist unwirtschaftlich. Es wäre also falsch, in dem Bestreben, höchste Qualität anzubieten, in eine Produktionsdrehbank Wälzlager einzubauen, die sonst nur für Lehrenbohrwerke bestimmt sind und mit äußerstem Aufwand gefertigt werden. Es ist auch schon vorgekommen, daß für die Lagerung der Kurbelwellen von Verbrennungskraftmaschinen besonders geräuscharme Lager verlangt wurden. Die Entwicklung des geräuscharmen Lagers führt zweifellos zu einer Verbesserung der Laufeigenschaften von Elektromotoren. Hier ist der Mehraufwand für ein geräuscharmes Lager sinnvoll, weil der Gebrauchswert und damit die Verkaufschance für den Elektromotor gesteigert werden kann. Natürlich wird auch in einem Verbrennungsmotor ein geräuscharmes Lager ruhiger laufen als ein normales. Der Unterschied geht aber im Gesamtgeräusch des Motors unter, so daß das billigere Normallager die wirtschaftlich bessere Lösung ist. Die engen Toleranzen, die ein besonders genaues oder geräuscharmes Lager hat, müssen also gerechtfertigt sein durch die Aufgabe, für die eine Maschine bestimmt ist. Jeder Mehraufwand, der zur Erfüllung dieser Aufgabe nicht erforderlich ist, verteuert die Maschine und ist unwirtschaftlich. Dort, wo erhöhte Ansprüche zu erfüllen sind, hängt das Ergebnis nicht allein vom Wälzlager ab; die Genauigkeit der übrigen Teile, die zur Lagerung gehören, muß mit den engen Toleranzen des Lagers in Einklang stehen. Dafür ist Voraussetzung, daß Einrichtungen zur Verfügung stehen, mit denen diese erforderliche Genauigkeit erreicht werden kann.

Wenn es darum geht, die Aufgaben, die ein Lager zu erfüllen hat, klar zu umreißen, muß auch bekannt sein, welche Gebrauchsdauer der Kunde von der Maschine erwartet und welche Folgerungen sich daraus für die Gestaltung der Lagerstelle ergeben; im einen Fall muß das Lager während der gesamten Gebrauchsdauer der Maschine funktionstüchtig bleiben, im anderen Fall muß eine Erneuerung — u. U. auch eine wiederholte Erneuerung — des Lagers bei den betrieblichen Gegebenheiten mit einem wirtschaftlich tragbaren Aufwand möglich sein. Die Gebrauchsdauer, die man von dem Wälzlager an den verschiedenen Einbaustellen erwartet, ist natürlich sehr unterschiedlich. Grundsätzlich kann man sagen, daß mit der Größe und dem Wert einer Maschine auch die Gebrauchsdauer der Lager ansteigen sollte. Vor allem bei Produktionsmaschinen, die in Gruppen oder Straßen zusammenarbeiten, läßt sich die Sicherheit gegen Produktionsstörungen erhöhen, wenn die Lager so ausgelegt werden, daß sowohl in bezug auf die Ermüdung als auch auf den Verschleiß lange Laufzeiten erwartet werden können. Bei den Verkehrsmitteln haben die Schienenfahrzeuge eine größere Lebensdauer als die Straßenfahrzeuge. Und hier wieder besteht ein Unterschied in der gesamten Laufzeit zwischen einem Omnibus und einem Personenwagen. Die Lager von elektrischen Maschinen und Pumpen, die in Versorgungsbetrieben laufen, wird man ebenfalls so auslegen, daß sie eine lange Gebrauchsdauer erreichen. Andererseits wäre es aber unwirtschaftlich, die Lager so zu bemessen, daß sie eine längere Gebrauchsdauer erreichen können als das ganze Gerät. Die nach praktischen Erfahrungen festgelegten f_L-Werte als Maßstab für die Ermüdungssicherheit und die Angaben in Abb. 95 u. 96, nach denen der zu erwartende Verschleiß abgeschätzt wird, geben Anhaltspunkte für eine wirtschaftliche Dimensionierung der Lager.

Betrachtet man eine bestimmte Maschinenart, so gibt es auch hier unterschiedliche Vorstellungen von der notwendigen Gebrauchsdauer. Der Konstrukteur muß sich den Wünschen des jeweils in Frage kommenden Kundenkreises anpassen, die von Land zu Land verschieden sind. So ist z. B. das Sicherheitsbedürfnis nicht überall gleich. Die Bereitwilligkeit, eine Maschine nach einer gewissen Laufzeit durch eine neue zu ersetzen, ist auch nicht überall gleich. Dabei können auch modische Einflüsse mitspielen, wie z. B. bei Kraftfahrzeugen. Außerdem besteht ein großer Unterschied in der Auffassung über die notwendige Maschinenpflege; die Hilfsmittel zur Wartung und Unterhaltung der Lager sind manchmal primitiv, manchmal hochentwickelt.

Der Beantwortung der Frage, ob eine Lagerung wirtschaftlich ausgelegt ist, müssen also viele Überlegungen vorausgehen. Sie kann sich nicht nur nach rein technischen Gesichtspunkten richten, sondern sie wird auch beeinflußt von subjektiven Vorstellungen und von den Gewohnheiten der Benutzer und den Gegebenheiten an der Einsatzstelle der betreffenden Maschine oder des Gerätes.

Die Einfachheit der Konstruktion

Für eine bestimmte Aufgabe gibt es immer verschiedene konstruktive Lösungen. Im Zusammenhang mit der Frage nach der Wirtschaftlichkeit wird man prüfen, welche Konstruktion die insgesamt einfachste ist. Die Betrachtungen, die man in dieser Hinsicht dann anstellen muß, beziehen sich auf die Art des Kraftflusses durch das Lager, auf die durch den inneren Aufbau des Lagers gegebene Einstellbarkeit, auf die Festlegung und Anstellung der Lagerringe, auf die Dichtung, auf die Erfordernisse der Unterhaltung und schließlich auf die Montagemöglichkeiten.

Der Kraftfluß. Bei den verschiedenen Wälzlagerbauarten ist der Druckwinkel, unter dem die äußeren Kräfte von einem Laufring über die Wälzkörper zum anderen Laufring übertragen werden, verschieden. So haben z. B. Axial-Rillenkugellager einen Druckwinkel von 90°, Radial-Zylinderrollenlager einen Druckwinkel von 0°. Meistens wirkt auf ein Wälzlager eine zusammengesetzte, radiale und axiale Belastung ein. Das Verhältnis der Axiallast zur Radiallast wird durch den Lastwinkel gekennzeichnet. Nun läßt sich im allgemeinen sagen, daß die für die Ermüdung eines Wälzlagers maßgebende äquivalente Belastung am kleinsten ist, wenn Lastwinkel und Druckwinkel annähernd gleich groß sind. Die Lager der normalen Baureihen werden mit bestimmten, festliegenden Druckwinkeln gefertigt, so daß sich diesen Gesichtspunkten nicht immer Rechnung tragen läßt. Man sollte aber solche Lager auswählen, deren Druckwinkel nicht wesentlich kleiner ist als der Lastwinkel. In der Praxis findet man aber immer wieder Konstruktionen, bei denen Radiallager ausschließlich für die Aufnahme hoher Axialkräfte vorgesehen sind, obwohl ein kleineres Axiallager verwendet werden könnte. Soll eine reine Radiallast übertragen werden, so ergibt sich bei Radiallagern mit dem Druck-

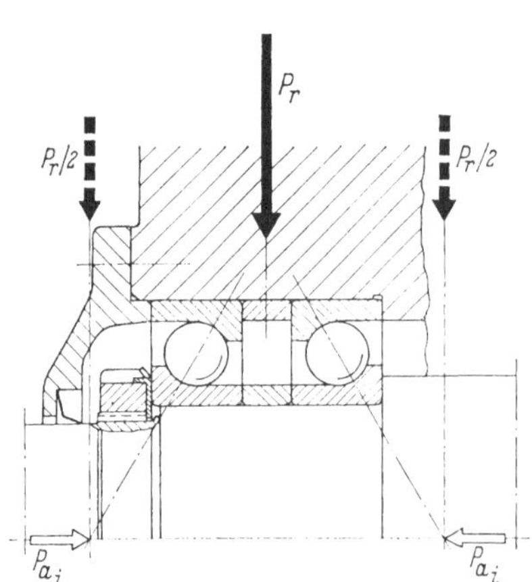

Abb. 162. Zusätzliche innere Axialkräfte bei rein radial belasteten Lagern mit einem Druckwinkel $\alpha > 0°$.

winkel 0° die günstigste Kraftübertragung. Bei Lagern mit einem Druckwinkel $\alpha > 0°$ (Abb. 162) wird der Kraftfluß im Lager abgelenkt und bewirkt innere Axialkräfte, die die Lager zusätzlich beanspruchen. Das Konstruktionsprinzip, Druckwinkel und Lastwinkel aufeinander abzustimmen, bekommt um so größere Bedeutung, je höher die Belastungen und die Anforderungen an die Starrheit und Führungsgenauigkeit der Lagerung werden.

Die Einstellbarkeit. Die Lagerstelle muß so konstruiert werden, daß keine Zwangskräfte auftreten, die zu einem vorzeitigen Ausfall der Lager führen können. Vorzeitige Lagerschäden beeinträchtigen die Wirtschaftlichkeit des Betriebes. Um derartige Zwangskräfte zu vermeiden, muß die Lagerung an bestimmten Stellen eine gewisse Einstellbarkeit haben. Sie läßt sich am besten und sichersten dann erreichen, wenn die Einstellbewegung einem Rollvorgang überlagert wird. Man wird deshalb für eine Lagerstelle, an der eine radiale, axiale oder pendelnde Einstellbarkeit erforderlich ist, zunächst einmal die Lagerbauarten in Betracht ziehen, bei denen die Einstellbewegung im Inneren des Lagers, also zwischen Wälzkörpern und Laufringen, möglich ist. So kann sich der bordlose Laufring eines Zylinderrollenlagers im Rollensatz axial verschieben und ermöglicht auch während des Betriebes einen zwanglosen Längenausgleich. Lager mit kugeliger Außenringrollbahn, wie Pendelkugellager und Pendelrollenlager, geben dem Innenring eine Winkelbeweglichkeit und gleichen Fluchtfehler oder Winkelbewegungen der Wellenachse während des Betriebes ohne Störung der Abwälzverhältnisse aus. Diese konstruktionsbedingte Einstellbarkeit bestimmter Lagertypen ist nicht nur sicher, sondern sie führt auch zu einer insgesamt einfachen Lagerung.

Mitunter müssen für einen Einbaufall aber auch Lager in Betracht gezogen werden, bei denen der eine Laufring zum andern nicht in der Weise einstellbar ist, wie es die Betriebsverhältnisse erfordern. Solche Lager müssen sich dann in ihren Sitzflächen einstellen. Z. B. erhält der äußere Laufring von Radial-Kugellagern, Pendelrollenlagern und zweireihigen Kegelrollenlagern einen losen Sitz im Gehäuse, damit er sich in axialer Richtung verschieben kann. Oder es werden Überringe mit kugeliger Sitzfläche verwendet, um Winkelabweichungen der Wellenachse auszugleichen. Die Scheiben von Axial-Rillenkugellagern werden mit weiter Passung in die Gehäusebohrung eingesetzt, um eine Einstellung in radialer Richtung zu ermöglichen. Die Einstellbewegung in den Sitzflächen wird dabei allerdings durch die hier herrschende, meist trockene Gleitreibung erschwert. Werden zusätzliche Einstellringe benötigt, so bedeutet das außerdem einen erhöhten Aufwand.

Wenn also die notwendige Einstellbarkeit einer Lagerung mit verschiedenen konstruktiven Mitteln erreicht werden kann, ist auch hier der komplizierten die einfache Konstruktion vorzuziehen, weil sie in der Regel auch die wirtschaftlichere sein wird. Es ist dann nicht einmal entscheidend, daß an einer Loslagerstelle der Längenausgleich z. B. in einem Zylinderrollenlager zwischen dem einen Laufring und dem Rollensatz zwangloser vor sich geht als bei einem Kugellager zwischen Außenring und Gehäusebohrung. Entscheidend ist nur, ob sich das Kugellager in seiner Außenringsitzfläche für einen betriebssicheren Längenausgleich *genügend* leicht verschiebt. Unter der Voraussetzung, daß das Kugellager auch sonst allen Betriebsbedingungen gerecht wird, insbesondere auch was seine Tragfähigkeit angeht, kann es in diesem Falle die wirtschaftlichere Lösung sein. Denn es ist billiger als ein vergleichbares Zylinderrollenlager. Da der Außenring des Kugellagers durch den Kugelsatz axial gehalten wird, entfallen auch die beim Zylinderrollenlager notwendigen Befestigungsmittel, die ein unbeabsichtigtes axiales Abwandern des Außenringes verhindern.

Viele praktische Erfahrungen zeigen aber auch, daß sich bei großen Pendelrollenlagern und Kegelrollenlagerpaaren, die als Loslager eingebaut sind, die Außenringe nicht mehr oder nicht jederzeit mit der notwendigen Sicherheit in ihrer Sitzfläche verschieben. Es kommt dann zu einer axialen Verspannung der Lagerung und zu schädlichen Zusatzbeanspruchungen. An der Loslagerstelle ist dagegen das axial einstellbare Zylinderrollenlager in dieser Hinsicht betriebssicher. Wegen seiner einfachen Bauform ist es auch wirtschaftlicher als ein Pendelrollenlager oder ein Kegelrollenlagerpaar.

Da Radial- und Axial-Pendelrollenlager einen komplizierten Aufbau haben, wäre ihr Einsatz eigentlich nur dort sinnvoll und wirtschaftlich, wo bei der Montage oder im Betrieb *größere* Winkelabweichungen zwischen Wellenachse und Gehäusebohrung ausgeglichen werden müssen. Aus dieser Sicht betrachtet werden dort, wo *kleinere* Fluchtfehler auftreten, in ihrem Aufbau einfachere Lager wirtschaftlicher sein, sofern diese Fluchtfehler im Rahmen des Lagerspiels oder der elastischen Verformung an den Berührstellen ohne schädliche Folgen ausgeglichen werden können. Der konstruktive Mehraufwand beim Radial- und Axial-Pendelrollenlager wird eigentlich auch dort unwirtschaftlich, wo die Einstellbarkeit eines Pendellagers durch ein zweites Lager unterbunden wird. Dies trifft z. B. zu für Konstruktionen, bei denen zwei Pendelrollenlager unmittelbar nebeneinander sitzen. Bei der Abb. 163 handelt es sich um eine Lagerung, bei der auch große Axialkräfte übertragen werden sollen. Eine größere Winkelbewegung zwischen Walzenachse und Gehäuse tritt aber nicht auf. Für denselben Einbaufall soll zum Ver-

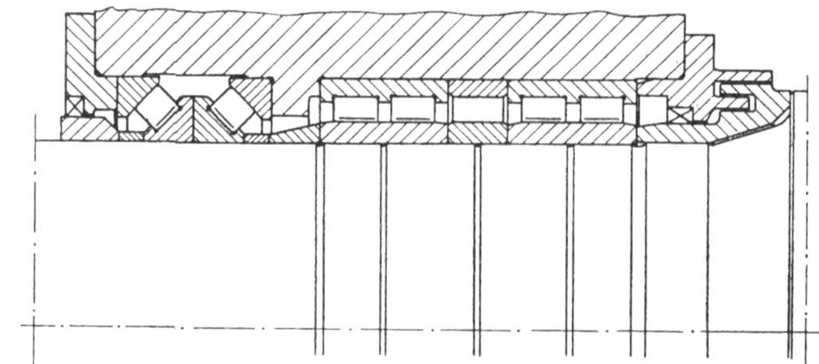

Abb. 163. Axial-Pendelrollenlager zur axialen Führung einer Arbeitswalze.

gleich die Konstruktion nach Abb. 164 betrachtet werden. Das Axial-Zylinderrollenlager ist die einfachere Lösung, weil sich das Zylinderrollenlager mit geringerem Fertigungsaufwand herstellen läßt als das Axial-Pendelrollenlager. Es ist aber auch die betriebssicherere Lösung, weil die radiale Einstellung über die ebenen Rollflächen der Zylinderrollenlagerscheiben reibungsärmer vor sich geht als beim Axial-Pendelrollenlager über die Sitzflächen. Bei den Axial-Pendelrollenlagern ist wegen ihres geringen Abstandes eine pendelnde Einstellung nicht möglich und darüber hinaus auch garnicht erforderlich.

Wohlverstanden, mit diesen Feststellungen wird nur die Einstellbarkeit an
einer Lagerstelle betrachtet und die Frage behandelt, ob sie, von den Betriebsbedingungen aus gesehen, notwendig ist und mit welchem geringsten konstruktiven
Aufwand insgesamt sie erreicht werden kann. Es gibt jedoch in der Praxis immer wieder
Sonderfälle, bei denen von den besprochenen Konstruktionsprinzipien abgewichen
werden muß, weil andere Forderungen technischer, aber auch wirtschaftlicher
Natur einen stärkeren Einfluß haben.

Befestigungsmittel und Montage. Das Wälzlager wird in der Regel als Stütz-
glied zwischen Welle und Gehäuse eingebaut. Als Querlager ist es ein Maschinen-
element mit zwei zylindrischen Paßflächen, die im Betrieb stark beansprucht
werden. Die Wälzlagerringe müssen in ihren Sitzflächen gut unterstützt sein, da-

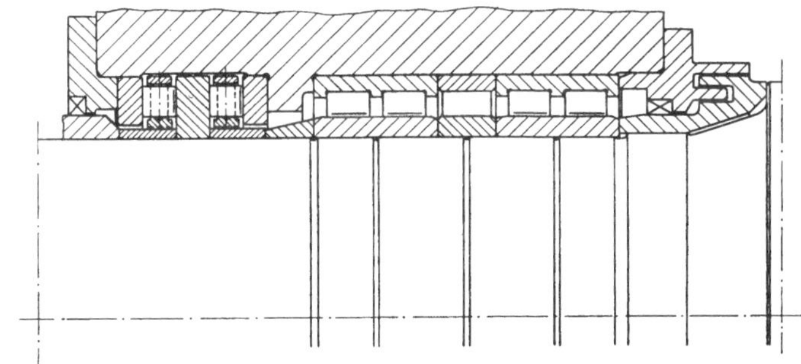

Abb. 164. Axial-Zylinderrollenlager zur axialen Führung einer Arbeitswalze.

mit sie sich unter Belastung möglichst wenig verformen. In dieser Hinsicht sind
stramme Passungen vorteilhaft. Bei nicht zerlegbaren Lagern (z. B. Rillenkugellagern, Radial-Pendelrollenlagern, Pendelkugellagern) würde diese Forderung
nach einem festen Sitz für den inneren und äußeren Laufring zu Montageschwierigkeiten führen, wenn für die Lager ungeteilte Gehäuse vorgesehen sind. Deshalb
kommt es zu der sehr oft angewendeten Kompromißlösung, daß man — auch an
der Festlagerstelle — einem der beiden Laufringe einen losen Sitz gibt, um den
Ein- und Ausbau des Lagers zu erleichtern. Beim zerlegbaren Zylinderrollenlager
lassen sich dagegen Innenring und Außenring getrennt einbauen. Hier kann für
beide Ringe deshalb der günstige Festsitz vorgesehen werden.

Schon bei dem konstruktiven Entwurf einer Lagerstelle müssen also bei der
Lagerwahl die Montageverhältnisse betrachtet werden. Die Forderungen, die von
der Montageseite aus gestellt werden, lassen sich konstruktiv auf verschiedene
Weise erfüllen. Diese verschiedenen konstruktiven Lösungen führen aber auch
hier wieder zu einem unterschiedlichen Aufwand, der die Wirtschaftlichkeit mit-
bestimmt.

Die große Bedeutung, die der Montage der Wälzlager zukommt, zeigt sich auch
darin, daß mit den Wälzlagern auch die Montagemittel immer weiter entwickelt
wurden. Neuzeitliche Montagewerkzeuge geben größere Freiheit in der Anwendung fester Sitze. So können auf die Welle aufgezogene Zylinderrollenlager-Innen-
ringe induktiv ohne die Gefahr einer schädlichen Überhitzung schnell erwärmt
werden. Auf diese Weise lassen sich die bei einer strammen Passung vorhandenen
Übermaße vorübergehend aufheben, so daß die Ringe ohne Kraftanwendung von

der Sitzstelle abgenommen werden können. Bei der Hydraulikmontage wird beim
Ein- oder Ausbau in der Paßfuge ein Ölfilm aufgebaut, der die Ringe aufweitet und
den Reibungswert so weit herabsetzt, daß eine leichte axiale Verschiebung auf die
Sitzstelle oder von der Sitzstelle möglich wird. Auch mit den schon seit langer Zeit
benutzten Spann- und Abziehhülsen lassen sich leicht lösbare Festsitze herstellen.

In Betracht gezogen werden muß natürlich auch der Aufwand, der notwendig
ist, um die Lagerringe in axialer Richtung festzulegen. Es handelt sich dabei um
Muttern, Deckel, Beilagscheiben, Federelemente usw. Zum Teil werden mit diesen
Mitteln die Lager auch in axialer Richtung angestellt, um das Spiel auf den für den
jeweiligen Betriebsfall günstigsten Wert einzustellen. Der Aufwand, der für eine
sachgemäße Montage des Wälzlagers notwendig ist, wird also nicht durch die Lager
allein bestimmt, sondern auch durch Zusatzteile verschiedenster Art und unter
Umständen auch durch besondere Montagewerkzeuge.

Dabei spielt auch die Art, wie eine Maschine eingesetzt und unterhalten wird,
eine Rolle und ob und wie oft ein Wälzlager ausgewechselt werden muß. Bei einem
großen Abraumgerät z. B., bei dem jeder Betriebsstillstand zu einem kostspieligen
Produktionsausfall führt, handelt es sich nicht mehr allein darum, daß unter
den am Montageort herrschenden Verhältnissen ein Lager überhaupt ausgebaut
und das Ersatzlager eingebaut werden kann. Hier ist, vom Standpunkt der Wirtschaftlichkeit aus betrachtet, ein erhöhter Aufwand, verursacht durch zusätzliche Befestigungsteile und durch kostspielige Montagewerkzeuge, gerechtfertigt,
wenn sich damit die Zeit für den Lagerwechsel abkürzen läßt. Ähnliches gilt für
den Walzwerksbetrieb, wo oft schon nach wenigen Arbeitsschichten die Lager zum
Nachschleifen der Walzen abgebaut werden müssen. Hier wird man sich bemühen,
diese Montagezeiten so kurz wie möglich zu machen, weil sie wegen ihrer Häufigkeit
Bedeutung gewinnen. Bei Lokomotiven gibt es Achslager, die zwischen den
Rädern liegen. Sie werden stärker dimensioniert als die Außenachslager, denn das
Innenachslager läßt sich erst ausbauen, nachdem das Rad von der Achse abgepreßt
ist. Hier entscheidet man sich für den höheren konstruktiven Aufwand, weil er
immer noch wirtschaftlicher ist als der Aufwand, der mit dem Ersatz der Lager
verbunden ist.

Oft ist der Wert eines zu ersetzenden Lagers klein, manchmal sehr klein im
Verhältnis zum Schaden, der durch eine Betriebsstörung entsteht. Solche kost-
spieligen Betriebsstörungen müssen unter allen Umständen vermieden werden.
Diese Feststellung trifft vor allem zu für große Maschinenanlagen, die ständig in
Betrieb sein müssen und deren Lager deswegen besonders betriebssicher, d. h.
stark bemessen werden.

Bei kleineren Maschinen und Geräten, die serienmäßig hergestellt werden,
müssen die Montageverhältnisse in einer etwas anderen Richtung betrachtet
werden. Hier sollen Konstruktion und Montagemittel die Voraussetzungen schaffen, daß sich die Lager der ganzen Serie immer mit der gleichen Sicherheit richtig
einbauen lassen. Sonst werden kostspielige Rückmontagen notwendig, oder es
kommt zu Beanstandungen, wenn die Maschinen in Betrieb genommen werden.
So müssen bei der Serienmontage der Hinterachsantriebe von Kraftfahrzeugen
die Lager immer mit einer ganz bestimmten Vorspannung eingebaut werden.
Wird diese Vorspannung überschritten, so läuft das Lager heiß oder fällt wegen

vorzeitiger Ermüdung aus. Ist sie zu gering oder haben die Lager sogar Spiel, so ergeben sich daraus ungünstige Eingriffsverhältnisse an den Zahnflanken; Geräusch und vorzeitige Abnutzung sind die Folgen. Kleine Elektromotoren haben in der Regel das geringste Laufgeräusch, wenn die Lager kein Spiel haben oder unter einer kleinen Vorspannung laufen. Um eine rationelle und gleichmäßige Serienmontage möglich zu machen, wählt man u. a. Konstruktionen, bei denen der Außenring durch ein Federelement unter Ausschluß von Montagefehlern mit der richtigen Vorspannung axial angestellt wird (vgl. S. 174).

Die angeführten Beispiele lassen folgendes erkennen: Ein tragfähigeres und größeres Lager kann trotz seiner höheren Anschaffungskosten die wirtschaftlichere Lösung sein, wenn es die Wahrscheinlichkeit einer kostspieligen Betriebsstörung vermindert. Bei Maschinen, bei denen eine wiederholte Erneuerung der Lager die Regel ist, können auch teure Zusatzteile und Montagewerkzeuge von Vorteil sein, wenn sie die Zeit für das Auswechseln der Lager abkürzen, die Montage erleichtern und wenn damit der Betrieb der Maschine oder einer ganzen Maschinenanlage wirtschaftlicher wird. Bei Maschinen und Geräten, die serienmäßig hergestellt werden, müssen Konstruktion und Montagemittel die Gleichmäßigkeit der Montage sicherstellen.

Wartung und Unterhaltung. Auf die Wirtschaftlichkeit einer Wälzlagerung haben aber auch alle Maßnahmen einen Einfluß, die für die Wartung und Unterhaltung im Betrieb getroffen werden müssen. Dabei ist nicht in erster Linie an den Schmierstoff gedacht, da Wälzlager nur sehr wenig Schmierstoff benötigen und verbrauchen. Auch ist allgemein bekannt, daß Wälzlager nicht überschmiert werden dürfen, weil sie sonst warmlaufen. Zwar ergeben sich bei den verschiedenen Lagertypen aus ihrer unterschiedlichen Kinematik in Grenzfällen geringere oder höhere Anforderungen an das Schmiermittel und vielleicht auch an zusätzliche Schmiereinrichtungen. Von entscheidender Bedeutung für die Wirtschaftlichkeit des Betriebes sind diese Unterschiede jedoch nicht.

Die Lager müssen aber gegen Verschmutzung und andere ungünstige Umweltbedingungen geschützt werden, um ihre Abnutzung soweit wie möglich zu verzögern. Man weiß heute sehr gut, daß in der Praxis nur ein Teil aller Wälzlager wegen Ermüdung ihrer gehärteten Laufringe und Wälzkörper ausfällt. Sehr häufig aber begrenzt der Verschleiß an den Rollbahnen die wirkliche Gebrauchsdauer des Lagers, weil durch den Verschleiß die Führungsgenauigkeit vermindert wird. Im Abschnitt „Verschleiß" S. 79 ff. ist dargelegt, welchen Einfluß die Umweltbedingungen auf die Größe des Verschleißes haben. Nun könnte das Lager in fast allen Fällen, wenigstens bis zu einem gewissen Grad, vor diesen schädigenden Umwelteinflüssen, vor allem vor Schmutz und Korrosion, geschützt werden. Man müßte nur die Dichtungen genügend wirksam gestalten. Hier muß nun der Konstrukteur prüfen, ob und in welchem Umfang erhöhte Aufwendungen für die Abdichtung der Lagerstelle gerechtfertigt sind. Manche Maschinen sind nur für eine verhältnismäßig kurze Gebrauchsdauer ausgelegt. In diesen Fällen wäre es wenig sinnvoll und auch unwirtschaftlich, wenn man einen erhöhten Aufwand mit Dichtungen treiben würde, deren Wirksamkeit auf eine längere Laufzeit abgestellt ist, als sie der Gebrauchsdauer der gesamten Maschine entspricht. Bei Haushaltsgeräten erfüllen einfache und billige Abdichtungen den Zweck, das Lager ausreichend gegen Verschmutzung zu schützen und den Schmierstoff für die gesamte Laufzeit im Lager zu halten. In der Regel wird der Aufwand für die Dichtung mit dem Wert der Maschine oder des Gerätes steigen.

Schließlich ist auch zu beachten, daß sich jede schleifende Dichtung abnutzt und daß ihre Wirksamkeit allmählich nachläßt. Oft wird man, wie das im Kraftfahrzeugbau üblich ist, eine Manschettendichtung nach einer gewissen Laufzeit durch eine neue ersetzen. Dies ist wirtschaftlicher, als nicht-schleifende Dichtungen vorzusehen, die in ihrer Wirkung zwar gleichbleibend gut sind, aber einen wesentlich größeren baulichen Aufwand erfordern.

Liegt aber der seltene Fall vor, daß ein Lager völlig sicher gegen Schmutz und Korrosion geschützt ist, so ist nur der durch die Reibung des Lagers bedingte Verschleiß zu berücksichtigen. Wegen der unterschiedlichen Kraft- und Bewegungsverhältnisse haben die verschiedenen Wälzlagerbauarten auch eine unterschiedliche Reibung und damit einen unterschiedlichen Verschleiß. Da, wo die Gebrauchsdauer eindeutig durch diesen Verschleiß begrenzt wird, wird der Konstrukteur versuchen, solche Lager einzubauen, die aufgrund günstigerer Abrollverhältnisse einen geringeren Verschleiß erwarten lassen und die durch ihre längere Gebrauchsdauer die Wirtschaftlichkeit einer Maschine steigern.

Großserie statt Typenverwilderung

Die Einbaumaße der Wälzlager wurden schon frühzeitig genormt. Deshalb konnten Lager verschiedener Herkunft untereinander ausgetauscht werden, was den universellen Einsatz der Wälzlager von Anfang an stark förderte. Durch internationale Vereinbarungen entstanden sogenannte Maßpläne, denen nicht nur die äußeren Abmessungen der heute handelsüblichen Wälzlager entsprechen, sondern in denen auch die Abmessungen für künftige Lager schon festliegen. Die Maßpläne sind so aufgebaut, daß zu einer bestimmten Bohrung verschiedene Außendurchmesser gehören und daß den dadurch gegebenen unterschiedlichen Höhen des Querschnittes mehrere verschiedene Breiten zugeordnet sind. Damit stehen heute ganz schwere bis äußerst leichte Lager zur Verfügung mit nahezu quadratischen bis ganz flachen Querschnitten. Frühzeitig wurden auch die Maß-, Form- und Lauftoleranzen der Wälzlager genormt, und zwar in verschiedenen Genauigkeitsstufen, um den unterschiedlichen Genauigkeitsansprüchen Rechnung zu tragen. Die Wälzlagerindustrie hat immer wieder versucht, die Fertigung auf diejenigen Lager zu konzentrieren, die diesen genormten Einbaumaßen und Toleranzen entsprechen, um zu einer wirtschaftlichen Serienfertigung zu kommen. Wie wenig das bisher gelungen ist, sollen die folgenden Zahlen beweisen.

Für einen Wellendurchmesser von 30 mm gibt es nach den Typenblättern der deutschen Wälzlagernormen 78 Radial- und Axiallager, die alle zum Fertigungsprogramm eines großen deutschen Wälzlagerwerkes gehören. An einem bestimmten Stichtag des Jahres 1962 wurden dort außerdem noch 29 abnorme Lager im Bereich zwischen 28 und 32 mm Bohrung gefertigt. Da ein großer Teil der Normallager in verschiedenen Ausführungen hergestellt wurde, was den Käfig, das Radialspiel, die Maß-, Form- und Lauftoleranzen, unterschiedliche Wärmebehandlung, unterschiedliches Fett bei vorgeschmierten Lagern angeht, so liefen rund 450 Ausführungen in diesem Bohrungsbereich durch die Fertigung.

Bei den Radial-Kugellagern der Reihe *62..* gibt es zwischen 10 und 50 mm Bohrung insgesamt 11 Typen, die laufend gefertigt werden. Bei den großen Wälzlagerfirmen liegt die jährliche Produktion bei jeder Type in keinem Falle unter 200 000 Stück. Für einzelne Typen beträgt sie ein Vielfaches davon. Man sollte annehmen, daß wenigstens hier ideale Voraussetzungen für eine Großserienfertigung gegeben sind. Tatsächlich wird aber keine einzige dieser Lagertypen in weniger als 50 Ausführungen gefertigt. Bei der Type *62 06* sind es 140 Ausführungen, die jedes Jahr gefertigt und zum großen Teil für Ersatzzwecke vorrätig gehalten werden müssen.

Für einen Standard-Elektromotor, der serienmäßig bei mehreren Herstellern gefertigt wird, wurde das Radial-Rillenkugellager *6307* bisher in insgesamt 21 Ausführungen geliefert.

Selbst bei Würdigung der unterschiedlichsten Konstruktions- und Betriebsbedingungen, denen Wälzlager genügen müssen, ist diese Vielzahl von Typen und Ausführungen nicht gerechtfertigt. Auch wenn nur ein Bruchteil dieser Lager zur Verfügung stünde, würde dadurch der technische Fortschritt gewiß nicht behindert werden. Es soll hier nicht untersucht werden, wer an dieser Entwicklung schuld ist, die Wälzlagerhersteller selbst, die im Kampf um Aufträge viel zu sehr auf die individuellen Wünsche der Verbraucher eingegangen sind oder die Verbraucher, die in ihren Sonderwünschen kein Maß gehalten haben. Jedenfalls ist durch diese Vielzahl von Typen und Ausführungen der Einsatz moderner Einrichtungen für eine wirtschaftliche Großserienfertigung stark behindert. Eine vernünftige Typenbereinigung ist daher der Ausgangspunkt aller Bemühungen, die Wälzlager insgesamt wirtschaftlicher zu fertigen. Versuche in dieser Hinsicht sind immer wieder gemacht worden, haben aber nicht zu dem gewünschten Erfolg geführt.

Das Problem läßt sich natürlich nicht dadurch lösen, daß man alle Lager, bei denen die geringen Stückzahlen eine wirtschaftliche Fertigung nicht zulassen, einfach ausmerzt. Schon im Hinblick auf den technischen Fortschritt sind solche Maßnahmen indiskutabel, denn man darf nicht übersehen, daß das Versuchslager von heute das Serienlager von morgen sein kann. Zudem schließen die geschäftlichen Beziehungen zwischen Hersteller und Verbraucher jedes einseitige Vorgehen aus. Viele Sonderausführungen lassen sich aber vermeiden, wenn zu den ersten Entwürfen einer Lagerung der Wälzlager-Ingenieur mit herangezogen wird. Dann können die berechtigten Forderungen beider Teile aufeinander abgestimmt werden. Es soll nicht verkannt werden, daß dieser Weg nicht einfach ist und daß er auf beiden Seiten eine besondere Verständigungsbereitschaft voraussetzt. Denn die Lösung schwieriger Lagerungsaufgaben wird fast immer zu einem Kompromiß führen, der nicht *allen* Forderungen und Wünschen *beider* Teile voll und ganz Rechnung tragen kann.

Die Problematik solcher Kompromisse wird z. B. deutlich an der Aufgabe, die Innenabmessungen des normalen Zylinderrollenlagers optimal festzulegen. Die äußeren Abmessungen, d. h. die Einbaumaße des Zylinderrollenlagers, sind genormt und liegen damit unveränderlich fest. Es besteht aber immer wieder das Bestreben, die Leistungsfähigkeit des Lagers bei gleichbleibenden Einbaumaßen zu erhöhen, d. h. insbesondere seine Tragfähigkeit zu steigern, um den wachsenden Ansprüchen gerecht zu werden. Dies läßt sich dadurch erreichen, daß mehr und größere Rollen eingebaut werden. Mit der Vergrößerung der Rollen werden die Laufringe dünner und ihre Schultern schwächer. Eine Erhöhung der Rollenanzahl geht zu Lasten der Stegstärke beim Käfig. Der Konstrukteur muß sich nun entscheiden, wie weit er mit der Vergrößerung des Rollensatzes gehen darf. Deshalb wird er sich bemühen, seine Kenntnisse von den Festigkeitseigenschaften der Wälzlagerringe und -käfige zu verbessern. Weiterhin wird er durch praktische Erfahrungen immer besser beurteilen können, welche axialen Spitzenbelastungen an den verschiedenen Einbaustellen des Zylinderrollenlagers in der Praxis auftreten können. Schließlich muß er auch die Möglichkeiten ausnutzen, die ihm neue Fertigungsverfahren, insbesondere auch die Fortschritte in der Härtetechnik, bringen. Er hat sich dabei aber auch immer vor Augen zu halten, daß das normale Lager für einen universellen Einsatz geeignet sein muß und daß die Aussichten für eine wirtschaftliche Serienfertigung in dem Maße steigen, in dem es ihm gelingt, an den verschiedensten Einbaustellen mit einer Normalausführung zurechtzukommen. Er muß alle einseitigen konstruktiven Maßnahmen, die den Einsatzbereich des normalen Lagers einschränken könnten, vermeiden. So ist es z. B. nicht unbedingt richtig, die geringsten Ringwandstärken, die sich heute härtetechnisch beherrschen lassen, für das normale Lager vorzusehen, um dadurch mit entsprechend größeren Wälzkörpern ein Maximum an radialer Tragfähigkeit zu erzielen. Denn mit abnehmender Wandstärke wird der Laufring mehr und mehr zu einer gehärteten Bandage, die sich beim Einbau der Gehäusebohrung oder der Welle elastisch anpaßt. Formfehler der Sitzflächen werden dadurch immer stärker auf die Rollbahnen übertragen. Bei Werkzeugmaschinen haben die Lagersitzflächen auf der Welle und im Spindelstock eine ausreichende Formgüte, auch für dünne Ringe. Das Zylinderrollenlager wird aber auch in Landmaschinen eingebaut, wo diese Qualität der Sitzflächen nicht erwartet werden kann. Mit welchen unterschiedlichen Forderungen sich der Konstrukteur befassen muß, erkennt man, wenn man einmal einige Einbaustellen für das Zylinderrollenlager genau betrachtet.

Eine wichtige Einbaustelle für normale Zylinderrollenlager sind die Schaltgetriebe von Kraftfahrzeugen. Dort treten an manchen Lagerstellen vor allem hohe radial gerichtete Belastungen auf. Dabei wird eine hohe radiale Tragfähigkeit gefordert; das Lager sollte daher möglichst viele Rollen mit großem Durchmesser und großer Länge erhalten. Bei festliegender Einbaubreite ergeben sich dadurch an den Laufringen verhältnismäßig schmale Schultern, zwischen denen die Rollen geführt werden. Sie wären zulässig für den Fall, daß das Zylinderrollenlager axial gering belastet wird.

Dasselbe Zylinderrollenlager wird aber auch an der Austrittsstelle der Getriebehauptwelle verwendet und muß dort die erheblichen, stoßartigen Axialbeanspruchungen von der Kardanwelle her aufnehmen. Deshalb wären stärkere Laufringschultern erwünscht, die kürzere Rollen voraussetzen.

Nun wird die gleiche Lagertype aber auch in Elektromotoren eingebaut. Hier liegen mittlere radiale Belastungen vor. Axial wird das Lager in der Regel überhaupt nicht belastet. Bei der üblichen Bauweise eines Elektromotors sitzen die Lageraußenringe in angeschraubten Lagerschilden, die im Statorgehäuse zentriert sind. Die unvermeidlichen Toleranzen führen zu kleinen Fluchtfehlern zwischen den Bohrungen der beiden Schilde, in denen die Lageraußenringe sitzen. Dadurch kann es in Grenzfällen zu einem sogenannten Kantenlauf der Zylinderrollen kommen, der neben den Nachteilen einer ungleichmäßigen Druckverteilung auch ein erhöhtes Laufgeräusch zur Folge hat. Durch eine Bombierung der Laufringe läßt sich hier zwar Abhilfe schaffen. Man muß dabei aber in Kauf nehmen, daß die

Belastung in einer schmaleren Zone mit entsprechend höheren spezifischen Pressungen zwischen Rollen und Ringen übertragen wird.

Auch in Ladegebläsen werden Zylinderrollenlager eingebaut. Die hier vorliegenden hohen Drehzahlen lassen sich mit kleineren und damit leichteren Rollen besser beherrschen. Ebenfalls wegen der hohen Drehzahl ist ein stabiler, bordgeführter Käfig erwünscht, der aber die Rollenlänge begrenzt.

Bei Werkzeugmaschinen sollte das Zylinderrollenlager möglichst viele Rollen mit entsprechend kleinem Durchmesser haben, weil viele Stützpunkte für eine starre Führung der Arbeitsspindel von Vorteil sind. Dünne Rollen sind auch deshalb günstig, weil bei gleichbleibenden Einbaumaßen die Wandstärke der Laufringe größer wird. Dadurch lassen sich enge Toleranzen leichter einhalten als bei dünnwandigen Ringen.

Um bei Zylinderrollenlagern die höchste radiale Tragfähigkeit zu erzielen, verzichtet man mitunter auf den Einbau eines Käfigs (s. auch Abb. 84). Der dabei in Umfangsrichtung frei werdende Raum wird zusätzlich mit Rollen besetzt. Damit bei abgezogenem Innenring die Rollen nicht herausfallen, wird das Gesamtspiel zwischen den Rollen in Umfangsrichtung so klein gehalten, daß sich die Rollen im Außenring selbst tragen, ohne nach der Mitte zusammenstürzen zu können. Es wäre ein Zufall, wenn beim normalen Zylinderrollenlager der Teilkreis gerade das Maß hätte, mit dem sich bei normalem Rollendurchmesser das Spiel in den notwendigen engen Grenzen ergibt. Man hat zwar versucht, bei der Weiterentwicklung der normalen Zylinderrollenlager die Innenabmessungen so festzulegen, daß man mit den Ringen und Rollen des normalen Lagers solche vollrolligen Lager zusammenstellen kann. Die Aufgabe war aber nicht durchführbar, weil Teilkreisveränderungen notwendig gewesen wären, die zu einer Schwächung des inneren oder äußeren Laufringes geführt hätten. Anders ausgedrückt heißt das, daß bei gegebenen äußeren Abmessungen die höchste Tragfähigkeit beim normalen und beim vollrolligen Zylinderrollenlager nicht mit den gleichen Bauteilen zu erzielen ist.

Wie diese Beispiele zeigen, werden für das normale Zylinderrollenlager gleichzeitig gefordert: möglichst lange Rollen (deshalb schmale Schultern) und möglichst breite Schultern (deshalb kurze Rollen); im Durchmesser möglichst große Rollen, aber auch im Durchmesser möglichst kleine Rollen; bombierte Rollbahnen und zylindrische Rollbahnen; im einen Fall starkwandige, massive Käfige mit einem großen Aufwand an spanabhebender Bearbeitung und im anderen Fall der aus Stahlblech gepreßte Käfig, der sich wesentlich wirtschaftlicher herstellen läßt. Für den Wälzlager-Konstrukteur ist es nicht einfach, bei diesen einander widersprechenden Forderungen eine Kompromißlösung zu finden. Es bedarf großer Erfahrungen, die Konstruktion so auszulegen, daß sie den Bedürfnissen eines möglichst großen Verbraucherkreises gerecht wird. Dabei ist es ganz natürlich, daß in der endgültigen Lösung diejenigen Einbaufälle am stärksten berücksichtigt sind, die zahlenmäßig die größte Bedeutung haben.

Es soll nicht in Abrede gestellt werden, daß sich manche Betriebsverhältnisse mit einem normalen Wälzlager nicht mehr beherrschen lassen; auch gibt es Fälle, in denen sich ein abnormes Lager besser in die Gesamtkonstruktion einer Maschine oder eines Gerätes einordnet. Dafür kann die Lagerung einer Wasserpumpe, wie

sie für Kraftfahrzeuge verwendet wird, als Beispiel dienen. In Abb. 165 wird die
Wasserpumpenwelle in zwei normalen Radial-Rillenkugellagern geführt, deren
Außenringe im Wasserpumpengehäuse sitzen. Demgegenüber zeigt Abb. 166 eine
Konstruktion, bei der die einsatzgehärtete Wasserpumpenwelle zwei Laufrillen
für die beiden Kugelsätze hat, die einen gemeinsamen Außenring haben. Unmittelbar in diesem Außenring sitzen auch die Filzdichtungen. Es ist offensichtlich, daß die Konstruktion nach Abb. 166 in der Großserie einen niedrigeren Ferti-

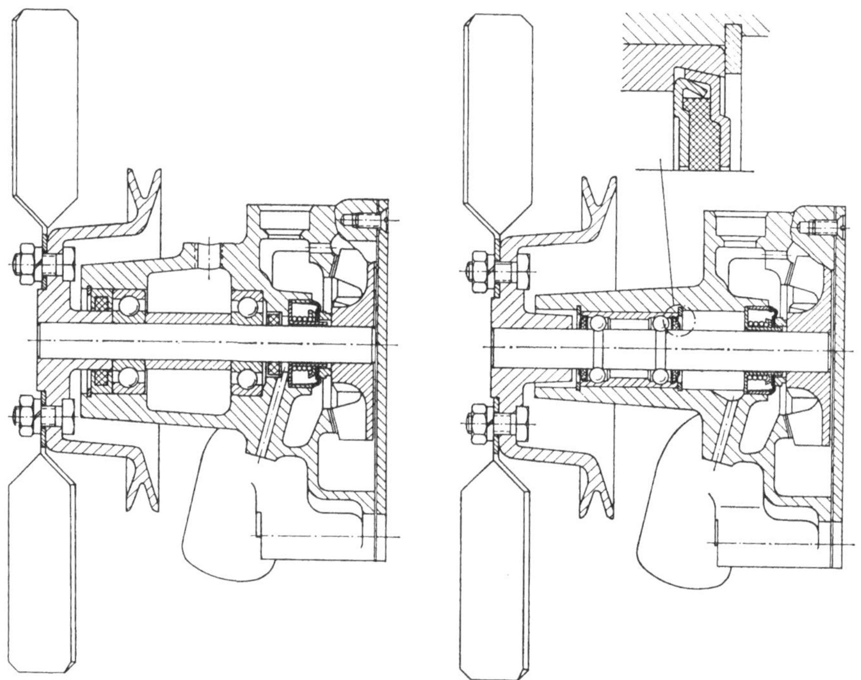

Abb. 165. Lagerung einer Wasserpumpenwelle in zwei normalen Kugellagern.

Abb. 166. Serienmäßige Speziallagerung für
Wasserpumpen.

gungsaufwand erfordert und damit geringere Kosten verursacht als die Konstruktion mit den normalen Wälzlagern (Abb. 165). Mit wenigen Größen solcher Spezial-
lager kann allen Bedürfnissen der Kraftfahrzeug-Industrie Rechnung getragen
werden. Beschränkt man sich auf diese Typen, so ergeben sich Stückzahlen, die
eine wirtschaftliche Großserienfertigung ermöglichen.

Die Tatsache allein, daß sich ein abnormes Lager besser in eine Gesamtkonstruktion einfügt, rechtfertigt noch nicht seine Verwendung. Wenn dieser eine
Grund für das abnorme Lager spricht, so sprechen andere Gründe für das normale
Lager. Bei diesem Für und Wider vertreten naturgemäß Hersteller und Verbraucher
von Wälzlagern verschiedene Auffassungen. Trotzdem lassen sich oft Lösungen
finden, die im Sinne des Herstellers eine wirtschaftliche Fertigung der Lager zulassen. Es sind mitunter nur kleine konstruktive Änderungen notwendig, um mit
einem normalen Lager die gestellte Aufgabe zu lösen. So ist z. B. bei dem Kraft-
fahrzeug-Hinterachsantrieb nach Abb. 167 das Ausgleichsgetriebe in zwei Radial-

Rillenkugellagern gelagert. Um leicht und billig zu bauen, will man den Durchmesser D nicht größer halten als es aus Festigkeitsgründen notwendig ist. Dadurch wird die Anlage an der Stirnfläche des Innenringes zu klein, wenn die Kantenverkürzung am Innenring das toleranzbedingte größte zulässige Istmaß hat. Der Konstrukteur des Getriebes ist in einem solchen Falle geneigt, vom Hersteller ein Lager zu verlangen, bei dem die Kantenverkürzung kleiner als normal ist. Er beruft sich

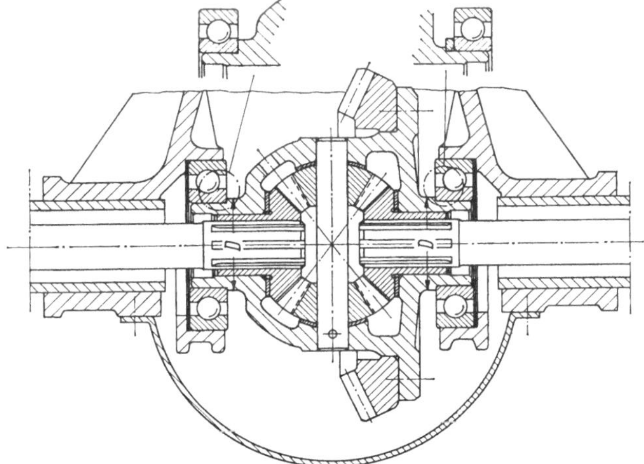

Abb. 167. Lagerung des Tellerrades in einem PKW-Hinterachsantrieb.

dabei auf die großen Mengen, die er in dieser abnormen Ausführung braucht, natürlich auch darauf, daß die kleinere Kantenverkürzung für den Hersteller durchaus keine schwierigere Fertigung bedeutet. Er lehnt es zunächst ab, das Maß D um einige Millimeter zu vergrößern (links oben) oder mit einer Zwischenscheibe (rechts oben) eine sichere Anlage für den Innenring zu schaffen, weil beide Lösungen für ihn einen zusätzlichen Material- oder Fertigungsaufwand bedeuten. Die Argumente des Wälzlagerherstellers sind mindestens ebenso gewichtig. Sein Einwand, daß die Serie in der Normalausführung durch Abzweigung einer Sonderausführung entsprechend kleiner wird, wäre allein noch nicht entscheidend. Der Fertigungsaufwand ist bei normalen und bei abnormen Kantenverkürzungen auch nicht unterschiedlich groß. Viel wichtiger ist die Tatsache, daß die Sonderausführung für Ersatzzwecke so lange in allen Reparaturwerkstätten auf Lager gehalten werden muß, wie das betreffende Fahrzeug im Verkehr ist. Nach langjährigen Erfahrungen werden den großen Serien für den Erstbau im Laufe der nächsten Jahre immer wieder unwirtschaftliche kleine Serien folgen müssen, damit der Ersatzbedarf gedeckt werden kann. Will man diese unwirtschaftliche Fertigung vermeiden, so kann man natürlich den gesamten Ersatzbedarf im voraus abschätzen und geschlossen fertigen, läuft aber dann Gefahr, daß größere Mengen von Ersatzlagern nicht mehr benötigt werden, die sich wegen ihrer abnormen Ausführung anderweitig auch nicht verkaufen lassen und schließlich verschrottet werden müssen.

Abb. 168 ist ein weiteres Beispiel für eine unwirtschaftliche Lagerkonstruktion. Hier hat der Außenring eines in seinen übrigen Teilen normalen Kugellagers einen Flansch, durch den das Lager axial festgelegt wird. Solche Konstruktionen entstehen immer wieder dort, wo Lager in Gehäusewände eingesetzt werden müssen, deren Dicke nicht größer ist als die Lagerbreite. Dabei lassen sich Sprengringe neben dem Lager als einfache Befestigungsmittel nicht verwenden. Die Außenringe solcher abnormer Flansch-Lager können nicht mehr auf wirtschaftliche Weise spitzenlos im Durchlaufverfahren geschliffen werden, sondern sie müssen einzeln im Einstich bearbeitet werden. Auch der Außenringrohling wird größer als beim normalen Lager, und die Dreharbeiten erfordern einen erheblich höheren Zerspanungsaufwand. Eine technisch einwandfreie Lösung ist mit einem Normallager möglich, wie Abb. 169 zeigt. Über den Sprengring kann das Lager mit ausreichender Sicherheit auch bei hohen Axialbelastungen festgelegt werden. Weil die Teile, die die Belastung übertragen, unter Kraftschluß stehen, ist auch jedes Axialspiel aufgehoben, das bei den üblichen Sprengringverbindungen nicht

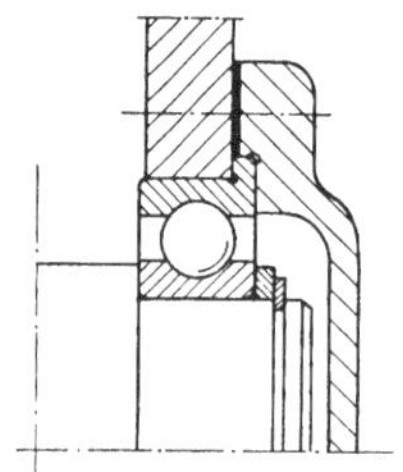

Abb. 168. Axiale Befestigung eines Kugellagers durch einen Flansch am Außenring.

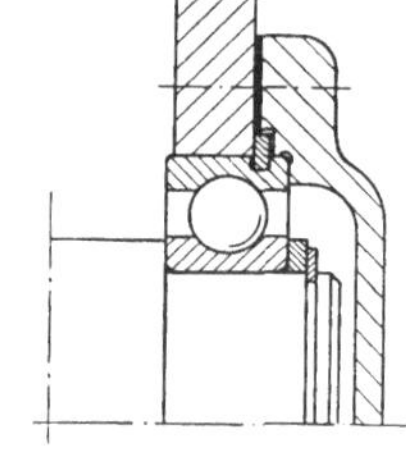

Abb. 169. Axiale Befestigung eines Kugellagers durch einen Sprengring in der Nut des Außenringes.

völlig ausgeschaltet werden kann. Der eventuelle Einwand, daß wegen des plangeschliffenen Flansches bei Abb. 168 der Axialschlag der Außenringrille beim eingebauten Lager geringer ist als bei der Konstruktion nach Abb. 169, weil Sprengring und Außenringnut nicht geschliffen sind, ist in diesem Fall bedeutungslos. Es handelt sich hier in der Regel um Lagerstellen in Kraftfahrzeuggetrieben, wo sich die Forderungen an die Laufgenauigkeit des Lagers durchaus mit einer Befestigung durch Sprengringe vertragen. Der Fertigungsaufwand bei dem Lager nach Abb. 168 ist wesentlich größer als beim Lager einschließlich Sprengring nach Abb. 169. Am Getriebegehäuse entstehen lediglich durch das Eindrehen der Sprengringnut zusätzliche Kosten. Die Entscheidung muß hier ganz eindeutig für die Konstruktion nach Abb. 169 fallen.

Die Praxis bietet eine Menge weiterer Beispiele dafür, daß Sonderlager auch dort immer wieder verwendet werden, wo nach geringen konstruktiven Änderungen ein normales Serienlager eingebaut und auch damit die gestellte Aufgabe erfüllt werden könnte.

Einschränkung der Ausführungsvarianten

Die Serienfertigung wird heute aber auch dadurch stark behindert, daß ein und dieselbe Lagertype in den unterschiedlichsten Ausführungen verlangt wird. Es bestehen dabei Unterschiede in der Maß-, Form- und Laufgenauigkeit und im Radialspiel. Beim Käfig gibt es unterschiedliche Bauformen und Werkstoffe. Der Einsatzbereich bei höheren Temperaturen ist in mehrere Stufen eingeteilt, die eine unterschiedliche Wärmebehandlung der Lagerteile erfordern. Auch nach ihrem Geräuschverhalten werden die Wälzlager unterteilt. Diese vielen Ausführungsvarianten lassen sich in einer unübersehbaren Zahl von Kombinationen zusammenstellen, die weit über das notwendige Maß hinaus verlangt, gefertigt und vorrätig gehalten werden. Dazu kommen dann noch die zahllosen Sonderausführungen, die in Form von Werksvorschriften zwischen Hersteller und einzelnen Verbrauchern vereinbart sind.

Es bestehen jedoch Möglichkeiten, diese Unzahl von Ausführungen in absehbarer Zeit auf ein vernünftiges Maß zurückzuführen. Bei der Maß-, Form- und Laufgenauigkeit empfiehlt die ISO ein System — es hat in DIN 620, Bl. 3, seinen Niederschlag gefunden —, das neben der Normalausführung zunächst drei Klassen, P6, P5 und P4, mit einer erhöhten Genauigkeit vorsieht, wobei die Genauigkeit von P6 über P5 zu P4 ansteigt. Gegenüber dem bisher benutzten System hat die ISO-Empfehlung den Vorzug, daß alle Teile eines Lagers ein und derselben Genauigkeitsstufe entsprechen müssen. Damit entfallen die vielen Kombinationen aus unterschiedlichen Stufen der Maß- und Formgenauigkeit mit den verschiedenen Stufen der Laufgenauigkeit.

Ebenfalls nach einer ISO-Empfehlung ist im Normblatt DIN 620, Bl. 4, das Radialspiel für Radial-Rillenkugellager, Zylinderrollenlager und Pendelrollenlager einheitlich festgelegt. Dabei wurde nach langjährigen Erfahrungen von Herstellern und Verbrauchern das Radialspiel in verschiedenen Gruppen mit den zulässigen Größt- und Kleinstwerten so festgelegt, daß in Zukunft für jeden Betriebsfall ein Lager mit international genormtem Radialspiel verwendet werden kann. Damit läßt sich eine Unzahl von Sonderausführungen beseitigen.

Weniger günstig sind die Aussichten, die Käfigausführung zu vereinheitlichen. Die Entwicklung des Käfigs ist z. Z. noch zu sehr im Fluß. Die steigenden Umlaufgeschwindigkeiten und höhere Temperaturen stellen neue Anforderungen an den Käfig. Um die Tragfähigkeit der Lager zu erhöhen, werden mehr und größere Wälzkörper eingebaut, so daß der Platz für den Käfig immer knapper wird. Dazu kommen die Bestrebungen, die Herstellungskosten des Käfigs dadurch herabzusetzen, daß man mehr und mehr zur spanlosen Formgebung übergeht. Hier schaffen die Ausgangsmaterialien (Sintermetalle, Kunststoffe verschiedenster Zusammensetzung und Blech) die unterschiedlichsten Voraussetzungen. Die Entwicklung auf diesem Gebiet verläuft auch durchaus nicht einheitlich und in einer Richtung. Deshalb läßt sich heute noch kein System aufstellen, das den Käfig standardisiert und seine Ausführungsvarianten begrenzt, was seinen konstruktiven Aufbau, seine Toleranzen und den Werkstoff angeht.

Der Einsatzbereich der Wälzlager bei höheren Betriebstemperaturen, der eine unterschiedliche Wärmebehandlung der gehärteten Lagerteile bedingt, ist in DIN 623 in sechs Gruppen, S00, S0, S1 bis S4, neuerdings einheitlich festgelegt.

Wie im Abschnitt Laufgeräusch, S. 96 ff., ausgeführt ist, gibt es heute noch keine allgemein gültigen Maßstäbe, nach denen das Geräuschverhalten eines Lagers beurteilt werden kann. Die ISO hat dieses Thema in ihr Arbeitsprogramm aufgenommen. Mit abschließenden Ergebnissen kann man aber in der nächsten Zeit noch nicht rechnen. Eine Möglichkeit, das Geräuschverhalten von Wälzlagern nach der Formgenauigkeit ihrer Einzelteile zu beurteilen und darauf ein Beurteilungssystem aufzubauen, ist auf S. 115 ff. behandelt.

Die Ersatzbeschaffung

Bei Neukonstruktionen sollte man nach Möglichkeit auch deshalb nur solche Lager vorsehen, die in Serien wirtschaftlich gefertigt werden und die für längere Zeit zum Fertigungsprogramm der Hersteller gehören, weil sich dann Ersatzlager leichter beschaffen lassen. Viele Maschinen haben eine größere Gebrauchsdauer als die eingebauten Lager. An manchen Stellen des Kraftwagens, wie z. B. beim Ritzel, bei der Kupplung und im Vorderrad, machen Ersatzlager bis zu 50% des Erstbedarfs aus. Bei den meisten Werkzeugmaschinen werden die Hauptspindellager mehrmals erneuert. Man denke nur an die verhältnismäßig kurze Gebrauchsdauer der Lager von kleinen Schleifspindeln. Größere Elektromotoren erhalten während ihrer gesamten Laufzeit mindestens noch zweimal neue Lager. Bei Abbaugeräten und Transportmitteln im Bergbau müssen die Lager sehr oft ausgewechselt werden, da sie bei dem rauhen und schmutzigen Betrieb verhältnismäßig rasch verschleißen.

Man sieht schon an diesen wenigen Beispielen, welche Schwierigkeiten entstehen, wenn ein Lager ersetzt werden muß, das in seiner Bauform, in den äußeren Abmessungen oder in der Ausführung von dem abweicht, was auch nach einigen Jahren noch zur laufenden Fertigung der Wälzlagerhersteller gehört. Der Konstrukteur ist oft zufrieden, wenn er für seine Neukonstruktion über ein Sonderlager verfügen kann, das seinen augenblicklichen Vorstellungen am besten entspricht. Er denkt aber nicht daran, daß der Gebrauchswert seiner Maschine stark gemindert wird, wenn sich später Ersatzlager nicht mehr oder nur mit Schwierigkeiten beschaffen lassen. Nur wegen eines fehlenden Ersatzlagers kann eine wertvolle Maschine ausfallen. Der Hersteller muß dann Ersatzlager einzeln oder in ganz kleinen Serien fertigen, oft dazu noch unter stärkstem Termindruck. Das Ausmaß, in dem solche Ersatzlager heute die Fertigung der Wälzlagerhersteller behindern, wäre aber entscheidend geringer, wenn der Konstrukteur mehr an diese Zusammenhänge denken und disziplinierter gestalten würde.

Die Beurteilung einiger praktischer Lagerungsfälle

Nach den in den vorausgehenden Abschnitten besprochenen Grundregeln soll nunmehr die Wirtschaftlichkeit einiger in der Praxis vorkommender Lagerkonstruktionen untersucht werden.

1. Rollenlager für Förderseilscheiben

Es handelt sich um eine Treibscheibenförderung (Koepe-Förderung). Wie Abb. 170 schematisch zeigt, hängt an beiden Seilenden ein Förderkorb. Durch Reibungsschluß auf der Treibscheibe wird das Förderseil mitgenommen.

Die Aufgabenstellung. Die *Belastung* der Seilscheibenlager ergibt sich zunächst aus der statischen Seillast, die sich aus dem Höchstgewicht des beladenen Förderkorbes, dem Gewicht des Seiles oberhalb des Förderkorbes und dem Gewicht des Unterseiles zusammensetzt. Nach dem Kräfteplan (Abb. 171) wirkt außerdem in senkrechter Richtung das Gewicht der Seilscheibe einschließlich der Achse. Dazu kommen Beschleunigungskräfte, die überschlägig mit 10% der Seillast angesetzt werden. Bekannt ist weiterhin die maximale Fördergeschwindigkeit, aus der sich die *Drehzahl* des Lagers bestimmen läßt. Der Lagerberechnung wird dabei die maximale Drehzahl zugrundegelegt, obwohl zwischen dem Anfahren und Stillsetzen des Förderkorbes der gesamte Drehzahlbereich von 0 bis zur höchsten Drehzahl durchlaufen wird. Von den Lagern wird man in der Regel eine *Gebrauchsdauer* von mindestens 10 Jahren erwarten. Bei der Konstruktion ist zu beachten, daß die beiden Lagergehäuse unabhängig voneinander aufgestellt werden müssen, weil die Seilscheibe mit ihrem großen Durchmesser zwischen ihnen liegt. Auch sonst

bestehen auf einem Fördergerüst wenig günstige Bedingungen dafür, daß die beiden
Lagergehäuse bei der Montage gut fluchtend ausgerichtet werden können und daß
diese Fluchtgenauigkeit auch später im Betrieb erhalten bleibt.

Bei der Berechnung der Lager wird ihre Belastung, wie gesagt, mit gewissen
Vereinfachungen angesetzt. Das Gewicht des Förderkorbes kann je nach seinem
Beladungszustand zeitweise geringer sein als das angesetzte Höchstgewicht. Die
mit 10% der Seillast angenommenen Beschleunigungskräfte werden ebenfalls nicht

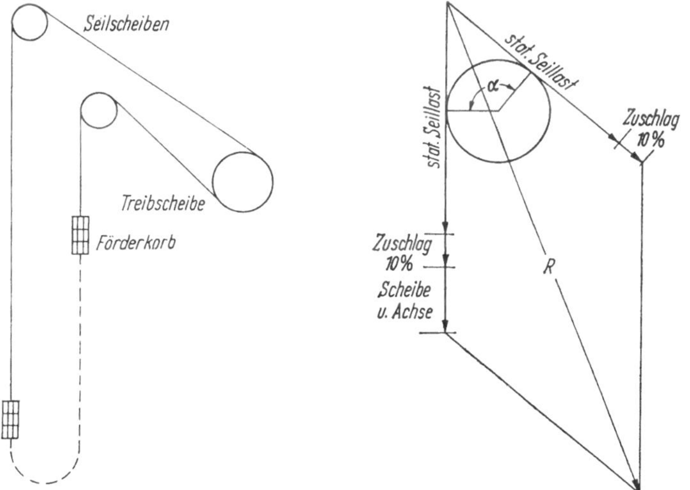

Abb. 170. Schema einer Koepe-Förderung.   Abb. 171. Kräfteplan an einer Seilscheibe.

immer in der gleichen Höhe auftreten. Auch liegt der Ansatz der maximalen
Drehzahl auf der sicheren Seite. Im Einzelfalle ließe sich durch Messungen, die
über einen genügend langen Zeitraum ausgedehnt werden, ein Belastungskollektiv
als genauere Grundlage für die Ermüdungsrechnung der Lager ermitteln. Zweifellos
sind aber die Betriebsverhältnisse von Fall zu Fall verschieden, und die Rechnung
mit einem Belastungskollektiv wäre nur dann sinnvoll, wenn eine repräsentative
Anzahl gleichartiger Belastungsfälle verfügbar wäre. Dies ist aber tatsächlich
nicht der Fall. Andererseits haben aber langjährige Erfahrungen gezeigt, daß eine
Berechnungsmethode, die mit den angegebenen Näherungen immer wieder in
gleicher Weise angewendet wird, zu Lagerkonstruktionen führt, die nicht nur
betriebssicher, sondern auch wirtschaftlich im Betrieb sind. Ein ausreichendes
Maß von Betriebssicherheit ist dann gegeben, wenn (nach der Formel $f_L = C/P \cdot f_n$)
der Sicherheitsfaktor f_L mindestens den Wert von 4,5 hat. Ein f_L-Wert von 4,5
würde einer rechnerischen Lebensdauer von 75000 Stunden entsprechen. Da P
und n im Rechnungsansatz nur angenähert werden können, ist auch der Wert von
75000 Stunden nur als Näherung anzusehen.

Die Einfachheit der Konstruktion. Die Lager sind nur radial belastet. Geringe
axiale Führungskräfte können vernachlässigt werden. Da die Lagergehäuse auf
dem Fördergerüst nicht genau fluchtend ausgerichtet werden können, werden
pendelnd einstellbare Pendelrollenlager verwendet, die Fluchtfehler ohne Störung
der Abwälzverhältnisse zwischen Rollen und Laufringen ausgleichen. Die Größe
der Lager, die spezifischen Belastungen in der Sitzfläche, die ständige Veränderung

der Drehzahl und der Wechsel in der Drehrichtung erfordern, mindestens für
den Lager-Innenring, einen *festen Sitz* auf der Achse. Er muß *leicht lösbar* sein, um
die Lager am Aufstellungsort, also auf dem Fördergerüst, ohne Schwierigkeiten
auswechseln zu können. Deshalb werden Abziehhülsen, und zwar vorwiegend
solche mit Einrichtungen für die Hydraulik-Montage, verwendet.

Bei den verhältnismäßig niedrigen Drehzahlen genügt *Fettschmierung*. Dagegen
ist ein gewisser Aufwand bei der *Abdichtung* notwendig, weil die Lager unter
freiem Himmel allen klimatischen Einflüssen während der verschiedenen Jahres-

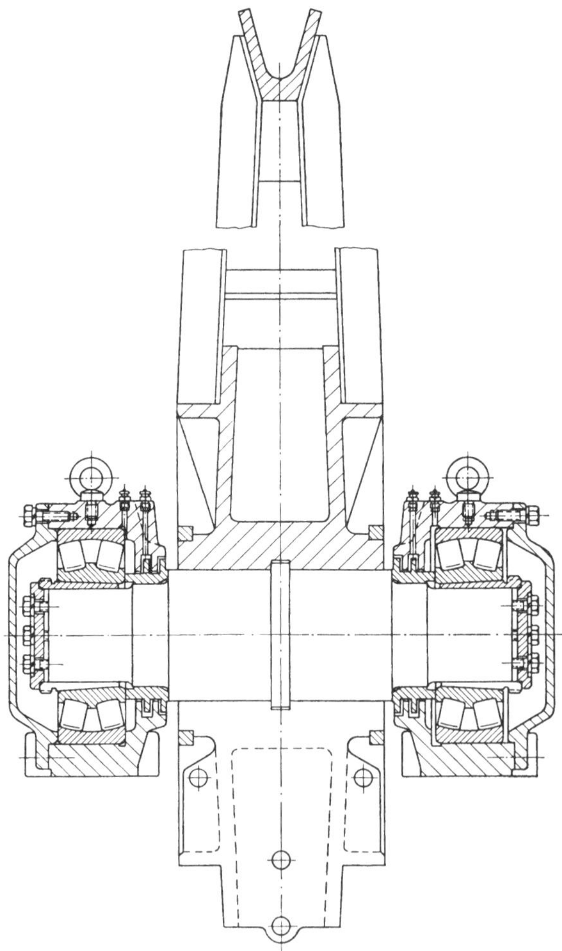

Abb. 172. Standardlagerung für Seilscheiben.

zeiten ausgesetzt sind. Der Verschleiß, der bei Seilscheibenlagern auftritt, ist von
Fall zu Fall unterschiedlich groß. Es wurden vereinzelt Fälle festgestellt, in denen
die Vergrößerung des Radialspiels den Ausbau des Lagers erforderlich machte,
bevor die rechnerische Ermüdungslaufzeit erreicht war. Es war hier versäumt
worden, die Fettfüllung in den Labyrinthen rechtzeitig zu erneuern, so daß
Schmutz in die Lager dringen konnte.

Serienlager und Ersatzbeschaffung. Noch vor wenigen Jahren wurden für Seilscheiben die unterschiedlichsten Lagergrößen und Gehäusekonstruktionen verwendet. Das DIN-Blatt 22410, Ausg. November 1961, hat eine erfreuliche Typenbereinigung gebracht. Für Seillasten zwischen 4 und 80 Tonnen gibt es nach dem Normblatt 11 Lagergrößen der Typenreihen *222..*, *223..* und *232..* (Abb. 172). Es wurden dabei Lager ausgewählt, die jetzt und auch in absehbarer Zeit zu dem *laufenden Fertigungsprogramm* der Wälzlagerhersteller gehören, so daß jederzeit kurzfristig Ersatz beschafft werden kann. Diese Lager werden auch an vielen anderen Stellen verwendet. Bei Beginn der Normverhandlungen stand zunächst eine feinere Stufung mit 19 Typen zur Diskussion. Zwar wären von der Wälzlagerseite her auch bei diesen Typen die Voraussetzungen einer laufenden Fertigung gegeben, aber es wurde auch in Betracht gezogen, daß bei den Gehäusen, die in dieser Sonderausführung im wesentlichen nur für Seilscheiben verwendet werden, bei weitem nicht so große Serien in Frage kommen wie bei den Lagern. Mit Rücksicht auf die hohen Kosten für die Modelleinrichtung der Gehäuse bestand der Wunsch, mit möglichst wenig Gehäusetypen auszukommen.

2. Rollenachslager

In Vollbahnfahrzeuge wurden Rollenachslager zum erstenmal in größerem Umfange vor etwa 30 Jahren eingebaut. Der Anteil der mit Rollenachslagern ausgerüsteten Fahrzeuge ist seitdem ständig gestiegen. Wegen ihrer Betriebssicherheit und Wirtschaftlichkeit werden bei nahezu allen Bahnverwaltungen in der Welt heute für Neubauten fast ausschließlich Rollenachslager vorgesehen.

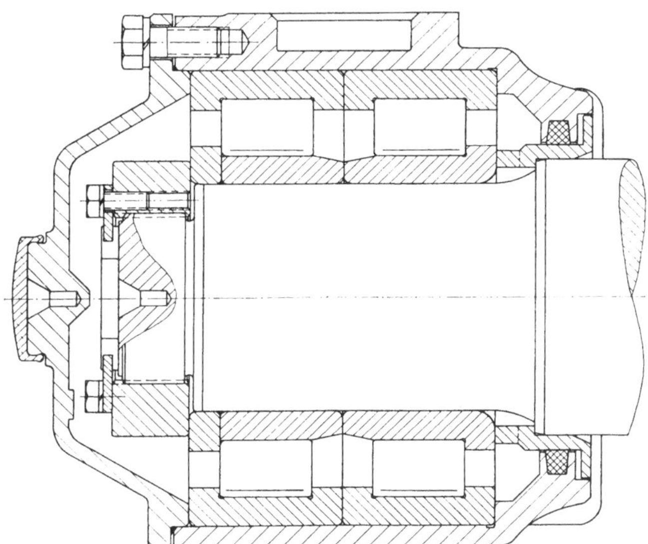

Abb. 173. Achslager mit zwei Zylinderrollenlagern.

Für Rollenachslager werden Pendelrollenlager, Zylinderrollenlager und Kegelrollenlager verwendet, wobei sich die verschiedenen Achslagerkonstruktionen durch die Anordnung der Lager, durch ihre Befestigung auf dem Achsschenkel und auch durch die Form des Gehäuses und die Art der Abdichtung unterscheiden.

Einen Überblick über die konstruktiven Merkmale der wichtigsten Achslager, die heute in vielen hunderttausend Stück in Betrieb sind, geben die folgenden Abbildungen:

Abb. 173	Zwei Zylinderrollenlager	UIC-Ausführung
Abb. 174	Ein Pendelrollenlager mit Abziehhülse	
Abb. 175	Zwei Pendelrollenlager mit Abziehhülsen	UIC-Ausführung
Abb. 176	Zwei Pendelrollenlager mit zylindr. Bohrung	UIC-Ausführung
Abb. 177	Zwei Kegelrollenlager	UIC-Ausführung

Es kann ohne Einschränkung gesagt werden, daß alle diese Achslager den betrieblichen Forderungen voll und ganz gerecht werden. Natürlich führen die konstruktiven Unterschiede zu einem unterschiedlichen baulichen Aufwand, sie verursachen also unterschiedliche Kosten bei der Beschaffung. Auch die Montage und der damit verbundene Aufwand sind nicht in allen Fällen gleich. Bei der Unterhaltung der Achslager spielt nicht nur ihre Konstruktion eine Rolle, sondern auch die unterschiedlichen Gepflogenheiten der einzelnen Bahnverwaltungen. Bei einer vergleichenden Beurteilung müssen daher alle diese Umstände ins Auge gefaßt werden.

Die Aufgabenstellung. Grundlage für die Ermüdungsrechnung ist die senkrecht wirkende statische Achslast. Sie wird im Fahrbetrieb durch dynamische Zusatzkräfte vergrößert, die ebenfalls in senkrechter Richtung wirken. Dazu kommen Antriebs- und Bremskräfte, vorwiegend in der Horizontalebene. Aus diesen einzelnen Komponenten läßt sich die *Radialbelastung* des Achslagers bestimmen. Dazu kommen *Axialkräfte*, die durch die Spurführung entstehen (z. B. Sinuslauf der Radsätze, Kurvenfahrt usw.).

Die im Fahrbetrieb wirklich auftretenden Belastungen wurden zwar schon in einzelnen Fällen gemessen [30], jedoch läßt sich auf diesen wenigen Ergebnissen noch kein allgemein gültiges Berechnungsverfahren aufbauen. Für einen wirklichkeitsnahen Ansatz der Kräfte müßten repräsentative Belastungskollektive bekannt sein. Sie können nur durch Messungen auf breiter Basis im Fahrbetrieb gewonnen werden. Erst dann lassen sich die unterschiedlichen Einflüsse auf die Lagerbelastung erfassen. Unterschiede in der Beanspruchung des Lagers ergeben sich aus der Art der Federung und aus der Art, wie die Radsätze im Fahrzeugrahmen geführt werden. An repräsentativen Kollektiven müßte außerdem untersucht werden, welchen zeitlichen Anteil die einzelnen Beladungszustände an der Gesamtfahrzeit haben. Auch die Unterschiede im Oberbau und in der Streckenführung, die zu schwankenden Lagerbeanspruchungen führen, lassen sich in der Ermüdungsrechnung noch nicht so genau einsetzen, wie dies wünschenswert wäre. Da heute und wohl auch in absehbarer Zeit noch keine wirklichkeitsnahen Belastungskollektive der Ermüdungsrechnung zugrunde gelegt werden können, versucht man, die über die statische Achslast hinaus wirkenden Kräfte durch einen Zuschlag näherungsweise zu erfassen. Diese Zuschläge werden von den Konstrukteuren allerdings in unterschiedlicher Größe angesetzt, wobei die höheren Werte bei schnellaufenden und hochwertigen Fahrzeugen benutzt werden. Allgemein läßt sich sagen, daß aus einem verständlichen Sicherheitsbedürfnis heraus reichliche Zuschläge gewählt werden.

Die *Drehzahlen* der Achslager liegen erheblich unter dem für Rollenlager zulässigen Wert. In bezug auf die Drehzahl treten also bei Achslagern keine

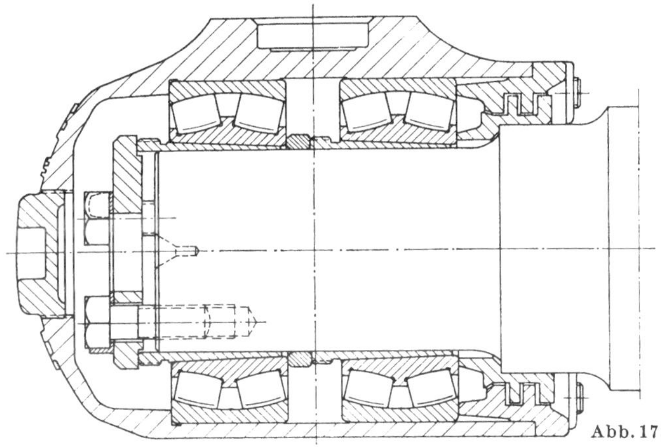

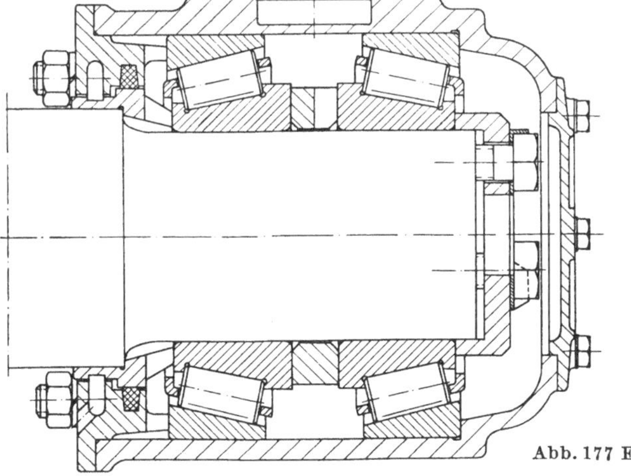

Abb. 175

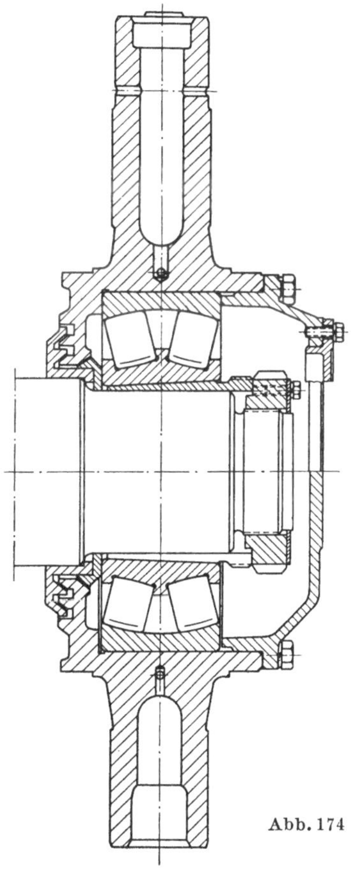

Abb. 176

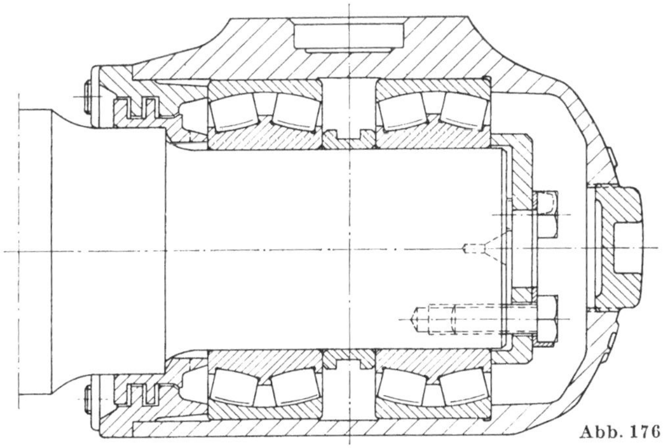

Abb. 174

Abb. 177 Ers

Abb. 174. Achslager mit einem Pendelrollenlager und Abziehhülse.

Abb. 175. Achslager mit zwei Pendelrollenlagern und Abziehhülsen.

Abb. 176. Achslager mit zwei unmittelbar auf dem Achsschenkel sitzenden Pendelrollenlagern.

Abb. 177. Achslager mit zwei Kegelrollenlagern.

besonderen Probleme auf, wenn man von wenigen schnellfahrenden Triebfahrzeugen absieht, bei denen aus konstruktiven Gründen nur ein Rollenlager je Lagerstelle verwendet werden kann, das dann entsprechend groß dimensioniert werden muß. Als *Gebrauchsdauer* werden für Achslager von gezogenen Fahrzeugen 1 bis 2 Millionen und mehr Laufkilometer gefordert. Die höheren Werte gelten auch hier wieder für die wertvolleren und schnellen Fahrzeuge. Bei Triebfahrzeugen wird für die Lager eine Gebrauchsdauer von 2 bis 4 Millionen Laufkilometern angestrebt. Dabei werden Innenachslager für eine längere Laufzeit ausgelegt als Außenachslager.

Im übrigen müssen die Termine für die *Revision, Reinigung* und *Nachschmierung* des Achslagers auf die Untersuchungsfristen der übrigen Teile des Fahrzeuges abgestimmt sein.

Die Einfachheit der Konstruktion. Bei der Übertragung der Radialkräfte ergibt sich der günstigste *Kraftfluß* beim Zylinderrollenlager mit dem Druckwinkel $\alpha = 0°$. Beim Pendelrollenlager und Kegelrollenlager mit einem Druckwinkel $\alpha > 0°$ wird der Kraftfluß im Lager abgelenkt, so daß bei gleicher äußerer Radialkraft an den Berührstellen der Rollen insgesamt größere Normalkräfte auftreten als im Zylinderrollenlager. Die axialen Belastungen gehen im Zylinderrollenlager über die Stirnflächen der Rollen und die Borde der Laufringe. Beim Pendelrollenlager und beim Kegelrollenlager werden dagegen die axialen Kräfte auch über die Rollbahn übertragen, so daß die axiale Belastung in der Rechnung zu einer kürzeren Ermüdungslaufzeit führt.

Damit keine schädlichen Verspannkräfte bei dem einzelnen Achslager und auch zwischen den zwei Achslagern eines Radsatzes auftreten, muß die Lagerung bestimmten Einstellbewegungen möglichst zwanglos folgen können. In *axialer Richtung* dürfen zwischen den zwei Achslagern eines Radsatzes auf keinen Fall Klemmkräfte auftreten, wenn wegen der Fertigungstoleranzen die axialen Abstandsmaße in gewissen Grenzen schwanken oder sich im Betrieb unter dem Einfluß von Belastung, Winkelbewegungen des Radsatzes und Temperatur verändern. Beim Zylinderrollenlager mit axialem Spiel ist dieser Ausgleich zwischen dem Rollensatz und dem einen Laufring völlig zwanglos möglich. Bei einer Konstruktion mit zwei Pendelrollenlagern oder zwei Kegelrollenlagern je Achslagergehäuse nach Abb. 175 bis 177 muß die Führung des Achslagergehäuses im Fahrzeugrahmen so ausgebildet sein, daß dort eine Einstellbewegung in axialer Richtung möglich ist. Eine Führung des Achslagergehäuses mit axialem Spiel erfüllt diese Forderung, hat aber in den Führungsflächen einen Verschleiß zur Folge. Eine verschleißlose Führung ist dagegen mit Achslenkern möglich. Die Federung in der Anlenkung muß Abstandsänderungen ohne große axiale Rückstellkräfte ausgleichen, weil es sonst bei Pendelrollenlagern und Kegelrollenlagern zu einer ungleichmäßigen Belastung der einzelnen Rollenreihen kommt. Beim Pendelrollenlager nach Abb. 174 läßt sich der Außenring in seiner Sitzfläche axial verschieben. Hier vollzieht sich also in der Sitzfläche die Einstellbewegung. Sie ist durch Gleitreibungskräfte behindert, die sehr hoch werden können, wenn sich auf den Sitzflächen nach längerem Betrieb Passungsrost gebildet hat.

Außerdem darf die Verbindung des Radsatzes mit dem Fahrzeugrahmen über das Achslager eine gewisse *Winkelbewegung* des Radsatzes zum Fahrzeugrahmen in der Vertikalebene nicht behindern. Diese Winkelbeweglichkeit ist bei dem

Pendelrollenlager nach Abb. 174 zwischen Innen- und Außenring durch die Konstruktion gegeben. Werden zwei Pendelrollenlager nebeneinander angeordnet (Abb. 175 u. 176), so kann das Einstellvermögen des einzelnen Lagers natürlich nicht genutzt werden. In diesem Fall und auch bei den Zylinderrollenlagern (Abb. 173) und den Kegelrollenlagern (Abb. 177) muß das Achslagergehäuse im Fahrzeugrahmen winkelbeweglich geführt sein. Das kann auch hier durch eine Spielführung erreicht werden, wobei aber ein gewisser Verschleiß an den Führungsflächen unvermeidlich ist. Eine verschleißfreie Führung ist durch Achslenker möglich, die bei Gehäusen mit zwei Rollenlagern so konstruiert sein müssen, daß sie bei Winkelbewegungen des Radsatzes zum Fahrzeug keine großen Rückstellkräfte erzeugen.

Da also die für Achslager in Frage kommenden Rollenlager höchstens *eine* Einstellbewegung innerhalb des Lagers zulassen, muß mindestens ein weiterer Freiheitsgrad in der Führung des Achslagergehäuses im Fahrzeugrahmen vorhanden sein. Sind zwei Rollenlager im Achslagergehäuse eingebaut, so ist mit Zylinderrollenlagern die konstruktiv einfachste Lösung möglich. Kann jedoch das Achslagergehäuse gegenüber dem Rahmen keine Winkelbewegung ausführen, so ist *ein* Pendelrollenlager im Achslagergehäuse die konstruktiv einfachste Lösung [74].

Befestigungsmittel und Montage. Aus den Betriebserfahrungen mit Millionen von Rollenachslagern weiß man, daß ihre Innenringe auf dem Achsschenkel einen *festen Sitz* haben müssen, der heute auch bei allen Achslagertypen vorgesehen wird. Der Ersteinbau wird dadurch nicht erschwert, weil die Lager mit einfachen Mitteln angewärmt oder aber auch kalt auf den Achsschenkel aufgepreßt werden können. Werden die Lager warm aufgezogen, so wird dabei die Oberfläche des Achsschenkels mit Sicherheit nicht verletzt. Beim Ausbau erfordern die verschiedenen Achslagertypen einen unterschiedlichen Aufwand. Werden die nicht zerlegbaren Pendelrollenlager und die Kegelrollenlagerpaare nach Abb. 176 und 177 kalt abgezogen, so sind dazu erhebliche Montagekräfte notwendig. Dabei können die Oberflächen des Achsschenkels und der Lagerbohrung beschädigt werden. Um diesen Schwierigkeiten zu begegnen, hat man anfangs die Pendelrollenlager mit Abziehhülsen montiert (Abb. 174 u. 175). Die Erleichterungen beim Ausbau werden dabei aber mit einem erhöhten konstruktiven Aufwand erkauft. Mit der Hydraulik-Montage ist es heute möglich, auch unmittelbar auf dem Achsschenkel festsitzende Pendelrollenlager (Abb. 176) ohne großen Kraftaufwand abzuziehen. Beim Zylinderrollenlager ist der Ausbau grundsätzlich einfacher, weil es zerlegbar ist. Nachdem das Achslagergehäuse mit dem Außenring und Rollensatz abgezogen ist (Abb. 173), kommt man mit Abziehwerkzeugen jeder Art unmittelbar an den festsitzenden Innenring heran. Nur beim Zylinderrollenlager ist es deshalb möglich, den Festsitz durch schnelles Erwärmen des Innenringes aufzuheben und den Ring so auf die schonendste Weise vom Achsschenkel abzuziehen. Beim serienmäßigen Ein- und Ausbau werden heute vielfach induktive Anwärmvorrichtungen verwendet. Soll in Ausnahmefällen der Innenring des Zylinderrollenlagers in kaltem Zustand abgezogen werden, so sind auch dann die Montagewerkzeuge einfacher als bei nicht zerlegbaren Lagern, denn sie müssen nicht um das ganze Lager herumgreifen.

Die Unterhaltung. Die Gesamtlaufzeit der Rollenachslager ist so groß, daß der Schmierstoff mehrmals ergänzt oder erneuert werden muß. Außerdem untersuchen manche Bahnverwaltungen regelmäßig den Zustand der Lager. Es ist daher von großer Bedeutung, mit welcher Konstruktion eines Rollenachslagers die günstigsten Voraussetzungen gegeben sind für die Maßnahmen, die für die Unterhaltung als notwendig erachtet werden. Die Auffassungen darüber, was zur Wartung eines Achslagers notwendig ist, um die Betriebssicherheit aufrechtzuerhalten, sind durchaus nicht überall gleich. Im einen Fall beschränkt man sich z. B. darauf, den Schmierstoff in regelmäßigen Abständen zu ergänzen. Im anderen Fall wird außerdem in gewissen Abständen das Lager ausgebaut, gesäubert und auf eventuelle Schäden überprüft. Mit dieser Methode läßt sich zweifellos das Lager am längsten in Betrieb halten. Sie erfordert aber einen Mehraufwand an Fachpersonal und Einrichtungen.

Die Zerlegbarkeit des Zylinderrollenlagers erleichtert nicht nur seinen Ein- und Ausbau, sondern auch die Reinigung und Inspektion. Bei Pendelrollenlagern entsprechend Abb. 175 und 176 kann man bei Revisionen auf den schwierigen Ausbau des Lagers verzichten. Die Oberflächen von Außenring und Rollen lassen sich besichtigen, wenn der Außenring ausgeschwenkt wird. Allerdings müssen dann die Lager in einem größeren Abstand voneinander angeordnet sein, was einen entsprechend längeren Achsschenkel notwendig macht.

Im Hinblick auf Drehzahl und Belastung sind die Anforderungen an den Schmierstoff eines Rollenachslagers durchaus normal. Von Bedeutung ist dagegen, daß die Nachschmierfristen sehr lang sind. Dabei geht das Bestreben aller Bahnverwaltungen sogar dahin, die Schmierfristen noch zu verlängern. Damit werden u. a. die Anforderungen an die Alterungsbeständigkeit der Schmierfette größer. Natürlich kann man eine längere Gebrauchsdauer des Fettes bei demjenigen Lager erwarten, das wegen seiner niedrigeren Gesamtreibung das Fett weniger beansprucht. Wenn schon der geringe Schmiermittelverbrauch einer der wesentlichen Vorteile aller Rollenachslager ist, so tritt er beim Zylinderrollenlager, das den kleinsten Reibbeiwert hat, am stärksten hervor.

Serienfertigung und Ersatzbeschaffung. Bei einer großen Bahnverwaltung laufen naturgemäß Fahrzeuge verschiedenster Art, deren Achslager auch den unterschiedlichsten Beanspruchungen ausgesetzt sind. Wollte man für jeden Einzelfall die günstigste Konstruktion vorsehen, so wäre eine Vielzahl von Achslager-Varianten die unausbleibliche Folge. Dies ginge aber zu Lasten eines wirtschaftlichen Betriebes. Je mehr unterschiedliche Achslager laufen, desto größer werden die Anforderungen an das Unterhaltungspersonal, desto größer wird aber auch die Gefahr von Fehlern. Dazu kommt der größere Aufwand an Spezialwerkzeugen. Die Magazine der Ausbesserungswerkstätten müßten über mehr Lagertypen verfügen, um beschädigte Lager sofort ersetzen zu können und die Stillstandszeiten der Fahrzeuge möglichst kurz zu halten. Deshalb ist jede Bahnverwaltung bestrebt, mit möglichst wenig Achslagertypen auszukommen. So verwendet die Deutsche Bundesbahn z. B. für Güterwagen und Reisezugwagen das gleiche Rollenlager für einen 120 mm starken Achsschenkel. Die UIC (Union Internationale des Chemins de Fer) hat Standardabmessungen für Rollenachslager festgelegt, um den Austausch und die Unterhaltung von Fahrzeugen, die auch im internationalen Verkehr eingesetzt sind, zu erleichtern. Auf diese Standardlager konzentriert sich damit auch ein großer Teil des Bedarfes, so daß für den Hersteller die Voraussetzungen für eine wirtschaftliche Serienfertigung gegeben sind.

Die Vereinheitlichungsbestrebungen gelten in erster Linie den Einbaumaßen des Wälzlagers, dann auch seiner Bauform und der Art seiner Befestigung. Denn bei den meisten Schadensfällen muß nur das Lager selbst ersetzt werden. Die Achslagergehäuse werden seltener erneuert. Deshalb sind auch beim Gehäuse mehr Ausführungs-Varianten tragbar, mit denen die jeweils günstigste Verbindung zwischen dem Rollenachslager mit seinen Standardmaßen und dem Fahrzeugrahmen mit von Fall zu Fall wechselnden Anschlußmaßen und Anschlußbedingungen hergestellt wird.

Es wurde bereits festgestell, daß sich jede der besprochenen Achslagerkonstruktionen im praktischen Betriebseinsatz auf breitester Basis bewährt hat. Wenn bei den einzelnen Bahnverwaltungen die eine oder andere Konstruktion bevorzugt wird, so hat das verschiedene Gründe. Ein wichtiger Grund ist darin zu sehen, daß die ersten Achslagerkonstruktionen unabhängig voneinander entstanden, und zwar aus der Zusammenarbeit der Wälzlagerhersteller mit den Bahnverwaltungen ihrer Länder, und daß dann die Bahnverwaltungen diese Lagertypen beibehielten, nachdem sie ihre Bewährungsprobe bestanden hatten. Ein weiterer Grund sind zweifellos die von Land zu Land verschiedenen Auffassungen über die Maßnahmen, die zweckmäßig oder notwendig sind, die Rollenachslager im praktischen Fahrbetrieb betriebssicher und wirtschaftlich zu unterhalten. Schon wegen der unterschiedlichen geographischen und klimatischen Verhältnisse, unter denen der Fahrbetrieb abläuft, können die praktischen Erfahrungen nicht übereinstimmen. Noch entscheidender ist aber die subjektive Einstellung zu der Frage, ob man lieber durch sorgfältige Pflege erhält oder häufiger erneuert. Ein lebenswichtiges Fahrzeugteil wie das Achslager hält z. B. die Deutsche Bundesbahn durch regelmäßige Revisionen unter Kontrolle, um entstehende Schäden am Einzelteil rechtzeitig festzustellen und zu beseitigen. Ein solcher Unterhaltungsdienst wird aber nur dann wirtschaftlich sein, wenn das Personal, das dafür zur Verfügung steht, durch Gewohnheit und Überlieferung darauf eingestellt und dazu erzogen ist, alle Vorteile dieser Methode wahrzunehmen und auszunutzen.

Das in seinem Aufbau einfache, zerlegbare Zylinderrollenlager läßt sich in seinen Einzelteilen zweifellos am besten überwachen; es ist außerdem einfach ein- und auszubauen und verhält sich schmiertechnisch am günstigsten. Das sind auch die wesentlichen Gründe, weshalb es bei der Deutschen Bundesbahn als Standardlager eingeführt wurde. Dort aber, wo, wie z. B. in den USA, ganz allgemein eine größere Bereitschaft besteht, Fahrzeuge, wie andere Gebrauchsgüter, nach einer gewissen Laufzeit oder Gebrauchszeit durch neue zu ersetzen, statt sie zu überholen und auszubessern, findet diese Einstellung auch bei der Unterhaltung der Achslager von Schienenfahrzeugen ihren Ausdruck. Damit verlieren aber die Montagevorteile des zerlegbaren Zylinderrollenlagers viel von ihrer Bedeutung. Man wird sogar eher dazu neigen, solche Konstruktionen zu verwenden, die es gestatten, die Rollenlager einschließlich der Achslagergehäuse als geschlossene Einheit auf den Achsschenkel aufzupressen. Diese Art der Montage schließt zudem Fehler durch ungeschultes Personal weitgehend aus. Wenn außerdem alle Zwischenuntersuchungen wegfallen und die Wartung sich nur auf die Ergänzung des Schmierstoffes beschränkt, werden die Achslager im Durchschnitt wohl nicht bis zum letzten ausgenutzt. Dafür werden die Unterhaltungskosten, mindestens die Personalkosten, geringer.

3. Rollenlager für Schiffslaufwellen

Zur Lagerung der Propellerwellen von Schiffen werden neben Gleitlagern zwei
Arten von Rollenlagern verwendet, wie sie in Abb. 178 und Abb. 179 dargestellt
sind. Solche Konstruktionen kommen in Frage für Wellendurchmesser von etwa
120 bis über 500 mm.

Die Aufgabenstellung. Die *Belastung* der Lauflager ergibt sich aus dem anteiligen Wellengewicht einschließlich der Kupplung. Es handelt sich also um eine reine
Radialbelastung. Die *Gebrauchsdauer* der Lager soll der Gesamtfahrzeit des Schiffes
entsprechen. Die Lager müssen axial einstellbar sein, damit sich alle im Betrieb
auftretenden Längenänderungen ohne Zwang im Lager ausgleichen können. Bei

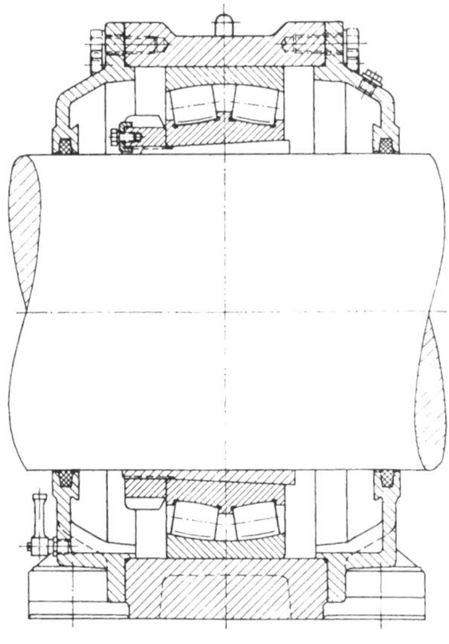

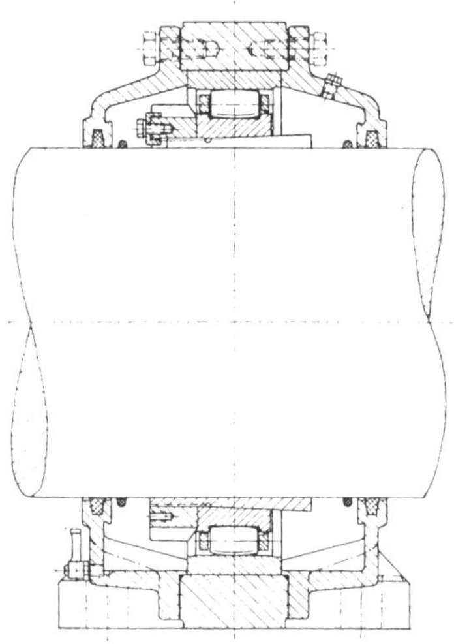

Abb. 178. Schiffswellenlager mit Pen-
delrollenlagern.

Abb. 179.   Schiffswellenlager
mit Zylinderrollenlagern.

den verhältnismäßig langen Propellerwellen kommen dabei Verschiebewege bis
zu 20 mm und mehr in Frage. Wenn auch bei der Montage der Welle die Lagergehäuse mit einer hohen Fluchtgenauigkeit ausgerichtet werden, so ergeben sich
später ganz andere Verhältnisse, wenn sich der Schiffskörper durch die Beladung
oder im Seegang durchbiegt. Bei einem z.B. 110 m langen Frachtschiff ergibt sich
unter vereinfachten Rechnungsbedingungen eine maximale Durchbiegung des
Schiffskörpers von rund $\pm$ 200 mm.

Die Einfachheit der Konstruktion. Die Lagergröße wird nicht nach der Belastung und der gewünschten Ermüdungslaufzeit bestimmt, sondern sie ist durch den
festliegenden Durchmesser der Laufwelle gegeben. Im Verhältnis zur Lagergröße
ist die Belastung sehr gering. Auch wenn in der Ermüdungsrechnung zur Sicherheit
der doppelte Wert des anteiligen Wellen- und Kupplungsgewichtes eingesetzt
wird, ergeben sich Laufzeitwerte, die in der Regel die Gesamtfahrzeit des Schiffes
bei weitem übertreffen. Die Tragfähigkeit sowohl des Pendelrollenlagers nach
Abb. 178 als auch des Zylinderrollenlagers nach Abb. 179, kann daher hier nie voll aus-

genutzt werden. Bei der rein radial wirkenden Belastung ist der *Kraftfluß* im Zylinderrollenlager mit dem Druckwinkel $\alpha = 0°$ am günstigsten. Im Pendelrollenlager wird der Kraftfluß wegen des Druckwinkels $\alpha > 0°$ abgelenkt. Von der daraus resultierenden Eignung des Pendelrollenlagers, axiale Belastungen zu übertragen, kann an dieser Loslagerstelle kein Gebrauch gemacht werden.

Die Vorstellung, daß die Durchbiegung des Schiffskörpers ein pendelnd einstellbares Wellenlauflager erforderlich macht, ist nicht richtig, weil die Welle erheblich weniger formsteif ist als der Schiffskörper. Ein Vergleich der Durchbiegung von Schiffskörper und Welle führt zu dem Ergebnis [*14, 59*], daß bei dem Zylinderrollenlager mit leicht bombierten Rollen die beiden Laufringe eine genügend große Winkelbeweglichkeit haben für den Ausgleich von Fluchtfehlern zwischen benachbarten Gehäusen. Wegen der im Betrieb auftretenden bedeutenden Längenänderungen der Welle muß aber eine gute *axiale Einstellbarkeit* im Lager gegeben sein. Beim Zylinderrollenlager ist diese Verschiebung dem Rollvorgang überlagert und vollzieht sich reibungsarm und betriebssicher. Beim Pendelrollenlager muß sich der Außenring dagegen in der Gehäusebohrung gegen einen größeren Reibungswiderstand axial verschieben.

Das Beispiel zeigt, daß die Konstruktionsaufgabe anfänglich nicht richtig erkannt worden war und daß erst bei besserer Kenntnis der Betriebsbedingungen und der daraus abgeleiteten Forderungen für die Lagerstelle die geeignete Konstruktion entstand. Das Zylinderrollenlager ist in seinem gesamten Aufbau auch einfacher als das Pendelrollenlager. Bei gleichem Durchmesser hat es als einreihiges Lager eine geringere Breite und damit ein geringeres Gewicht. In bezug auf ihre Tragfähigkeit sind beide Lager nicht voll ausgenutzt. Das leichtere Zylinderrollenlager hat gegenüber dem Pendelrollenlager eine geringere Tragfähigkeit und ist damit auch nicht mehr so stark überdimensioniert und unwirtschaftlich wie das Pendelrollenlager.

Befestigungsmittel und Montage. Sowohl Pendelrollenlager als auch Zylinderrollenlager werden mit Spannhülsen auf der Welle befestigt. Im allgemeinen Fall sind bei Zylinderrollenlagern Spannhülsen überflüssig, denn auch bei einem unmittelbar auf der Welle festsitzenden Innenring ergeben sich keine Montageschwierigkeiten, weil das Lager zerlegbar ist. Auf der Schiffslaufwelle befestigt man trotzdem den Innenring des Zylinderrollenlagers mit einer Spannhülse, weil sie bei der Größe und dem Gewicht von Lager und Lagergehäuse die Montage sehr erleichtert. Die Spannhülse bietet aber auch noch einen anderen Vorteil. Die Durchmesser der Schiffswellen werden von Fall zu Fall berechnet und festgelegt, wobei auf genormte Wälzlagerabmessungen keine Rücksicht genommen werden kann. Die Wälzlagerhersteller versuchen nun, für verschiedene Wellen eines bestimmten Durchmesserbereiches mit ein und derselben Lagertype auszukommen und gleichen den Unterschied zwischen der Bohrung eines Standardlagers und dem jeweiligen Wellendurchmesser durch Spannhülsen verschiedener Wandstärke aus. Im Hinblick auf die Wirtschaftlichkeit liegt der Vorteil natürlich beim Einheitslager und nicht bei einer einheitlichen Spannhülse.

Möglichkeit der Ersatzbeschaffung. Für Wellen in einem Durchmesserbereich von 200 bis 470 mm sind 15 Standardlager ausreichend. Jedem vorkommenden Zwischenmaß kann man sich durch eine entsprechend bemessene Spannhülse an-

passen. Die Einbaumaße dieser Zylinderrollenlager entsprechen nicht dem Maßplan nach DIN 616, sondern sie sind auf die besonderen Betriebsaufgaben und
Einbauverhältnisse einer Schiffslaufwelle abgestellt. Daß die Abmessungen vom
Maßplan abweichen, ist ohne Bedeutung, weil in diesem Größenbereich auch bei
den Normallagern in der Regel keine Serienfertigung gegeben ist.

Bei Wellendurchmessern unter 200 mm wird man dagegen, wenn irgend möglich, Lager mit normalen Abmessungen verwenden, weil sie bei den Herstellern in
größeren Serien gefertigt werden. Als Schiffswellenlauflager lassen sie sich auch
zusammen mit normalen Lagergehäusen verwenden. Dies ist wirtschaftlicher als
die Fertigung von abnormen Lagern und Gehäusen in geringen Stückzahlen.

4. Tragrollen für Förderbandanlagen

Massengüter werden in vielen Industriezweigen mit Förderbändern transpor-
tiert, die auf Tragrollen laufen. Die Anordnung der Tragrollen richtet sich dabei
darnach, ob die Gurte ein ebenes oder muldenförmiges Profil bilden sollen. Eine
Tragrollenstation für ein Muldenband ist in Abb. 180 dargestellt. Die drei Rollen
einer Station haben sechs Lagerstellen. Der Abstand zweier Tragrollenstationen
beträgt ungefähr 1,20 m. Wenn man bedenkt, daß in einzelnen Bergbaubetrieben

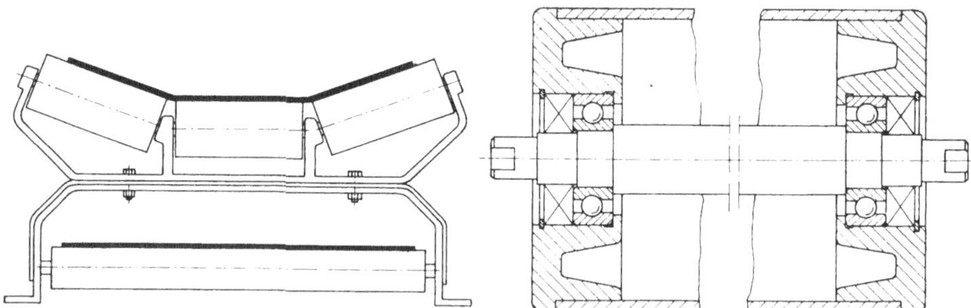

Abb. 180. Tragrollenstation eines Förderbandes.   Abb. 181. Lagerung einer Förderbandrolle.

Förderbänder mit einer Gesamtlänge von vielen Kilometern installiert sind, läßt
sich erkennen, welche großen Wälzlagermengen für Tragrollen gebraucht werden.
Eine häufig verwendete Type ist das Radial-Rillenkugellager *6204*, das auch in
den Normvorschlag für Untertageförderer aufgenommen wurde. Wegen des großen
Bedarfes für Tragrollen wird dieses Lager von allen Kugellagertypen in den größten Stückzahlen gefertigt.

Bei der gebräuchlichsten Rollenkonstruktion wird eine Innenlagerung verwendet, bei der sich der Rollenmantel um die feststehende Achse dreht (Abb. 181).
Der Außenring des Wälzlagers sitzt dabei entweder unmittelbar in dem nahtlosen
Stahlrohr oder, bei größeren Tragrollendurchmessern, in dem gepreßten oder ge-
schmiedeten Rollenboden. Bei schweren Bandanlagen im Braunkohlentagebau
wird auch eine Außenlagerung verwendet. Die Lager sind hier in Kappengehäusen
eingebaut, die in das Traggerüst eingelegt sind. Bei kleinen, nicht schnellaufenden
Anlagen findet man vielfach Lager mit spanlos geformten Ringen. Diese Lager
haben gröbere Toleranzen als handelsübliche Lager und sind entsprechend billiger.
Kegelrollenlager werden hauptsächlich in amerikanischen Großbandanlagen ver-

wendet. Der Aufbau der Rollen ist etwas komplizierter, weil die beiden Kegelrollenlager gegeneinander angestellt werden müssen. Von diesen verschiedenen Konstruktionen soll im folgenden nur die Innenlagerung mit Kugellagern betrachtet werden, und zwar für die Tragrollenstation eines muldenförmigen Gurtes entsprechend Abb. 180 und 181.

Die Aufgabenstellung. Die *Belastung* der Tragrollen und damit der Lager ergibt sich aus dem anteiligen Gewicht des beladenen Bandes. Die größte Radialbelastung erhalten die beiden Lager der horizontalliegenden mittleren Rolle. Bei den seitlichen Rollen sind die Radialbelastungen geringer. Wegen des Muldenwinkels kommt eine, wenn auch unbedeutende, zusätzliche Axialbelastung auf die seitlichen Rollen. Die Ermüdungsrechnung wird für die Lager der am höchsten beanspruchten Mittelrolle durchgeführt. Der Einheitlichkeit wegen wird auch für die Seitenrollen dieselbe Lagertype verwendet. Die *Drehzahl* ergibt sich aus Bandgeschwindigkeit und Rollendurchmesser. Die Lager sind nach den in der Praxis bisher gewonnenen Erfahrungen dann ausreichend dimensioniert, wenn die Ermüdungsrechnung zu einem f_L-Wert von etwa 3,5 entsprechend 20000 Stunden, führt.

Das eigentliche Problem liegt bei Förderbandrollen in den schwierigen Umweltbedingungen. Bandanlagen im Bergbau sind einer außerordentlich starken Verschmutzung ausgesetzt. Laufen die Bänder im Freien ohne Überdachung, so kommen noch die klimatischen Einflüsse dazu. Günstiger sind die Verhältnisse in geschlossenen Räumen und wenn sich beim Transport des Gutes nur wenig Staub entwickelt. Es bestehen starke Unterschiede im Verschmutzungsgrad; auch bei relativ günstigen Verhältnissen fallen die Förderbandrollenlager in der Regel durch Verschleiß, nicht durch Ermüdung, aus.

Die Einfachheit der Konstruktion. An sich läßt sich jedes Wälzlager gegen Verschmutzung schützen. Bei Umweltbedingungen, wie sie bei den meisten Förderbändern herrschen, wird ein vollständiger Schutz aber mit einem sehr hohen baulichen und damit kostspieligen Aufwand für die Dichtung erkauft. Man wird sich deshalb darauf beschränken müssen, das Lager wenigstens hinreichend vor Verschmutzung zu schützen. Die Auffassungen darüber, was unter „hinreichend" zu verstehen ist, gehen aber weit auseinander. Dies gilt nicht so sehr für die subjektive Beurteilung der Verschmutzungsgefahr an den unterschiedlichen Einsatzstellen der Förderbänder. Gemeint ist vielmehr die unterschiedliche Einstellung der jeweiligen Hersteller und Benutzer solcher Förderbandrollen zu der Frage, ob man lieber eine gut abgedichtete und damit teure Förderbandrolle verwendet und sie im Betrieb sorgfältig pflegt, damit sie dann auch eine lange Laufzeit erreicht, oder ob man es für wirtschaftlicher hält, eine einfach abgedichtete, billige Rolle zu verwenden, die häufig ersetzt werden muß. Wo man Vorteile in der kurzlebigen, aber billigen Rolle sieht, geht man unter Umständen dann auch zum entfeinerten und damit billigen Wälzlager über, weil es für die Gebrauchsdauer ohne Bedeutung ist, ob der Schmutz ein entfeinertes oder ein Präzisionslager unbrauchbar macht. Andererseits wird die für höhere Bandgeschwindigkeiten notwendige Laufruhe nur mit Wälzlagern erzielt, die die normale Laufgenauigkeit haben.

Die wesentlichen Unterschiede im konstruktiven Aufwand der Förderbandrollenlagerungen sind daher bei der Dichtung gegeben. Die Vielzahl der Abdichtun-

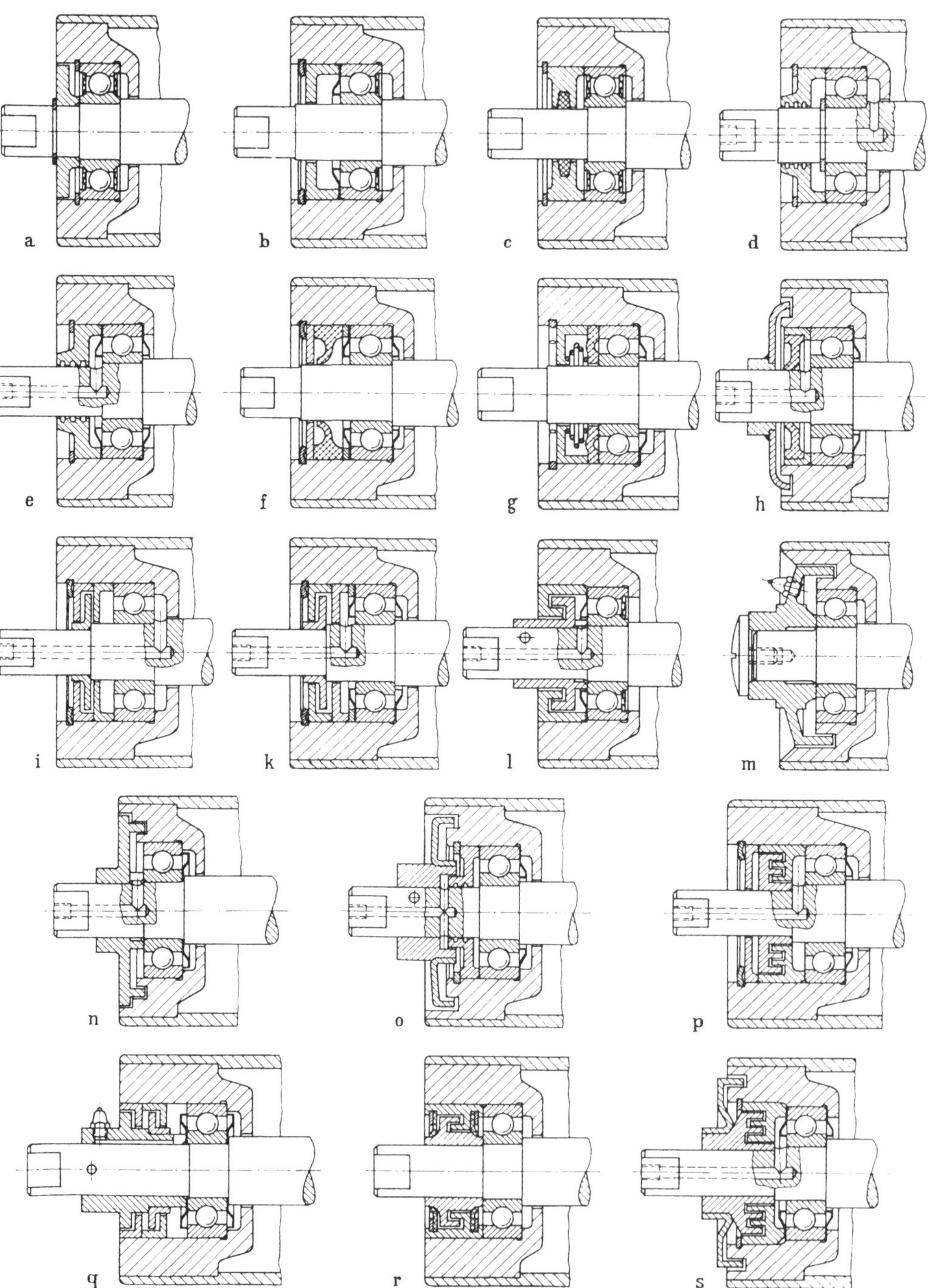

Abb. 182a – s. In der Praxis übliche Abdichtungen in Förderbandrollen.

gen, die in den Abb. 182a—s dargestellt sind, zeigt am eindrucksvollsten, wie weit die Auffassungen darüber auseinandergehen, was man als günstigsten Kompromiß ansieht zwischen dem Aufwand für Dichtung und Wartung einerseits und andererseits den Kosten, die eine öftere Erneuerung der Tragrolle mit ihren Lagern mit sich bringt. Es handelt sich bei den dargestellten Ausführungen nicht um Entwürfe, sondern alle Konstruktionen werden in größeren Mengen gebaut und eingesetzt.

Die Unterhaltung. Unterschiedlich sind auch die Auffassungen, wie die gesamte Förderanlage am zweckmäßigsten unterhalten wird. In manchen Betrieben werden die Lagerstellen in regelmäßigen Abständen nachgeschmiert und bleiben so lange im Einsatz, bis irgendeine Störung auftritt. Das Nachschmieren der Lager an Ort und Stelle ist nicht gerade ideal. Es erfordert auch einen ziemlich großen Personalaufwand. Bei dieser Art der Unterhaltung muß man früher oder später mit Schäden an den Rollen und dadurch bedingten Betriebsstörungen rechnen, die sich schlecht mit den Forderungen vertragen, die man an die Betriebssicherheit einer so produktionswichtigen Anlage stellen muß, wie sie ein großes Förderband darstellt.

Deshalb setzt sich gerade in Bergbaubetrieben, wo die Rollen in einer besonders schmutzigen Umgebung laufen, eine andere Methode der Unterhaltung mehr und mehr durch. Die Rollen werden im Betrieb nicht mehr nachgeschmiert. Aus praktischen Erfahrungen weiß man, daß die erste Fettfüllung mit Sicherheit für mindestens zwei Jahre ausreicht. Dann werden die Rollen in jedem Fall ausgebaut und ersetzt. Man wartet also nicht erst ab, bis das Lager nicht mehr funktionstüchtig ist, sondern beugt möglichen Betriebsstörungen rechtzeitig vor. Die in ihrem Aufbau einfachen und billigen Rollen werden durch neue ersetzt. Dort aber, wo man auf Pflege und Erhaltung eingestellt ist, werden die Lager ausgebaut und daraufhin untersucht, ob sie sich noch weiter verwenden lassen. Die Rolle kommt dann entweder mit den noch brauchbaren alten oder aber mit neuen Lagern und einer frischen Fettfüllung zum Einsatz. Bei dieser Überholung werden in der Regel auch alle verschleißenden Teile der Abdichtung ersetzt.

5. Lagerung eines kleinen Elektromotors

Die Qualität eines Elektromotors wird u. a. auch nach seiner Laufruhe beurteilt, die nicht zuletzt von den Laufeigenschaften der eingebauten Wälzlager abhängt. Der Einfluß der Formgenauigkeit von Wälzlagerringen und -kugeln auf das Laufgeräusch ist im Abschnitt Laufgeräusch S. 98 ff. behandelt. Sieht man von diesen Formfehlern als Schwingungserregern ab, so kann man sagen, daß unter sonst gleichbleibenden Voraussetzungen ein Elektromotor um so ruhiger läuft, je geringer das Spiel in den Wälzlagern ist. Sogar eine mäßige Vorspannung ist günstig. Dagegen wird das Lager durch eine zu starke Vorspannung unter Umständen sehr rasch zerstört, weil es warmläuft oder ermüdet.

Die Aufgabenstellung. Daraus ergibt sich die Aufgabe, die Lagerung so zu konstruieren, daß das gewünschte *Spiel* in engen Grenzen, mindestens beim betriebswarmen Motor, nach Möglichkeit aber auch schon im Anfahrzustand vorhanden ist. Die Mittel, mit denen die Spielfreiheit erzielt wird, sollen nicht kostspielig sein und müssen vor allem auch in der Serienmontage zu einem sicheren Ergebnis führen.

In bezug auf die *Belastung* sind die Lager von kleinen Elektromotoren in der Regel sehr sicher dimensioniert. Die Lagerbohrung richtet sich nach der vorgegebenen Welle, die nach konstruktiven und schwingungstechnischen Gesichtspunkten bemessen ist. Die *Gebrauchsdauer* von elektrischen Maschinen in dieser Größe liegt bei etwa 500 bis 2000 Stunden. Ermüdungsschäden treten in dieser Zeit kaum auf. Bei Geräten, die in Industrie- oder Gewerbebetrieben laufen, werden die Elektromotoren im allgemeinen für eine längere Gebrauchsdauer ausgelegt als z. B. bei Haushaltsgeräten. Andererseits sind die Anforderungen an die Laufruhe bei Haushaltsgeräten vielleicht etwas höher.

Die Einfachheit der Konstruktion. Bei kleinen Elektromotoren geht es vor allem darum, die gewünschte Spielfreiheit mit einfachen Mitteln zu erzielen. Dazu muß grundsätzlich festgestellt werden, daß sich das Spiel, das ein Kugellager im Anlieferungszustand hat, beim Einbau unter dem Einfluß fester Passungen verringert. Das Spiel der Lager im Anlieferungszustand streut in gewissen, fertigungsbedingten Grenzen. Diese Streuung wird beim eingebauten Lager noch größer wegen der Toleranzen für die Sitzflächen auf der Welle und im Lagerschild (vgl. S. 132 ff.). Man könnte zwar daran denken, die Gesamtstreuung dadurch zu verkleinern, daß man alle diese Toleranzen stark einengt. Aus dieser Vorstellung heraus ist im Laufe der Jahrzehnte eine große Menge von Sondervorschriften entstanden, nach denen Elektromotorenlager geliefert werden mußten. So waren z. B. die Toleranzfelder für das Spiel gegenüber der Normalausführung eingeengt und in ihrer Lage verschoben. In vielen Fällen waren die Maßtoleranzen für den Manteldurchmesser des Außenringes eingeengt, in einzelnen Fällen handelte es sich nur um kleinere Bohrungstoleranzen, öfter war eine Einengung aller Maßtoleranzen vorgeschrieben. Mitunter mußten die Lager auch nach ihren Außendurchmessern in zwei Gruppen sortiert angeliefert werden, weil sie bei der Montage mit zwei entsprechenden Gruppen von Lagerschilden gepaart werden sollten. Selbst wenn man den höheren Fertigungsaufwand, der mit der Erfüllung solcher Sondervorschriften verbunden ist, außer acht läßt, kann mit Toleranzeinengungen die gestellte Aufgabe im Grunde genommen nie richtig gelöst werden; denn auch sehr enge Toleranzen für das einzelne Maß verursachen in ihrem Zusammenwirken eine verhältnismäßig große Gesamtstreuung im Radialspiel. Nicht berücksichtigt ist zudem der Einfluß der Wärmedehnungen, die das Radialspiel in den Lagern verändern, bis der Motor betriebswarm geworden ist.

Die Lösung der Aufgabe wurde aber auf anderem Wege möglich. Abb. 183 zeigt die Lagerung eines Elektromotors, die heute sehr oft ausgeführt wird. Bei dem einen Lager befindet sich zwischen Außenring und Deckel eine Federscheibe — mitunter sind es auch mehrere —, durch die der im Lagerschild verschiebbar sitzende Außenring mit einer in bestimmten Grenzen liegenden Vorspannkraft axial angestellt wird, so daß in der gesamten Lagerung Spielfreiheit besteht. Wenn nach Inbetriebnahme des Motors unterschiedliche Wärmedehnungen zwischen Welle und Gehäuse und zwischen Innen- und Außenring des Lagers auftreten, werden sie über die Feder ausgeglichen. Die Federcharakteristik muß allerdings auf die Fertigungs- und Einbautoleranzen der axialen Anlageflächen abgestimmt sein, damit die Vorspannung in den Grenzlagen der Feder im zulässigen Rahmen bleibt. Durch diese Konstruktion ist auch bei der Serienmontage die Einstellung der richtigen Lagervorspannung sichergestellt. Der geringe Mehraufwand für die Feder und eine etwas engere Tolerierung der axialen Anlageflächen ist insgesamt wesentlich wirtschaftlicher als die Verwendung von Lagern mit stark eingeengten Maß- und Radialspiel-Toleranzen mit dem zusätzlichen Aufwand für engtolerierte Sitzflächen auf der Welle und im Lagerschild.

Möglichkeit der Serienfertigung. Bei der beschriebenen Spielregulierung durch Federn lassen sich Kugellager in handelsüblicher Ausführung, wie sie in großen Serien gefertigt werden, verwenden. Da die Spielfreiheit nur eine von mehreren Voraussetzungen für einen geräuscharmen Lauf ist, werden bei höheren Ansprüchen an die Laufruhe diese Lager normaler Ausführung noch einer besonderen Geräusch-

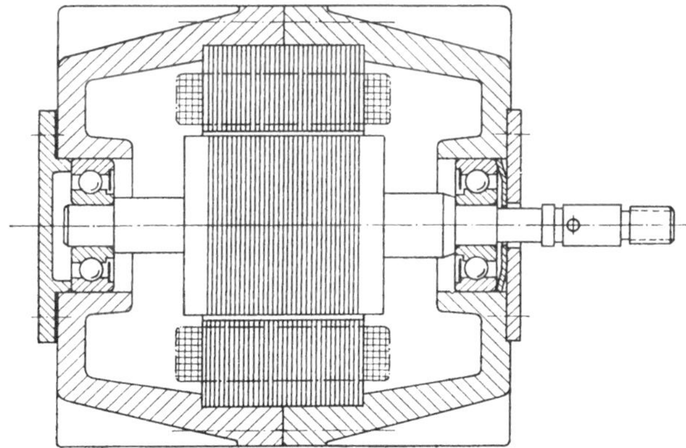

Abb. 183. Lagerung eines kleinen Elektromotors – Spielregulierung mit Federscheibe.

prüfung unterzogen. Zur Befriedigung der höchsten Ansprüche, die an die Laufruhe von Elektromotoren heute gestellt werden, gibt es außerdem Sonderlager nach DIN 42966 mit einer gegenüber der handelsüblichen Ausführung erhöhten Maß-, Form- und Laufgenauigkeit. Diese Lager entsprechen in ihrer Genauigkeit im wesentlichen der ISO-Klasse P6. Durch die höhere Laufgenauigkeit dieser Lager werden nicht nur die niederfrequenten Schwingungen in radialer und axialer Richtung gegenüber den Normallagern eingeengt, sondern durch die eingeengten Maß- und Formtoleranzen wird auch der Sitzcharakter für den Außenring gleichmäßiger. Dadurch erreicht man eine sichere axiale Einstellbarkeit des Außenringes, ohne daß die Nachteile eines zu losen Sitzes (Mitwandern des Außenringes) in Kauf genommen werden müssen. Allerdings ist diese erhöhte Genauigkeit des Lagers nur dann sinnvoll, wenn ihr auch die Genauigkeit der Lagersitzstellen im Gehäuseschild und auf der Ankerwelle entspricht (vgl. S. 136). Die Lager nach DIN 42966 werden in jedem Falle einer Geräuschprüfung unterzogen.

Die für einen schwingungsarmen Lauf erforderliche Spielfreiheit läßt sich also in jedem Falle mit *Normallagern, deren Ausführung einem internationalen Standard entspricht*, erzielen. Für die *Ersatzbeschaffung* bestehen damit auch günstige Voraussetzungen.

6. Das wartungsfreie abgedichtete Kugellager

In den letzten Jahren werden in steigendem Umfange abgedichtete Kugellager verwendet, die bereits beim Hersteller mit Fett gefüllt werden und die während ihrer gesamten Einsatzzeit nicht mehr nachgeschmiert werden müssen. Diese Lager haben den Vorteil, daß sie sich ohne zusätzliche Abdichtungen einbauen lassen. Bei zweckentsprechendem Einsatz vereinfachen sie nicht nur die Konstruktion einer Lagerstelle, sondern verringern wegen ihrer Wartungsfreiheit auch die Betriebskosten. Die zeitlich begrenzte Schmierfähigkeit der einmaligen Fettfüllung und die begrenzte Wirkung ihrer Abdichtelemente beschränken den Einsatzbereich solcher Lager auf kleine Elektromotoren, Haushaltgeräte, Landmaschinen, einfache Transportgeräte usw.

Die Aufgabenstellung. Die Einbaumaße müssen dieselben sein wie bei einem normalen, nicht abgedichteten Kugellager. Die erste Fettfüllung muß für die gesamte Laufzeit der Lager ausreichen. Im amerikanischen Sprachgebrauch gibt es dafür den Ausdruck „for life lubricated". Erwartet wird von diesen Lagern eine *Gebrauchsdauer*, die so groß ist wie die Gebrauchsdauer der Maschinen und Geräte, in die sie eingebaut sind. Das sind etwa 500 bis 2000 Betriebsstunden oder einige Jahre, da es sich hier oft nur um einen kurzzeitigen Betrieb mit längeren Unterbrechungen handelt. Die *Belastungen* sind in der Regel verhältnismäßig niedrig, so daß mit einem Ausfall durch Werkstoffermüdung der Laufringe oder der Kugeln nicht zu rechnen ist. Die in Frage kommenden *Drehzahlen* liegen unter 50 bis 70% der für ein Normallager zulässigen Grenzdrehzahl. Die Lager sollen bei normalen *Umweltbedingungen* funktionstüchtig bleiben. Darunter sind zu verstehen: keine Temperaturen, die wesentlich über 80 °C hinausgehen, kein Zutritt von Wasser oder von aggressiven Gasen und Dämpfen und keine übermäßige Staubeinwirkung. Der durch die eingebaute Dichtung bedingte *Mehrpreis* gegenüber dem normalen Lager muß auf jeden Fall niedriger sein als die Kosten, die durch die überflüssig gewordenen Abdichtungen eingespart werden.

Die Einfachheit der Konstruktion. Hier geht es ausschließlich um den Aufwand für die Dichtung. Es ist auf S. 171 schon gesagt worden, daß jedes Wälzlager gegen Schmutz und Korrosion für sehr lange Laufzeiten geschützt werden kann, wenn man bei der Abdichtung einen entsprechenden Aufwand treibt. Die folgenden

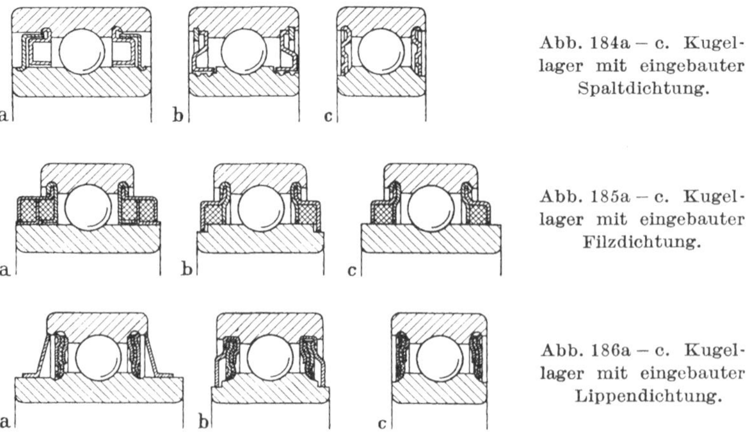

Abb. 184a — c. Kugellager mit eingebauter Spaltdichtung.

Abb. 185a — c. Kugellager mit eingebauter Filzdichtung.

Abb. 186a — c. Kugellager mit eingebauter Lippendichtung.

Abbildungen zeigen bei Wälzlagern gebräuchliche Abdichtungen, und zwar mit einer gewissen Abstufung in ihrer Dichtwirkung. Es ist dabei gut zu erkennen, daß die wirksamere Dichtung auch mehr Raum benötigt und einen erhöhten Aufwand an Zusatzteilen erfordert. Von allen in Abb. 184, 185 u. 186 gezeigten Konstruktionen erfüllen nur die Konstruktionen nach Abb. 184c u. 186c die Bedingung, daß die Einbaumaße des nicht abgedichteten Lagers eingehalten sind. Nur sie sollen deshalb weiter betrachtet werden.

Da im Interesse einer *Großserienfertigung* die gleichen Laufringe, Wälzkörpersätze und Käfige, die das normale Lager hat, verwendet werden müssen und da der Querschnitt des normalen Lagers im Hinblick auf eine hohe Tragfähigkeit weitgehend ausgenutzt ist, steht für die zusätzlich einzubauenden Dichtelemente sehr wenig Raum zur Verfügung.

Bei der Ausführung nach Abb. 184c handelt es sich um ein normales Kugellager mit Deckscheiben nach DIN 625. Die Deckscheibe besteht aus Blech, sitzt fest in einer Nut des Außenringes und bildet mit ihrer Bohrung einen Ringspalt zum Innenring. Da eine Gleitreibung zwischen Deckscheibe und Innenring fehlt, sind für solche Lager in der Regel die gleichen Drehzahlen zulässig wie für Normallager ohne Dichtung. Die Lager werden vom Hersteller mit Fett gefüllt, das auch die Dichtwirkung am Ringspalt erhöht. Bei dem Dichtelement nach Abb. 186c besteht die Lippe, die unter mäßigem axialem Druck am Innenring anliegt, aus Gummi oder einem Werkstoff mit ähnlichen Eigenschaften. Mit wachsendem Anpreßdruck wird die Dichtwirkung besser; natürlich steigen auch die Reibung und der Verschleiß an den Gleitstellen. Hier muß ein Kompromiß gefunden werden zwischen der größeren Dichtwirkung einerseits und der geringeren Reibung und der damit besseren Eignung des Lagers für hohe Drehzahlen andererseits. Da die Forderung nach geringer Reibung besonders bei kleinen Lagern im Vordergrund steht, überwiegt unter 15 mm Lagerbohrung das Lager mit Deckscheibe nach Abb. 184c.

Die Gebrauchsdauer des gesamten Lagers hängt entscheidend von der Zeit ab, für die das Fett eine ausreichende Schmierfähigkeit behält. Die Dichtung hat nicht nur die Aufgabe, das Eindringen von Schmutz in das Lagerinnere zu verhindern und das bei höheren Temperaturen weicher werdende Fett im Lager zu halten, sondern sie schützt das Fett auch weitgehend vor dem Einfluß der umgebenden Atmosphäre. Dadurch wird die Alterung des Fettes verzögert. Es werden heute die unterschiedlichsten Fette für abgedichtete Lager verwendet. Die Wahl des Fettes richtet sich nach der Lagergröße und der jeweiligen Einbaustelle, weitgehend aber auch nach den individuellen Erfahrungen der Hersteller und den Wünschen der Verbraucher. Durch die unterschiedliche Rohstoffbasis und auch durch den Herstellungsprozeß bedingt, bestehen bei den Fetten zum Teil erhebliche Preisunterschiede. Da die Gebrauchsdauer des Lagers entscheidend von der Lebensdauer des Fettes abhängt, sind hochwertige teure Fette, die eine einwandfreie und ausreichend lange Schmierung des Lagers gewährleisten, immer wirtschaftlicher als billigere Fette, die vielleicht nicht genügend lange schmierfähig bleiben. Der Aufwand für eine Schmierstoff-Füllung ist bei kleinen Lagern sowieso in jedem Fall unbedeutend, gemessen am Wert des Lagers.

Es gibt auch abgedichtete Lager, bei denen nach einer gewissen Laufzeit Öl mit einer Hohlnadel in das Lager eingespritzt wird, um die nachlassende Schmierkraft des Fettes aufzufrischen. Die Wirksamkeit einer solchen Maßnahme soll hier nicht erörtert werden; jedenfalls handelt es sich hier um eine Nachschmierung, die mit der eigentlichen Aufgabenstellung nicht vereinbar ist, denn diese Lager sollen ja einen völlig wartungsfreien Betrieb ermöglichen.

7. Drucklager für Kraftfahrzeugkupplungen

Beim Ausrücken einer Kraftfahrzeugkupplung wird auf die mit der Schwungscheibe M (Abb. 187), der Kupplungsscheibe K und der Anpreßplatte P umlaufenden Kupplungsfinger F ein Axialdruck aufgebracht. Dadurch drücken die als Hebel wirkenden Kupplungsfinger die Kupplungsfedern S zusammen, wodurch

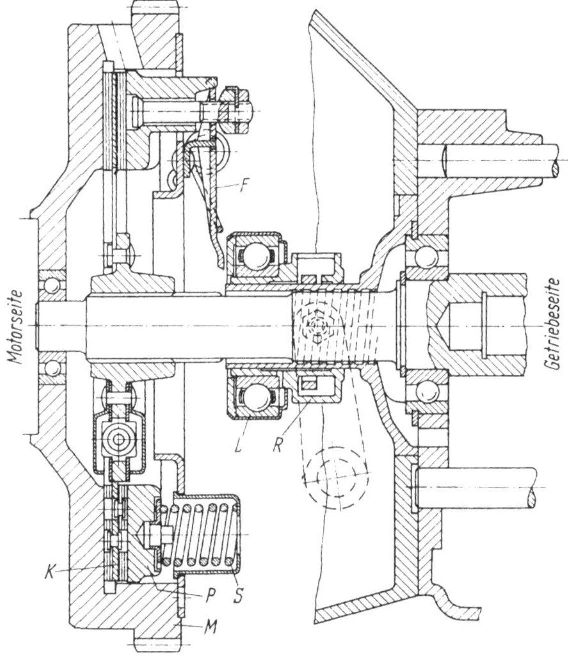

Abb. 187. Kraftfahrzeugkupplung.

der Reibungsschluß zwischen Schwungscheibe, Anpreßplatte und Kupplungsscheibe aufgehoben wird. Zwischen dem nicht umlaufenden Kupplungsausrücker R, der durch ein Hebelsystem axial verschoben wird, und den umlaufenden Kupplungsfingern ist das Kupplungsdrucklager L eingeschaltet.

Die Aufgabenstellung. Die Größe der *Axialbelastung*, die von dem Kupplungsdrucklager übertragen werden muß, läßt sich bestimmen aus der Federcharakteristik der Kupplungsfedern und den Hebelverhältnissen an den Kupplungsfingern. Wegen der Unterschiede in der Federkennlinie der einzelnen Federn kann die Gesamtbelastung bei verschiedenen Kupplungen in gewissen Grenzen schwanken, die von den Kupplungsherstellern mit $\pm 5\%$ vom Nennwert angegeben werden. Die größte *Drehzahl* entspricht der Motordrehzahl. Dabei ist charakteristisch, daß das Kupplungsdrucklager bei Beginn des Auskuppelns aus dem Stillstand sehr schnell auf die Motordrehzahl hochgefahren wird. Bei Kupplungsdrucklagern rechnet man für die *Gebrauchsdauer* mit einem Richtwert von 80 000 bis 100 000 Fahrkilometern; er wird bei leichten Fahrzeugen niedriger, bei Lastwagen und Omnibussen höher angesetzt werden. Die tatsächliche Gebrauchsdauer, die ein Kupplungsdrucklager erreicht, hängt natürlich sehr stark von der Fahrweise ab. Bei Fahrzeugen, die häufig im Stadtverkehr oder bei Lastwagen, die im Baustellenbetrieb eingesetzt sind, deren Kupplung also häufig betätigt wird, erreicht man mit den Lagern in der Regel weniger Fahrkilometer als bei Fahrzeugen, die im Fernverkehr laufen. Eine große Rolle spielen auch hohe *Temperaturen*, die bei längerem Rutschenlassen der Kupplung im Kupplungsdrucklager auftreten können und die die Gebrauchsdauer des Fettes verringern; denn Kupplungsdrucklager erhalten eine einzige Fettfüllung für ihre gesamte Laufzeit, so daß die Gebrauchsdauer des Lagers sehr oft vom Schmiermittel her begrenzt wird. An die Laufgenauigkeit des Kupplungsdrucklagers werden keine besonderen Ansprüche gestellt, jedoch an seinen geräuscharmen Lauf. Auch hier sind die Ansprüche unterschiedlich, je nach dem Fahrkomfort, den man bei einem Personenwagen erreichen will. Beim Lastwagen sind diese Ansprüche geringer.

Die Einfachheit der Konstruktion. Bei Kupplungsdrucklagern sind im wesentlichen drei Konstruktionen gebräuchlich, bei denen ein Radial-Rillenkugellager (Abb. 188), ein Schrägkugellager (Abb. 189) oder ein Axial-Rillenkugellager (Abb. 190) verwendet wird. Da die äußere Belastung rein axial gerichtet ist, ergibt sich der günstigste *Kraftfluß* beim Axial-Rillenkugellager. Bei einem Schrägkugellager mit einem Druckwinkel $\alpha = 35$ bis $45°$ müssen von den Kugeln höhere Belastun-

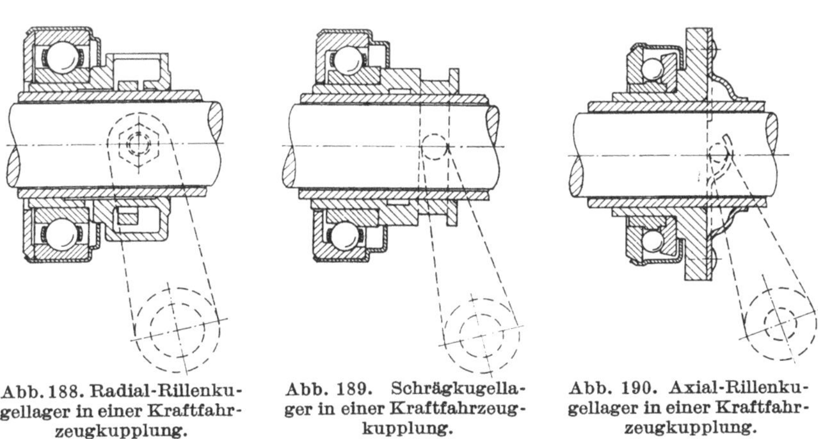

Abb. 188. Radial-Rillenkugellager in einer Kraftfahrzeugkupplung.

Abb. 189. Schrägkugella-
ger in einer Kraftfahrzeugkupplung.

Abb. 190. Axial-Rillenku-
gellager in einer Kraftfahrzeugkupplung.

gen aufgenommen werden, da durch die Ablenkung des Kraftflusses zusätzlich radial gerichtete Belastungskomponenten auftreten. Bei den Radial-Rillenkugellagern wird für diesen Einbaufall ein erhöhtes Radialspiel entsprechend C3 vorgesehen. Damit stellt sich ein Druckwinkel von $\alpha \approx 15°$ ein. Der Kraftfluß in diesem Lager wird also noch ungünstiger als in einem Schrägkugellager.

Beim Entkuppeln wird also der Ausrücker mit dem Kupplungsdrucklager axial verschoben, so daß das Drucklager die Kupplungsfinger berührt. Die Anlageflächen der Kupplungsfinger liegen dabei zunächst nicht unbedingt in einer Ebene. Wegen des Spiels, mit dem der Ausrücker in seiner Bohrung geführt ist, wird die Anlauffläche des Kupplungsdrucklagers auch nicht immer winkelrecht zur Drehachse der Getriebehauptwelle liegen. Dadurch kann es, mindestens bei der ersten Berührung, zu einer gewissen Verkippung der beiden Laufringe des Kupplungsdrucklagers kommen. In diesem Fall wäre das Radial-Rillenkugellager *günstiger*, weil sein Radialspiel einen größeren Kippausschlag zuläßt. Dieser Umstand scheint für die Praxis allerdings keine große Bedeutung zu haben, denn es ist nicht bekannt geworden, daß Schrägkugellager und Axial-Rillenkugellager im praktischen Betrieb zu Schwierigkeiten geführt hätten. Schwierigkeiten sind mitunter bei einer Gabelführung des Kupplungsdrucklagers aufgetreten. Wenn wegen Fertigungs- oder Montage-Ungenauigkeiten die Schwenkachse des Lagers in der Gabel nicht mehr senkrecht zur Drehachse liegt, dann wird natürlich auch das Kupplungs- drucklager auf seinem Umfang ungleichmäßig belastet. Dieser Fehler führt aber bei allen Kupplungsdrucklagern zu einer Störung der Abwälzverhältnisse und damit zu vorzeitigem Ausfall.

Alle drei Lager können ohne Schwierigkeiten *montiert* werden, da sie nur *eine* zylindrische Sitzfläche haben. Die Einzelteile des Lagers werden in jedem Fall durch eine Blechkappe zu einer Einheit zusammengefaßt, wobei die Blech- kappe auch die Aufgabe hat, das Fett im Lager zu halten und das Lagerinnere gegen Verschmutzung zu schützen. Auch hierbei ergibt sich kein grundsätzlich unterschiedlicher Aufwand bei den drei Lagerarten.

Für hohe Drehzahlen ist das Radial-Rillenkugellager besser geeignet, weil die Fliehkräfte der Lagerkugeln in der Rillensohle aufgenommen werden. Beim Axial-Rillenkugellager werden die Kugeln unter dem Einfluß der Fliehkraft aus der Rillensohle gedrängt, wodurch die Ablaufverhältnisse gestört werden können. Die bei Kupplungsdrucklagern in Betracht kommenden Drehzahlen liegen aber nahezu ausnahmslos unter der für Axial-Rillenkugellager zulässigen Grenze. Sollte diese Grenze in Ausnahmefällen — vielleicht bei Sportfahrzeugen — über- schritten werden, dann sind mit dem Radial-Rillenkugellager höhere Drehzahlen zu beherrschen.

Möglichkeit der Serienfertigung. Für die Ausführung nach Abb. 188 werden vorwiegend Radial-Rillenkugellager der Reihe *60.*. nach DIN 625 verwendet. Es handelt sich dabei um Lagertypen, die auch an vielen anderen Stellen verwendet werden und die deswegen immer zum laufenden Fertigungsprogramm der Wälz- lagerhersteller gehören. Die Schrägkugellager nach Abb. 189 werden nur als Kupp- lungsdrucklager verwendet. Bei den Fertigungsziffern der Kraftfahrzeugindustrie ist der Bedarf an einer bestimmten Lagertype meistens auch so groß, daß gute Voraussetzungen für eine Serienfertigung bestehen. Auch das Axiallager nach Abb. 190 wird nur als Kupplungsdrucklager verwendet. Es hat einen massiven Spezialkäfig, der nicht nur die Kugeln im Abstand hält, sondern auch die beiden Druckscheiben radial führt. Bei entsprechenden Mengen läßt sich ein solcher Käfig spanlos und damit wirtschaftlich fertigen.

Zusammenfassend läßt sich also folgendes feststellen: Bei der Ausführung nach Abb. 188 wird ein Normallager verwendet, das auch für andere Einbaustellen benötigt wird, das zum laufenden Fertigungsprogramm der Wälzlagerhersteller gehört und deshalb jederzeit verfügbar ist. Die Ausführung nach Abb. 190 ist ganz auf die für eine Kupplung typischen Betriebsbedingungen abgestellt und führt deshalb zu optimalen Lagerabmessungen und -gewichten. Daraus kann man folgern, daß für kleine und mittlere Serien die Ausführung nach Abb. 188 vorteil- haft ist. Bei sehr großen Serien ist aber die Ausführung nach Abb. 189, mehr noch die Ausführung nach Abb. 190, zweifellos die wirtschaftlichere Lösung. Die Voraussetzungen für eine Steigerung der Wirtschaftlichkeit werden in dem Um- fange günstiger, in dem es gelingt, den gesamten Bedarf der Kraftfahrzeugindustrie an solchen Kupplungsdrucklagern mit möglichst wenig Typen zu befriedigen.

Literaturverzeichnis

[1] AMONTONS: De la résistance causée dans les machines. Histoire de l'Académie Royale des Sciences avec des Memoires de Mathématique et de Physique, 1699, Paris 1702, S. 206 — 207.

[2] AUERBACH, F.: Absolute Härtemessung. Ann. d. Physik 43 (1891) 61 — 100, und: Über Härtemessung, insbesondere an plastischen Körpern. Ann. d. Phys. 45 (1892) 262 ff.

[3] BARWELL, F. T., u. D. SCOTT: Effect of Lubricant on Pitting Failure of Ball Bearings. Engineering 182 (1956) 9 — 12.

[4] BÄSZLER, O.: Der Einfluß von Wälzlagern auf die Biegeschwingungen von Wellen. Konstruktion 15 (1963) 176 — 183.

[5] BERNDT, G.: Über die Gültigkeit der Hertzschen Formeln zur Berechnung der Abplattung von Meßkörpern. Z. techn. Phys. 3 (1922) 14 u. 82 ff.

[6] BOCHMANN, H.: Die Abplattung von Stahlkugeln und Zylindern durch den Meßdruck, Dissertation Dresden 1927.

[7] BUTLER R. H., H. R. BEAR u. T. L. CARTER,: Effect of Fiber Orientation on Ball Failures under Rolling-Contact Conditions. NACA TN 3933 (1957).

[8] CARTER, T. L.: Effect of Fiber Orientation in Races and Balls under Rolling-Contact Fatigue Conditions. NACA TN 4216 (1958).

[9] CORDIANO, H. V., E. P. COCHRAN u. R. J. WOLFE: Effect of Combustion-Resistant Hydraulic Fluids on Ball Bearing Fatigue Life. ASME Trans. 1956, S. 989.

[10] COULOMB: Theorie des machines simples en ayant égard au frottement de leurs parties et à la roideur des cordages. Histoire de l'Académie Royale des Sciences avec des Memoires de Mathématique et de Physique, Paris 1785, S. 161 — 332.

[11] DELFOSSE, M.: Sur le couple de roulements à billes, Dissertation Lille 1936.

[12] DETZER, K.: Radiometrische Verschleiß-Untersuchungen an axial belasteten Kugellagern Dissertation TH München 1963.

[13] DRESCHER, H.: Versuchsstand für Querlager mit schwimmender Reibungswaage. Konstruktion 8 (1956) 228 — 231.

[14] ESCHMANN, P.: Aktuelle Probleme der Wälzlagertechnik. Industrie-Anz. 76 (1954) 1203 — 1206.

[15] ESCHMANN, P.: Untersuchung über den Einfluß des Verschleißes auf die Lebensdauer der Wälzlager, Dissertation TH Braunschweig 1963.

[16] ESCHMANN, HASBARGEN u. WEIGAND: Die Wälzlagerpraxis, München 1953.

[17] FÖPPL, A.: Vorlesungen über technische Mechanik, Bd. V, Leipzig 1907.

[18] FÖPPL, L.: Der Spannungszustand und die Anstrengung des Werkstoffes bei der Berührung zweier Körper. Forsch. Ing.-Wes. 7, Nr. 5 (1936) 209 — 221.

[19] FREUDENTHAL, A. M., u. E. J. GUMBEL: Distribution Functions for the Prediction of Fatigue Life and Fatigue Strength. Proc. Int. Conf. Fatigue of Metals, London 1956, S. 262 — 271.

[20] GASSNER, E., u. W. SCHÜTZ: Beurteilung lebenswichtiger Fahrzeugbauteile durch Betriebsfestigkeits-Versuche. The Institution of Mechanical Engineers, 9. International Automobile Technical Congress 1962.

[21] GASSNER, E., u. O. SVENSON: Einfluß von Störschwingungen auf die Ermüdungsfestigkeit. Stahl u. Eisen 82 (1962) 276 — 282.

[22] GOODMANN, J.: The Approach of Flat Elastic Plates under Load when Separated by a Ball of Similar Material. Engineering 3 (1923) 244 — 246.

[23] GRASHOF, F.: Theorie der Elasticität und Festigkeit, Berlin 1878, S. 49.

[24] GRIESE, F. W., u. H. BOER: Gestaltung und Schmierung von Lagern an Walzwerksanlagen. VDI-Berichte 36 (1959) 111—121.

[25] HEATHCOTE, H. L.: Proc. Instn. Auto Engrs. 15 (1921) 569.

[26] HENTSCHEL, G.: Die Gesetzmäßigkeit der Lagerelastizität, ein Beitrag zur Schwingungsbetrachtung wälzgelagerter Wellen. Konstruktion 7 (1955) 386—388.

[27] HERTZ, H.: J. reine angew. Math. (Crelle) 92 (1881) 156.

[28] HERTZ, H.: Über die Berührung fester elast. Körper, Ges. Werke I, Leipzig 1895, S. 155—173.

[29] HERTZ, H.: Über die Berührung fester elastischer Körper und über die Härte, Ges. Werke I, Leipzig 1895, S. 174—196.

[30] ILLMANN, A., u. H. K. OBST: Wälzlager in Eisenbahnwagen und Dampflokomotiven. Berlin 1957.

[31] JACKSON, E. R.: Rolling Contact Fatigue Evaluation of Bearing Materials and Lubricants. ASLE Trans. 2 (1959) 121—128.

[32] JAEGER, B.: Die angenäherte Berücksichtigung der Elastizität von Kugel- und Rollenlagern bei der Berechnung der biegekritischen Drehzahl. Konstruktion 10 (1958) 87—92.

[33] JOHNSON, K. L.: A Note on the Influence of Elastic Compliance on Sliding Friction in Ball Bearings. J. Basic Engineering, December 1960.

[34] JONES, A. B.: Metallographic Observations of Ball Bearing Fatigue Phenomena. Trans. ASME 69 (1947) 435—449.

[35] JONES, A. B.: Ball Motion and Sliding Friction in Ball Bearings. J. Basic Engineering, Trans. ASME, March 1959, 1—12.

[36] KARAS, F.: Der Ort größter Beanspruchung in Wälzverbindungen mit verschiedenen Druckfiguren. Forschung 12 (1941) 237—243.

[37] KESSLER, H.: Untersuchung zur Berührung fester Körper, Dissertation Jena, 1916.

[38] KIRCHNER, W., H. KORRENN u. G. LAMBERT: Ein neues Verfahren zur Beurteilung der Geräuschqualität von Wälzlagern. Industrieblatt 63 (1963) 218—222.

[39] KOHAUT, A., u. S. GEBHARDT: Die Reibung in kleinen Kugellagern. Feinmech. u. Präz. 49 (1941) H. 5 u. 6.

[40] KORRENN, H., W. KIRCHNER u. G. BRAUNE: Die elastische Verformung einer ebenen Stahloberfläche unter linienförmiger Belastung. Werkstattstechnik 53 (1963) H. 1, 27—30.

[41] KUNERT, K. H.: Die Starrheit des vorgespannten Schrägkugellagerpaares bei radialer Belastung. Industrie-Anz. 1960, Nr. 103, 1763—1768.

[42] KUNERT, K. H.: Spannungsverteilung im Halbraum bei elliptischer Flächenpressungsverteilung über einer rechteckigen Druckfläche. Forsch. Ing.-Wes. 27 (1961) Nr. 6, 165—174.

[43] KUNERT, K. H.: Die Starrheit des vorgespannten Schrägkugellagerpaares bei axialer Belastung. Industrie-Anz. 1962, Nr. 54, 1320—1325.

[44] Laboratorium für Betriebsfestigkeit, Zur Bemessung von Achsschenkeln von Lastkraftwagen. LBF-Bericht 655/2, Darmstadt 1961.

[45] LAFAY, A.: Recherches experimentales sur les déformations de contact des corps élastiques. Ann. Chem. et Phys. 23 (1901) 241 ff.

[46] LAMPMANN, H., u. W. VÖLKENING: Walzkraftmessungen und Betriebserfahrungen an einer vollkontinuierlichen siebengerüstigen Warmband-Fertigstraße. Stahl u. Eisen 79 (1959) H. 11, 777—785.

[47] LIEBLEIN, J., u. M. ZELEN: Statistical Investigation of the Fatigue Life of Deep Groove Ball Bearings. J. Res. Nat. Bur. Stand. 47 (1956) 273.

[48] LOHMANN, G., u. H.-H. SCHREIBER: Zur Bestimmung des Lebensdauerexponenten von Wälzlagern. Werkst. u. Betr. 92 (1959) 188—192.

[49] LUNDBERG, G.: Elastische Berührung zweier Halbräume. Forsch. Ing.-Wes. 10 (1939) Nr. 5, 201—211.

[50] LUNDBERG, G., u. A. PALMGREN: Dynamic Capacity of Rolling Bearing. Ing. Vetenskaps Akad. Handl., No. 196 (1947).

[51] MACKS, E. F.: The Fatique Spin Rig — A New Apparatus for Rapidly Evaluating Materials and Lubricants for Rolling Contact Lubrication. Eng. 9 (1953) 254—259.

[52] MELDAU, E.: Die Druckverteilung in spielfreien Wälzlagern mit unveränderlichem Druckwinkel. VDI-Forsch.-Heft 421, Juli/August 1943.

[53] MELDAU, E.: Die Bewegung der Achse von Wälzlagern bei geringen Drehzahlen. Werkst. u. Betr. 84 (1951) 308—313.

[54] MINDLIN, R. D.: Compliance of Elastic Bodies in Contact. J. Appl. Mech. Trans. ASME 71 (1949) 259—268.

[55] MUZZOLI, M.: L'attrito nei cuscinetti a rotolamento. Richerche di Ingegneria 2 (1934) Nr. 5, 205—238.

[56] National Physical Laboratory: Elastic Compression of Spheres and Cylinders when Subject to Pressure during Measurement. Report of the Year 1921, Report of the Year 1923.

[57] NIEMANN, G.: Walzenfestigkeit und Grübchenbildung von Zahnrad- und Wälzlager-Werkstoffen. Z. VDI 87 (1943) 521—523.

[58] OBST, H. K.: Die Lebensdauerbestimmung bei Rollenlagern. Eine vergleichende Betrachtung der Berechnungsverfahren. Eisenbahntechn. Praxis 12 (1960) H. 6, 19—24.

[59] OTTERBURIG, W.: Zylinderrollenlager für Lauf- und Schwanzwellen. Hansa 92 (1955) 1691—1695.

[60] PALMGREN, A.: Die gleitende Reibung im Kugellager. Kugellager-Z. 1929, H. 1, 2—12.

[61] PALMGREN, A.: Streuung der Lebensdauer von Wälzlagern. Kugellager-Z. 1950, H. 4, 59—60.

[62] PALMGREN, A., u. B. SNARE: Influence of Load and Motion on the Lubrication and Wear of Rolling Bearings. Proc. Conf. Lubrication and Wear, Institution of Mechanical Engineers, London 1957, S. 454—458.

[63] PALMGREN, A.: Neue Untersuchungen über Energieverluste in Wälzlagern, Wälzlagertechnische Mitteilungen Nr. 44.

[64] PORITZKY, H., C. W. HEWLETT u. R. E. COLEMAN: Sliding Friction of Ball Bearings of the Pivot Type. J. Appl. Mech., Trans. ASME 69 (1947) A 261—A 268.

[65] RASCH, E.: Über die Berechnung der an Kugel- und Rollenlagern auftretenden Material-Spannungen. Eisenbau 6 (1915) 1—8.

[66] REYNOLDS, O.: On Rolling Friction, Philos. Trans. Royal Soc., Vol. 166, part 1.

[67] SCHREIBER, H.-H.: Die axiale Federung von Kugellagern. Industrie-Anz. 83 (1961) Nr. 79, 1489—1492.

[68] SCHREIBER, H.-H.: Zur mathematisch-statistischen Auswertung von Lebensdauerversuchen mit Wälzlagern, Dissertation TH München 1963.

[69] SCHREIBER, H.-H., u. G. ULSENHEIMER: Zur Frage der Ermüdungserscheinungen bei Wälzlagern. Wear 3 (1960) 122—143.

[70] STRIBECK, R.: Kugellager für beliebige Belastungen Z.VDI 45 (1901) 73—79, 118—125.

[71] STRIBECK, R.: Prüfverfahren für gehärteten Stahl unter Berücksichtigung der Kugelform. Z. VDI 51 (1907) 1445—1451, 1500—1506, 1542—1547.

[72] TABOR, D.: The Mechanism of Rolling Friction. Research Laboratory for the Physics and Chemistry of Surfaces. Proc. Roy. Soc. A. 229 (1955) 198—222.

[73] TOMLINSON, G.: Molecular Theorie of Friction. Phil. Mag. 7 (1929) 905—939.

[74] VÖLKENING, W., u. W. WIELAND: Die Gestaltung von Rollenachslagern für Schienenfahrzeuge. ETR-Eisenbahntechn. Rundschau, 1961, H. 12, 535—541.

[75] WAY, S.: Pitting due to Rolling Contact. J. Appl. Mech. 2 (1935) A 49—A 58.

[76] WEBER, C.: Beitrag zur Berührung gewölbter Oberflächen beim ebenen Formänderungs-zustand. Z. angew. Math. Mech. 13 (1933) 11—16.

[77] WEIBULL, W.: A Statistical Representation of Fatigue Failure in Solids. Acta Polytech-nica, Mech. Eng. Ser. 1 (1949) No. 9.

[78] WEIBULL, W.: New Methods for Computing Parameters of Complete or Truncated Distributions. The Aeronautical Research Institute of Sweden Rep. 58 (1955).

[79] WINKLER, E.: Lehre von der Elastizität und Festigkeit, Teil 1, Prag 1867, S. 43.

Sachverzeichnis

Satz und Druck: Mercedes-Druck, 1 Berlin 61, Blücherstr. 22